材料结构分析

王 斌 编著

科学出版社
北京

内 容 简 介

本书针对金属材料分析测试的需要，主要介绍了 X 射线衍射分析、电子显微分析、热分析的主要原理、方法及其在材料分析中的应用；结合创新培养要求，重点介绍原理、方法、试样制备及测试中的注意事项。内容简洁，问题引入，逐层分析，适于创新型人才培养的短学时、创新引导要求。

本书可满足金属材料类本科专业的人才培养要求，也可作为研究生及工程技术人员的参考资料。

图书在版编目(CIP)数据

材料结构分析 / 王斌编著. — 北京：科学出版社，2018.9（2019.7 重印）
ISBN 978-7-03-057818-1

Ⅰ. ①材… Ⅱ. ①王… Ⅲ. ①金属材料–结构分析–教材 Ⅳ. ①TG115

中国版本图书馆 CIP 数据核字（2018）第 129250 号

责任编辑：张　展　叶苏苏 / 责任校对：江　茂
责任印制：罗　科 / 封面设计：墨创文化

科 学 出 版 社 出版

北京东黄城根北街16号
邮政编码：100717
http://www.sciencep.com

四川煤田地质制图印刷厂印刷
科学出版社发行　各地新华书店经销

*

2018 年 9 月第 一 版　　开本：787×1092 1/16
2019 年 7 月第三次印刷　印张：13
字数：310 千字
定价：48.00 元
（如有印装质量问题，我社负责调换）

前　言

作为 21 世纪三大支柱产业之一，材料的发展对人类的发展与进步至关重要。无论是新材料的设计研发还是新材料的生产使用，均离不开科学的研究测试方法及手段。作为材料学科的基础课程——材料分析方法，不仅承接为同学们讲述材料结构表征分析的原理及方法的任务，更担有培养同学们科学的研究思想及方法的重任。本书是在原主编的适应大材料学科使用的《现代分析测试方法》的基础上，结合培养创新人才的教学改革要求，适应材料成型及控制工程专业人才培养的具体需要，改革撰写方法，增加实际教学引入的内容，删减有机材料的光谱分析，拓展对材料成型影响较大的应力分析内容，重新编写而成。

教材以知识性及科学性较重、对金属类专业极为重要的 X 射线衍射分析为主要教学内容，辅以简单的电子显微分析及热分析，以适应"金属材料工程""材料成型及控制工程""焊接技术与工程"等金属类专业的教学要求。教材推荐总学时为 40～48 学时，其中实验学时不低于 6 学时，以 X 射线衍射分析、扫描电子显微镜、X 射线应力测试等为主要内容。

本书在编写中得到中国机械工程学会材料分会残余应力专业委员会副主任、国标 GB/T 7704—2017《无损检测 X 射线应力测定方法》起草执笔人吕克茂教授的大力支持，吕老师亲自执笔了 X 射线衍射应力分析部分的主要内容，其中浸润了他近五十年的宝贵实践经验，特此表示感谢！书中还参考引用了其他优秀教材及成果，均以文献形式予以标注，在此谨致谢忱！引用及内容表述若欠准确，敬请指正并请谅解，也恳请读者对内容批评指正！

本书受西南石油大学规划教材出版基金支持。

王斌

2018 年 3 月

目　　录

第1章 绪 论

材料的发展促进了社会文明的进步。作为 21 世纪三大支柱产业之一，新材料理论及技术的研发，将直接决定工业文明的发展速度。材料的结构与成分、材料的合成与加工、材料的固有性质和材料的使用性能是构成材料的四大要素。材料结构决定材料的性能，任何一种材料的宏观性能或行为，都与其微观组织结构密切相关。因此，无论是分析材料的失效原因、厘清结构与性能的关系，还是设计研发新材料，分析研究材料的结构都是最重要的基础工作。

现代材料科学的发展在很大程度上依赖于对材料性能与成分结构、微观组织之间关系的理解。对材料在微观层次上的表征技术，成为材料科学的一个重要组成部分。由于材料的组织结构直接关系到材料的性能以及应用，因此在材料科学研究中注重材料组织结构的分析也就理所当然。特别是现代材料分析，已经不再局限于宏观材料的分析，而是深入到原子级别对材料进行观察。现代测试技术的发展，实现了对材料的成分、微观组织结构的深入观察，从而使材料具有人们所希望的成分、组织结构。

1.1 材料结构分析的地位及作用

材料结构分析是材料科学与工程研究及其应用的重要手段和方法，目的就是要了解、获知材料的成分、组织结构、性能以及它们之间的关系，即材料的基本性质和基本规律；同时，为发展新型材料提供新途径、新技术、新方法或新流程，或者为更好地使用已有材料，以充分发挥其潜能和作用，对其使用寿命做出正确的评价。并且，材料结构分析在现代制造业中也具有非常重要的地位和作用。制造就是利用制造技术将物质资源"材料"转变为有用的物品"产品"的过程，只要有制造业、有产品，就离不开材料的性能测试。对于制造业来说，竞争的核心是新产品和先进的制造技术，其先进性主要体现在产品生产过程的高效率、高质量、低耗及洁净，这不仅关系着装备的性能、加工精度、效率和稳定性，也影响到产品的质量、性能和寿命。材料及产品性能和质量的检测是检验和评价制造装备以及产品是否合格有效的重要关口。所有零部件在运转过程或产品在使用过程中，都在某种程度上承受着力或能量以及温度和接触介质等的作用，因此，在一定使用条件下和使用时间后，零部件材料会发生过量变形、断裂、表面麻点剥落、磨损或腐蚀等现象，从而导致零部件失效。工业现代化的发展，对各种设备零部件及所用材料性能的要求越来越高、越来越严，除了对零部件有结构设计性能、工艺性能和使用性能等要求外，对所使用的材料本身，有材料的强度、塑性和韧性等力学性能的要求，有材料的声、光、电、磁或热等物理性能的要求，也有材料的腐蚀和稳定性等化学性能的要求等。特别是在高速、高温、高压、重载或腐蚀介质等条件下，关于材料性能、质量监控、延长寿命、防止和了解材料及零部件失效的原因等方面，更凸显了材料性能测试的重要意义。例如，材料性能测试项目中一个最重要的、最典型的性能指标——材料强度，它是装备设计、机械产品设计中计算和选择及评定材料的重要依据之一，同时也是新材料的研制、材料代用和制订冷热加工工艺的重要依据之一，已成为评定机件材料使用性能最有价值的依据。材料性能测试工作通过提供有针对性的材料性能指标，与结构设计和制造工艺联系起来，成为现代制造业过程中设计、材料和工艺三者之间联系的纽带。针对构件和产品的特定要求选择最合适的材料成分及其组织状态，制订相应的工艺措施，并为设计、加工和制造提供各种正确的使用性能指标，以期求得最经济合理的设计，生产出质量高、重量轻、寿命长和安全可靠的零部件和产品，这就是材料性能测试工作服务于现代制造业的主要内容。

在人类发展的过程中，人们已经建立并积累了许多反映材料表面与内在的各种关于物理和化学的材料性能指标。随着现代科学技术的发展、生产及经济建设的需要以及层出不穷的服务于高科技和现代文明需求的新材料的出现，人们还在不断地建立各种新的材料性能测试指标体系和相应的测试方法。尤其是近年来，近代物理学、化学、光学、声学、微电子学、材料科学、计算机技术及自动控制技术等学科的迅速发展，提供了很多敏感元件、转换元件、检测器件、显示与记录装置等器材和技术，使材料测试技术出现了崭新的面貌，不仅使很多原来的测试仪器和方法得到很大的改进与更新，还建立了大量新的方法、研制了一系列新的设备，解决了以往不能解决的问题。整个材料现代测试技术正朝着快速、简便、精确、自动化和多功能等方向迅猛发展，实际上已经成为一种多门类、跨学科的综合性技术，必将在现代科学技术和生产中占据更加重要的位置，扮演更加重要的角色，更好地服务于现代社会。

1.2　材料结构分析的内涵

在材料科学中，根据对性能的影响，材料的结构要素通常指的是物相的种类、尺度、形貌、分布等，而物相的种类又涉及材料的元素组成、含量等。材料结构分析自然是对以上内容分析测试的研究技术和方法。材料科学与工程研究及其应用领域在过去、现在以及将来都主要集中在材料及构件的组成、结构、性能和使用效能关系上的认知和发展，特别关注使用过程中材料固有的性能和长期使用性能(寿命)等。所以，材料测试的项目主要是针对材料的化学成分分析、组织结构测定与形貌观察以及材料的性质与使用性能等来发展的。特别是基于电磁辐射及运动粒子束与物质的相互作用而建立的各种分析方法，已成为材料现代测试分析方法的重要组成部分。光谱分析、电子能谱分析、衍射分析与电子显微分析等四大类方法，以及基于其他物理性质或电化学性质与材料的特征关系建立的色谱分析、质谱分析、电化学分析及热分析等方法是材料现代分析的重要方法。

材料结构的化学成分分析除了传统的化学分析技术外，还包括质谱、紫外及可见光谱、红外光谱、气相色谱、液相色谱、核磁共振、电子自旋共振、X射线荧光光谱、俄歇与X射线光电子谱、二次离子质谱、电子探针、原子探针(与场离子显微镜联用)及激光探针等。电子探针和 X 射线荧光光谱可以分析材料的平均成分，但其平均性没有化学分析的好，主要用于分析材料的微区成分及其分布，如线分布，面分布等。定量分析时，有标样下的定量分析，精度较高；无标样而用元素的特征谱线强度进行计算时，其定量的精度较差，特别是轻元素准确性更差，难以满足薄层表面的分析。离子探针则是利用电子光学方法把惰性气体等初级离子加速并聚焦成细小的高能离子束轰击样品表面,使之激发和溅射二次粒子,经过加速和质谱分析,得到相关成分,分析区域的直径可降低到 $1\sim2\mu m$ 和小于 5nm 的深度。俄歇电子能谱分析则是用具有一定能量的电子束(或 X 射线)激发样品产生俄歇效应,通过检测俄歇电子的能量和强度,从而获得有关表面层化学成分和结构信息的方法。该方法对轻元素分析特别有效,比荧光 X 射线分析灵敏度高,能逸出表面的俄歇电子仅限于表面 $1\sim10Å$ 的深度范围,是有效的表面分析工具,可以分析大约 50nm 的微区表面化学成分,可以有效解释与界面和化学成分有关的材料性能特点,所以应用面广,比如压力加工和热处理后的表面分析、金属和合金的晶界脆断、合金元素(特别是微合金元素)的分布和复合材料界面成分分析等。表 1-1 列出了不同仪器元素分析方法的特点。

表 1-1　三种常见主要仪器元素分析方法的特点

分析方法	样品	基本分析项目与应用	应用特点
原子发射光谱法(AES)	固、液样品,分析时蒸发为气态	定性、半定量、定量分析(全部金属及谱线处于真空紫外区的 C、S、P 等七八十种元素,最适合于无机材料),利用谱线强度定量分析	灵敏度、准确度高,用量少(几十毫克),速度快,可以进行全分析
原子吸收光谱法(AAS)	液样分析,分析时为原子蒸气	定量分析(几乎全部金属及 B、Si、Te 等半金属元素,约 70 种),据测得吸光度定量分析	设备简单方便、速度快、灵敏度高,特别适合于微量及超微量分析,不能进行定性分析
原子荧光光谱法(AFS)	分析时为原子蒸气	定量分析(约 40 种元素),利用谱线强度定量分析	灵敏度高,能同时进行多种元素分析

　　X 射线衍射分析一直是材料结构分析中最主要的分析方法。在计算机及软件的帮助下,只要提供的试样的尺寸及完整性满足一定要求,现代的 X 射线衍射仪就可以测定出晶体样品有关晶体结构的详尽资料,但 X 射线不能在电磁场作用下汇聚。由于电子与物质的相互作用比 X 射线强四个数量级,而且电子束又可以汇聚得很小,所以电子衍射分析特别适用于测定微细晶体或材料的亚微米尺度结构。电子衍射分析多在透射电子显微镜上进行,与 X 射线衍射分析相比,选区电子衍射可实现晶体样品的形貌特征与微区晶体结构相对应,并且能进行样品内组成相的位向关系及晶体缺陷的分析。而以能量为 $10\sim1000eV$ 的电子束照射样品表面的低能电子衍射,能给出样品表面 $1\sim5$ 个原子层的结构信息,成为分析晶体表面结构的重要方法,已应用于表面吸附、腐蚀、催化、外延生长和表面处理等表面工程领域。目前 X 射线、电子衍射和高分辨像对氧原子空位的测定都无能为力,中子衍射则可以提供较多的信息。近几年,出现了一种安装在扫描电子显微镜上的电子背散射衍射(electron backscattered diffraction, EBSD)自动分析系统,其利用电子背散射花样(高角菊池衍射花样)测定样品表面微区的晶体结构和位向信息,最佳空间分辨率可达 $0.1\mu m$,再加上能谱分析仪,即可在同一仪器中同时获得晶体样品的微区成分、晶体结构和形貌特征,并且免除透射电子显微镜制样的困难,因此,EBSD 已被越来越广泛地应用于金属材料、电子材料及矿物材料研究领域中(图 1-1)。

　　材料的组织形貌观察,主要是依靠显微镜技术,光学显微镜是在微米尺度上观察材料的普及方法,扫描电子显微镜与透射电子显微镜则把观察的尺度推进到亚微米和微米以下的层次。同一材料，在不同热处理状态下会呈现不同形貌，进而具有不同性能；同一元素在不同加工状态下同样会呈现不同形貌，进而具备不同性能，见图 1-2。现代透射电子显微镜的分辨率可以达到 0.2nm 甚至更高，利用高分辨点阵像可直接显示材料中原子(或原子集团)的排列状况，完全可以在有利的取向下将晶体的原子柱投影之间的距离清楚分开，因而得到越来越广泛的应用，但透射电镜的试样制备比较复杂。场离子显微镜(field ion microscope，FIM)利用半径为 50nm 的探针尖端对表面原子层的轮廓边缘进行扫描，根据电场的不同，借助氦、氖等惰性气体产生的电离化，可以直接显示晶界或位错露头处原子排列及气体原子在表面的吸附行为，可达 0.2～0.3nm 的分辨率。20 世纪 80 年代初中期发展的扫描隧道显微镜(scanning tunneling microscope，STM)和原子力显微镜(atomic force microscope，AFM)，克服了透射电子显微镜景深小、样品制备复杂等缺点，借助一根针尖与试样表面之间隧道效应电流的调控，可以在三维空间达到原子分辨率，得到表面原子分布的图像，其纵向、横向分辨率分别达 0.05nm 和 0.2nm，在探测表面深层次的微观结构上显示了无与伦比的优越性。在有机分子的结构分析中，应用 STM 已成功观察到苯在 Rh(3+)晶面的单层吸附，并且清晰地显示了环状凯库勒结构(Kekule formula)。需要特别提及的是，近年来材料表面优化处理技术的发展，对表面层结构与成分的测试需求迫切。一种以 XPS、俄歇电子能谱和低能离子散射谱仪为代表的分析系统，已成为在生物材料、高分子材料到金属材料的广阔范围内进行表面分析不可缺少的工具之一。表 1-2 列出了主要形貌观察仪器的特点及其应用范围。

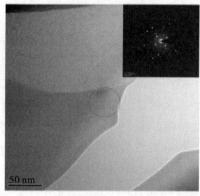 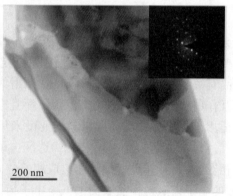

(a)非晶相形貌及衍射花样   (b)纳米晶相形貌及衍射花样

图 1-1   铁基非晶合金中非晶相及纳米晶相的形貌及其衍射图片

（a）粒状贝氏体 10000×（b）羽毛状贝氏体 8000×　（c）下贝氏体 500×　（d）针状贝氏体 500×

图 1-2   不同材料的微观形貌

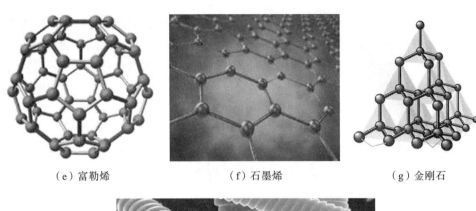

（e）富勒烯　　　　　　　　（f）石墨烯　　　　　　　　（g）金刚石

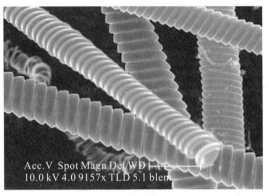

（h）碳纳米管

图 1-2　（续）

表 1-2　不同形貌分析仪器性能及应用特点

分析仪器	分析原理	检测信号	样品	基本应用
透射电子显微镜	透射和衍射理论	透射和衍射电子	薄膜及复型膜	①形貌分析（显微组织、晶体缺陷）；②晶体结构分析
扫描电子显微镜	电子激发二次电子；电子吸收及背散射理论	二次电子、背散射电子及吸收电子	固体材料	①形貌分析（显微组织、断口形貌、立体形态）；②结构分析；③断裂过程动态分析
扫描透射电子显微镜	透射和衍射理论	透射及衍射电子	薄膜及复型膜	①形貌分析（显微组织、晶体缺陷）；②结构分析；③电子结构分析
电子探针	电子激发 X 射线	X 光子	固体	固体表面结构及成分分析
场离子显微镜（FIM）	场离子	正离子	针尖端	①形貌分析（原子排列组态，即结构像、晶体缺陷像等）；②表面缺陷、表面重构、扩散等分析
扫描隧道显微镜（STM）	隧道效应	隧道电流	固体（导电）材料	①表面形貌与结构分析（表面原子三维轮廓）；②表面力学、物理、化学行为研究
原子力显微镜（AFM）	隧道效应，通过力传感器建立其针尖尖端上原子与样品原子间作用力和扫描隧道电流的关系	隧道电流	固体材料	①表面形貌与结构分析（接近原子分辨水平）；②表面原子间力与表面力学性质的测定

　　随着科学技术的发展和对材料科学与工程关键问题认识的日益深化，材料研究已深入到分子、原子和电子的微观尺度，研究化学结构与分子结构，如核外电子层排列方式、原

子间的结合力、化学组成与结构、立体规整性、支链、侧基、交联程度、晶体结构和链形态等，在选择表征方法时，首先是考虑采用什么方法才能得到所需要的参数，即一方面要知道探测样品组织的尺度，另一方面需要知道分析方法自身具备的能力；同时还要考虑所需信息是整体统计性还是局域性的，是宏观尺度、纳米尺度还是原子尺度。材料组织结构和性能数据是现代工业产品设计、材料选择和工艺评定等的重要依据，是提高产品质量、发展我国机械工业及相关产业、参与国际竞争的有力保证。材料测试项目遍及机械、冶金、航空、航天、生物、医学、电子、信息、交通、化工、能源和国防等许多行业和领域，所涉及的内涵和应用的范围是极其广泛的。在现代科学技术的发展和应用中，可以清楚地看到材料检测与表征技术所起的巨大作用。

1.3　材料结构分析的发展

展望 21 世纪材料结构测试分析技术，其正朝着科学、先进、快速、简便、精确、自动化、多功能和综合性等方向发展，材料组织结构和性能检测已成为一种多门类、跨学科的综合性技术。面对新技术和新材料的飞速发展，过去传统的常规性能检测遇到了极大的挑战。一方面由于采用近代的电子技术、光学技术、声学技术和电子计算机技术等新技术以及随之发展的各种现代化仪器设备，促进了材料检测技术的不断创新；另一方面，为了适应新材料和新技术的发展而不断修改检测标准，使常规检验和深入研究紧密地结合起来，使材料检测技术更好地为新材料研究、开发和应用服务。总体上，材料结构分析的发展具有如下的特点和趋势。

1. 综合性

随着现代科学技术的飞速发展，新材料不断涌现，把各类材料分别作为独立学科或从属于某一学科进行研究的方法已不能满足当今高科技发展的需要，必须综合考虑材料的合成制备和加工技术，并结合组织结构和性质的现代分析测试技术和方法，这样才能满足新材料研制和应用的需要。例如，原来各类相对独立的材料，如金属、陶瓷和高分子材料等，已经相互渗透和相互结合，各类材料的研究方法又可以互相借鉴和互相促进，如金属材料中的晶体缺陷类型及其理论，各种物理性能测试方法和性能指标都是研究陶瓷和高分子材料值得借鉴和学习的；同样，陶瓷和高分子的制备方法等也为新金属材料的研究提供参考。随着科学技术和材料科学研究的发展，人们更希望在原子或分子尺度上直接观察到材料的内部结构，能够同时获得关于材料的成分、结构特征以及组织形貌的信息，把宏观性能同微观现象的联系更深刻地揭示出来，总结规律，建立专家系统和数据库，按预定性能进行新材料设计和制造。这是当前材料科学技术进步的必然趋势，也是高技术新材料发展的主要方向和任务。当前材料科学研究强调综合分析，因此，希望分析仪器能同机进行形貌观察、晶体结构分析和成分分析，即具有分析微相、观察图像、测定成分和鉴定结构等组合功能。

2. 科学性

材料的结构测试分析技术既涉及了金相、物理、失效分析、化学分析、仪器分析和高速分析技术等领域的理化检验技术，又结合了现代物理学、化学、材料科学、微电子学和等离子科学等学科的发展，其奠定了坚实的材料测试新技术发展的理论基础，对传统理化检验技术和方法进行拓展和延伸，构成了现代材料结构分析测试技术和方法。积极采用现代最新科学技术，创新结构测试分析方法和技术来加强和提高材料分析技术水平，采用微电子技术、计算机技术及运用统计学原理，对试验数据进行处理、分析和控制，提高水平和效率。例如，采用多种敏感元件、交换器、检测器件、计算机、记录装置等器材和技术，它们不仅促使材料检验原有仪器方法的不断改进和深化，并且还促进发展了许多简便、快速、自动、能在线使用以及能同时解决多种问题的精密复杂仪器和相应的试验方法，如能连续测定每批几十个样品的光谱或色谱等自动分析仪，能研究固体表面深度小于数十微米、直径小于数十纳米范围的各种表面分析和微区分析装置等。现代材料分析方法的发展在研究和开发新材料、新技术、新工艺和新方法的科技实践中，更是不可缺少的重要环节，其不仅推动了材料科学的发展，同时也推动了科技和社会的发展与进步。

3. 细微性

现代科学技术的发展，促使新材料的研究日益向微观层次深入，材料分析方法是对材料的微观组元、成分、结构特征以及组织形貌或缺陷等进行观察和分析的重要手段，任何涉及近代材料科学技术的研究，几乎都离不开有关材料显微组织结构和性能的内容。21世纪是按需要设计材料以满足社会和科技日益增长要求的新阶段。在众多的层出不穷的新材料及其研究中，不得不提到纳米材料，它是了解材料磁性、电子学性质和光学性质的枢纽。无疑地，纳米材料科学技术将成为21世纪初最活跃的领域，可能促发下一代工业革命。目前纳米材料及纳米技术成为全世界科学技术的热点，与此同时，关于纳米材料研究、分析和检测评价的现代分析方法和技术的发展，也成为材料科学工作者和理化检验工作者不容忽视的重点。

现代科学技术的发展，是材料结构测试分析技术的基础；材料结构测试分析技术的进步，又将推动新材料的设计开发，进而推动材料结构测试分析技术的提高。不断学习，不断进步，不仅是人类发展的道路，更是材料结构分析技术发展的必然之路。

第2章　X射线衍射分析

本章导读　在目前人类已知的 118 种元素中，碳元素组成的金刚石与石墨(图 2-1)因晶体结构的差异(图 2-2)而具有巨大的物理性能差异。相同元素组成的碳素钢则因不同的热处理状态而呈现铁素体、奥氏体、珠光体、索氏体、贝氏体、马氏体等不同物相组成，进而具有不同的性能。在已知其组成元素条件下，如何获知其元素结构组成？如何解释不同热处理状态下的材料性能变化？这涉及 X 射线的衍射及光谱学说。本章从 X 射线的产生开始，简介其基本产生原理、特性、与物质相互作用的机制、衍射的原理及强度分析，以及其应用。

图 2-1　金刚石(左)及石墨(右)

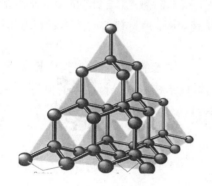 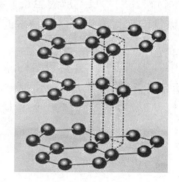

图 2-2　金刚石(左)及石墨(右)的空间原子构成

1895 年 11 月 8 日，德国物理学家伦琴在研究真空管高压放电现象时发现了 X 射线，开辟了物质分析测试方法的新篇章。1908~1911 年，巴克拉(C.G.Barkla)发现物质被 X 射线照射时，会产生次级 X 射线。次级 X 射线除与初级 X 射线有关，还与被照射物质的组成元素有关，巴克拉将与物质元素有关的射线谱线称为标识谱；同时巴克拉还发现不同元素的 X 射线吸收谱具有不同的吸收限。1912 年，劳厄(M. V.Laue)等提出 X 射线是电磁波的假设，并推测波长与晶面间距相近的 X 射线通过晶体时，必定会发生衍射现象，该假设被著名物理学家索末菲(A.J.W.Sommerfeld)的助手弗里德利希(W.Friedrich)用实验证实，从此揭开了 X 射线的电磁波本质，证明了晶体中原子排列的规则性。自此，在探索 X 射线的性质、衍射理论和结构分析技术等方面都有了飞跃的发展，X 射线发展成为一门重要的学科——X 射线衍射学。

在弗里德利希用实验证实劳厄假定的同时，英国物理学家布拉格 (Bragg) 父子从反射的观点出发，提出了 X 射线"选择反射"的观点，认为 X 射线照射到晶体中一系列相互平行的原子面上时，当相邻两晶面的反射线因叠加而加强时发生反射，叠加相消时不能发生反射，并推导出了著名的布拉格方程。1913 年布拉格根据这一原理，制作出了 X 射线分光计，并使用该装置确定了巴克拉提出的某些标识谱的波长，首次利用 X 射线衍射方法测定了 NaCl 的晶体结构，从此开始了 X 射线晶体结构分析的历史。1914 年，亨利·莫塞莱 (H.G.J.Moseley) 由实验发现了不同材料同名特征谱线的波长与原子序数间存在定量对应关系，提出了著名的莫塞莱定律，材料物相快速无损检测分析方法由此诞生，并形成了一门重要的科学——X 射线光谱学。

当今，电子计算机控制的全自动 X 射线衍射仪及各类附件的出现，提高了 X 射线衍射分析的速度与精度，扩大了其研究领域，也使 X 射线衍射分析成为确定物质的晶体结构、定性和定量分析物相、精确测定点阵常数、研究晶体取向等最有效、最准确的方法。此外还可通过线性分析研究多晶体的缺陷，应用动力学理论研究近完整晶体的缺陷，由漫散射强度研究非晶态物质的结构，利用小角度散射强度分布测定大分子结构及微粒尺寸等。

X 射线衍射分析反映出的信息是大量原子散射行为的统计结果，此结果与材料的宏观性能有良好的对应关系。但使用该方法时要注意，X 射线衍射分析不可能给出材料内实际存在的微观成分和结构的不均匀性资料，也不能分析微区的形貌、化学成分以及元素离子的存在状态。

2.1　X 射线的产生及其物理作用

本节导读　X 射线属于物质波，其与物质相互作用时，同样会产生辐射的吸收、发射、散射等。掌握 X 射线的产生原理，熟悉辐射的光电效应、俄歇效应、X 射线谱等内涵，对掌握理解 X 射线与物质的相互作用，熟悉其应用及防护意义重大。

本节涉及一位伟大的青年科学家——亨利·莫塞莱 (H.G.J.Moseley，1887 年 11 月 23 日—1915 年 8 月 10 日)，科学的直觉使他成为原子序数的发现者，更改了门捷列夫周期表；他被誉为最该获得诺贝尔奖学者，但因英年早逝未获得，其研究奠定了 X 射线光谱学。

亨利·莫塞莱

2.1.1 电磁辐射基础

2.1.1.1 原子的激发

原子由原子核和核外电子组成。通常原子核外电子按照能量最低原理、泡利不相容原理、洪特规则分布于各能级上，此时系统处于能量最低状态，称之为基态。原子中的一个或几个电子，吸收能量后由基态所处能级跃迁到高能级上时的原子状态称激发态，激发时吸收的能量称为激发能，常以电子伏特表示，称为激发电位；激发能的大小应等于电子被激发前后所处能级的能量差。原子由基态转变为激发态的过程称为激发，此时必须具备两个条件：①较高能级是空的或未填满，由泡利不相容原理决定；②吸收能量等于两能级能量差。

原子的激发态不稳定，一般保持 $10^{-8} \sim 10^{-10}$s 后电子即返回基态。原子中电子受激向高能级的跃迁或由高能级向低能级的跃迁均称为电子(能级)跃迁。电子由高能级向低能级跃迁的过程可分为两种形式：多余能量以电磁辐射形式放出的跃迁称为辐射跃迁；多余能量转化为内能的跃迁称为无辐射跃迁。

原子中的电子获得足够的能量就会脱离原子核的束缚，发生电离；使原子电离所需的能量称之为电离能，常以电子伏特表示。原子失去一个电子，称为一次电离；再失去一个电子，称为二次电离；以此类推，亦可发生三次以上的电离等。

2.1.1.2 辐射的吸收与发射

电磁辐射与物质相互作用时，会产生辐射的吸收、发射、散射、光电离等。

1. 辐射的吸收

辐射的吸收是指辐射通过物质时，某些频率的辐射被组成物质的粒子选择性吸收而使辐射强度减弱的现象，其实质是粒子吸收辐射光子能量发生能级跃迁，吸收的能量按下式(2-1)计算：

$$hv = \Delta E = E_2 - E_1 \tag{2-1}$$

式中，h 为普朗克常量，等于 6.626×10^{-34}J·s 或 4.135×10^{-15}eV·s；v 为电磁辐射的频率 Hz；E_2 与 E_1 分别为高低能级的能量。

不同物质因能级跃迁类型不同，对辐射的吸收不同；产生的能级跃迁不同，致使辐射被吸收的程度即辐射频率 v 或波长 λ 的分布——吸收光谱不同。

2. 辐射的发射

跃迁至激发态的粒子不稳定，它在返回基态的同时将以电磁辐射的方式释放出所吸收的能量，这一现象称为辐射的发射。

辐射的发射主要表现在对物质原子中内层电子的激发和随后产生的各种过程。它主要包括光电效应(二次特征辐射)和俄歇效应等。

1) 光电效应

当用 X 射线轰击物质时，若 X 射线的能量大于物质原子对其内层电子的束缚力，入射 X 射线光子的能量就会被吸收，从而导致其内层电子(如 K 层电子)被激发，并使高能级上的电子产生跃迁，发射新的特征 X 射线。为与入射的 X 射线相区别，我们称 X 射线激发的特征 X 射线为二次特征 X 射线或荧光 X 射线。这种以光子激发原子所发生的激发和辐射过程称为光电效应，被击出的电子称为光电子。产生的二次特征 X 射线的波长与激发它们所需的能量取决于物质的原子种类和结构。

2) 俄歇效应

在上述激发与跃迁过程中，当高能级电子向低能级跃迁时，除了以辐射 X 射线形式释放能量外，还可以另一种形式释放能量，即这些能量被周围某个壳层上的电子所吸收，并促使该电子受激发逸出原子而成为二次电子。由于这种二次电子原来是在原子的某个壳层上的，因此它具有特定的能量值，可以用来表征这些原子。这种效应是俄歇于 1925 年发现的，故称俄歇效应，产生的二次电子称俄歇电子。利用该原理制造的俄歇能谱仪主要用于分析材料表面的成分。

物质粒子发射辐射的强度对 λ 或 ν 的分布称为发射光谱，荧(磷)光强度对 λ 或 ν 的分布即为荧(磷)光光谱。不同物质具有特定的特征发射光谱；荧光吸收一次光子与发射二次光子的时间短($10^{-8}\sim10^{-4}$s)，而磷光的时间长，为 $10^{-4}\sim10$s。

2.1.1.3　X 射线的产生原理

原子的内层电子受激后吸收能量产生电子能级的跃迁，形成 X 射线的吸收光谱。光子激出原子的内层电子，外层电子向空位跃迁产生光激发，形成二次 X 射线，构成 X 射线荧光光谱。X 射线通常是利用一种类似热阴极二极管的装置(X 射线管)来获得，其结构如图 2-3 所示。把用一定材料制作的板状阳极(称为靶，多为纯金属 Cu、Cr、V、Fe、Co，在软 X 射线装置中常用 Al 靶)和阴极(W 丝)密封在一个玻璃金属管壳内，给阴极通电加热至炽热，使它放射出热辐射电子。在阳极和阴极间加直流高压(约数万伏)，则阴极产生的大量热电子将在高压电场作用下高速奔向阳极，在与阳极碰撞的瞬间产生 X 射线。通常仅有 ł%能量转变为 X 射线能，其余主要转化为热能。因此，X 射线的产生条件为：

(1)产生自由电子。

(2)使电子做定向高速运动。

(3)运动路径设置使其突然减速的障碍物。

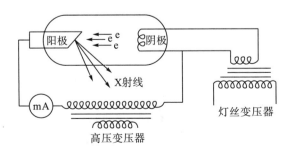

图 2-3　X 射线的产生原理示意图

2.1.1.4　X射线管

X射线管相当于一个真空度为 $10^{-5} \sim 10^{-7}$ mmHg[①] 的大真空二极管，见图2-4，主要由阴极、阳极、窗口、真空罩及冷却系统组成。阴极通常指产生热电子并将电子束聚焦的电子枪，常由钨灯丝和高压变压器组成；阳极亦称靶，主要作用是使热电子突然减速，并发射 X射线；为使阴极发射的电子束集中，在阴极灯丝外加上聚焦罩，并使灯丝与聚焦罩之间始终保持 100～400V 的电位差；窗口是 X射线从阳极向外辐射区，有两个或四个，其材料既要有足够的强度以维持管内的高真空，又要对 X射线的吸收较小，常由不吸收 X射线的金属铍制成，有时也用成分为硼酸铍锂的林德曼玻璃。通常 X射线管可分为细聚焦 X射线管和旋转阳极 X射线管，按灯丝可分为密封式灯丝管和可拆式灯丝 X射线管。

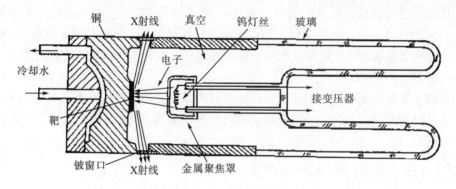

图 2-4　X射线管剖面示意图

2.1.1.5　X射线的基本性质

X射线是一种可在空间传播的交变电磁场，是电磁波，其在空间的传播遵从波动方程，具有反射、折射、干涉、衍射、偏振等特性，属于横波。X射线的波长很短，仅 0.01～10nm，远小于一般可见光的波长(400～700nm)，肉眼看不到，但能使某些荧光物质发光，可使照相底片感光，使部分气体电离。波长在 0.1nm 以下的 X射线能量高，具有很强的穿透性，称之为"硬 X射线"，常用于无损探伤及金属的物相分析，如对金属器件的内部缺陷(气孔、夹杂、裂纹等)进行无损检查。用于医学的 X射线能量低，波长较大，穿透力较弱，称之为"软X射线"。波长在 0.05～0.25nm 的 X射线波长与晶体中原子间距较接近，当其照射到晶体上时会产生散射、干涉及衍射现象，与光线的绕射现象类似，常用来进行 X射线衍射分析，为研究晶体内部结构提供信息。

同可见光一样，X射线具有波粒二象性，可将其视为"量子微粒"流，具有光电效应；每个 X射线量子微粒带有一定的能量(E)和动量(P)。

$$E = h\nu = hc / \lambda \tag{2-2}$$

$$P = h / \lambda \tag{2-3}$$

式中，ν 为 X射线的频率；c 为光速；λ 为 X射线的波长。

[①]　1 mmHg=1.33322×10^2Pa。

X 射线穿过不同介质时，几乎毫不偏折地直线传播，折射系数接近于 1；在电磁场中也不发生偏斜，故不能用一般方法使 X 射线会聚发散。由于 X 射线能杀死和破坏生物组织细胞，对有机物质(含人体)有害，因此在与 X 射线接触时一定要采取保护措施，使用能屏蔽 X 射线的铅等进行保护。

2.1.2 X 射线谱

对 X 射线管施加不同的电压，再用适当的方法测量由 X 射线管发出的 X 射线的波长和强度，便会得到 X 射线强度与波长的关系曲线，称之为 X 射线谱。

2.1.2.1 连续 X 射线谱

图 2-5 为 Mo 阳极 X 射线管在不同管压下的 X 射线谱。由图 2-5 可以看出，管压低于 20 kV 时，曲线呈连续变化，将这种 X 射线谱称为连续 X 射线谱。随着管压的增高，X 射线强度增大，连续谱峰值所对应的波长向短波端移动。在各种管压下的连续谱都存在一个最短的波长值 λ_0，称为短波限。通常峰值位置大约在 1.5 λ_0 处。我们把这种具有连续谱的 X 射线叫做多色 X 射线、连续 X 射线或白色 X 射线。

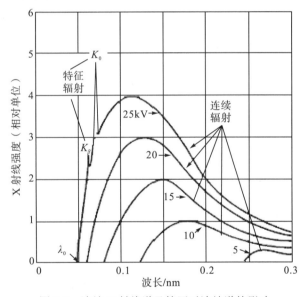

图 2-5 连续 X 射线谱及管压对连续谱的影响

连续 X 射线的产生可同时有两种解释。按照经典动力学概念，一个高速运动着的电子到达靶面上时，因突然减速产生很大的负加速度，这种负加速度一定会引起周围电磁场的急剧变化，产生电磁波；按照量子理论的观点，当能量为 eU 的电子与靶的原子整体碰撞时，电子失去自己的能量，其中一部分以光子的形式辐射出去，而每碰撞一次产生一个能量为 $h\nu$ 的光子(h 为普朗克常量，ν 为所产生的光子流的波动频率)，这种辐射称为韧致辐射。为什么会产生连续谱呢?假设管电流为 10mA，则可以计算，每秒到达阳极靶上的电子数可达 6.25×10^{16} 个，如此之多的电子到达靶上的时间和条件不会相同，并且绝大多数到达靶上的电子要经过多次碰撞，逐步把能量释放到零，此外还有部分电子能消耗于阳极靶的激发，这就同时产生一系列能量为 hv_i 的光子序列，即形成连续谱。在极限情况下，极少数的电子在一次碰撞中将全部能量一次转化为一个光量子，这个光量子便具有最高能量和最短的波长，即 λ_0。一般情况下光子的能量只能小于或等于电子的能量，也就是实际 $\lambda > \lambda_0$；它的极限情况为

$$eU = hv_{max} = hc / \lambda_0 \tag{2-4}$$

若 U 和 λ 分别以 kV 和 nm 为单位，将其余常数的数值代入式(2-4)，则有

$$\lambda_0 = 1.24 / U \tag{2-5}$$

式(2-5)说明，连续谱短波限只与管压有关，当固定管压，增加管电流或改变靶时 λ_0 不变。当增加管压时，电子动能增加，电子与靶的碰撞次数和辐射出来的 X 射线光量子的能量都增高，这就解释了图 2-5 所示的连续谱图形变化规律：随着管压的增高，连续谱各波长的强度都相应增高，各曲线对应的最大值和短波限 λ_0 都向短波方向移动。

X 射线的强度是指垂直于 X 射线传播方向的单位面积上单位时间内光量子数目的能量总和，其意义是 X 射线的强度 I 是由光子的能量 hv 和光子的数目 n 两个因素决定的，即 $I = nhv$。正因为如此，连续 X 射线谱中的最大值并不在光子能量最大的 λ_0 处，而是在大约 $1.5\lambda_0$ 的地方，此时波长记为 λ_m。

连续谱强度分布曲线下所包含的面积与在一定条件下单位时间发射的连续 X 射线总强度成正比。实验证明，它与管电流 i，管电压 V，阳极靶的原子序数 Z 之间有下述经验公式关系：

$$I_{连} = \alpha i Z V^m \tag{2-6}$$

式中，i 为电流；V 为电压；Z 为原子序数；α 和 m 均为常数，$m \approx 2$，$\alpha \approx (1.1 \sim 1.4) \times 10^{-9}$。

由式(2-6)可以看出，阳极靶只能影响连续谱的强度，不能影响其波长分布。

根据式(2-6)可以计算出 X 射线管发射连续 X 射线的效率 η 为

$$\eta = I_{连} / P = \alpha i Z U^2 / (iU) = \alpha Z U \tag{2-7}$$

式中，P 为外电场实际消耗的功率。

当使用钨阳极($Z=74$)，管电压为 100kV 时，由式(2-7)可知，$\eta \approx 1\%$，可见效率很低。约 99% 的电子能量损失在轰击阳极靶的过程中。为提高 X 射线管发射连续 X 射线的效率，实践中要选用重金属靶并施以高电压。如实验时常选用钨靶 X 射线管，在 60~80kV 管电压下工作就是这个道理。损失的能量多以发热散失，故要用高熔点金属做阳极且进行水冷。

2.1.2.2　特征 X 射线谱

在 Mo 阳极 X 射线连续谱中，当电压高于某临界值时，发现在连续谱的某波长处 (0.063nm 和 0.071nm) 突然出现窄而尖锐的强度峰，如图 2-6 所示。改变管电流、管电压的大小，强度按 n 次方的规律增大，而峰位所对应的波长不变，即波长只与靶的原子序数有关，与电压无关。因这种强度峰的波长反映了物质的原子序数特征，故称之为特征 X 射线；由特征 X 射线构成的 X 射线谱叫特征 X 射线谱，而产生特征 X 射线的最低电压叫做激发电压，亦称为临界电压，记为 V_k。

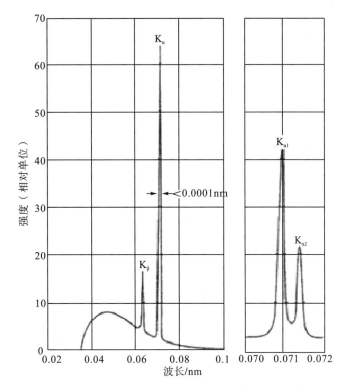

图 2-6　35kV 的 Mo 阳极特征 X 射线谱(右图为将横轴放大后观察的 K_α 双重线)

特征 X 射线谱的产生，与阳极靶物质的原子结构紧密相关。如图 2-7 所示，原子系统中的电子遵从泡利不相容原理不连续地分布在 K、L、M、N 等不同能级的壳层上，按能量最低原理首先填充最靠近原子核的 K 壳层，再依次充填 L、M、N 壳层。各壳层的能量由里到外逐渐增加，$E_K<E_L<E_M<\cdots$，当外来高速粒子(电子或光子)的动能大至可将壳层中某电子击出填充到未满的高能级或击出原子系统时，被击出电子位置出现空位，原子的系统能量随之升高，处于激发态。这种激发态不稳定，较高能级上的电子会向低能级上的空位跃迁，并以光子形式辐射出特征 X 射线，使原子系统能量降低而趋于稳定。如 L 层电子跃迁到 K 层，此时能量降低为

$$\Delta E_{KL} = E_L - E_K \tag{2-8}$$
$$\Delta E_{KL} = h\nu = hc / \lambda \tag{2-9}$$

对于原子序数为 Z 的确定物质，各原子能级的能量恒定，因此 ΔE_{KL} 为恒值，λ 也是恒值。因此特征 X 射线波长为一定值。

阴极射出的电子欲击出靶材原子内层(如 K 层)电子，必须使其动能大于 K 层电子与原子核的结合能 E_K 或 K 层电子的逸出功 W_K，即 $eV \geqslant -E_K = W_K$，临界条件即为 $eV_K = -E_K = W_K$，这里 V_K 便是阴极电子击出靶材原子 K 层电子所需的临界激发电压。由于越靠近原子核，电子与核的结合能越大，所以击出同一靶材原子的 K、L、M 等不同壳层上的电子就需要不同的 V_K、V_L、V_M 等临界激发电压。阳极靶物质的原子序数越大，所需临界激发电压值就越高。

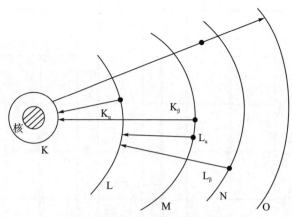

图 2-7 特征 X 射线谱产生示意图

为准确表征原子内层电子的激发及随后的辐射，我们把 K 层电子被击出的过程定义为 K 系激发，随之的电子跃迁所引起的辐射叫 K 系辐射；同理，把 L 层电子被击出的过程定义为 L 系激发，随之的电子跃迁所引起的辐射叫 L 系辐射，以此类推。我们再按电子跃迁时所跨越能级数目的不同把同一辐射线系分成几类，对跨越 1，2，3 等能级所引起的辐射分别标以 α，β，γ 等符号，如图 2-8 所示。电子由 L→K、M→K 跃迁(分别跨越 1、2 个能级)所引起的 K 系辐射定义为 K_α、K_β 谱线；同理，M→L、N→L 电子跃迁将辐射出 L 系的 L_α、L_β 谱线，等等。

由图 2-8 可见，K_α 线比 K_β 线波长长，这是由于原子系统中不同能级的能量及能量差不同且不均匀分布，越靠近原子核，相邻能级间的能量差越大，故电子由 M→K 层跃迁时所产生的 K_β 线的波长较 L→K 层跃迁产生的 K_α 射线波长要短，且因 K 层与 L 层为相邻能级，L 层电子填充概率大，故 K_α 线的强度要比 K_β 线大 5 倍左右。

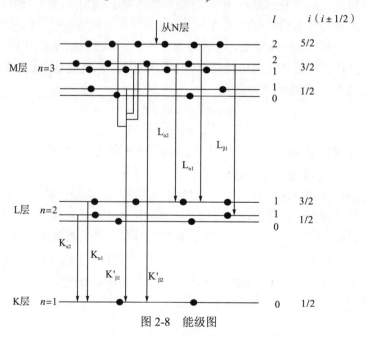

图 2-8 能级图

　　由于同一壳层还有精细结构，存在亚能级，故尽管能量差固定，但同一壳层上的电子并不处于同一能量状态，而分属不同的亚能级。不同亚能级上的电子跃迁会引起特征波长的微小差别。实验证明，K_α 是由 L 层第三亚层上的 4 个电子和 L 层第二亚层上的 3 个电子向 K 层跃迁时辐射出来的两根谱线（称为 $K_{\alpha1}$ 和 $K_{\alpha2}$ 双线）组成的，如图 2-8 所示。又由于 L 层第三亚层向 K 层的跃迁概率较 L 层第二亚层向 K 层的跃迁概率大一倍，所以组成 K_α 的两条线的强度比为 $I_{K_{\alpha1}} : I_{K_{\alpha2}} \approx 2:1$。如钨靶，$\lambda_{K_{\alpha1}} = 0.0709\text{nm}$，$\lambda_{K_{\alpha2}} = 0.0714\text{nm}$，一般情况下两种跃迁同时存在，这时 K_α 线的波长取双线波长的加权平均值：

$$\lambda_{K_\alpha} = 2/3\lambda_{K_{\alpha1}} + 1/3\lambda_{K_{\alpha2}} \tag{2-10}$$

　　莫塞莱（H.G.J Moseley）总结了特征 X 射线谱的波长与靶材的关系，于 1914 年提出了著名的莫塞莱定律，认为特征 X 射线谱的波长或频率只取决于阳极靶物质的原子能级结构，特征 X 射线谱的波长与原子序数存在下述规律：

$$\sqrt{\frac{1}{\lambda}} = \sqrt{R\left(\frac{1}{n_2^2} - \frac{1}{n_1^2}\right)}(Z - \sigma) \tag{2-11}$$

式中 n_1、n_2 为电子跃迁前后壳层的主量子数；Z 为原子序数；R 和 σ 都是常数，其中 R 称为里德伯常量，在高级单位制中，$R = 1.0974 \times 10^7 \text{m}^{-1}$，$\sigma$ 是与靶材物质主量子数有关的常数。

　　莫塞莱定律成为 X 射线荧光光谱分析和电子探针微区成分分析的理论基础。分析方法是使某物质发出的特征 X 射线经过已知晶体进行衍射，然后算出波长 λ，利用标准样品定出 σ，从而根据式（2-11）确定原子序数 Z。

　　在 X 射线多晶体衍射中，主要是利用 K_α 线作辐射源，L 系或 M 系射线由于波长大，容易被物质吸收所以不用。另外，X 射线的连续谱会增加衍射花样的背底，不利于衍射花样分析，因此希望特征谱线强度与连续谱线强度之比越大越好。实践和计算表明，当工作电压为 K 系激发电压的 3～5 倍时，$I_特 / I_连$ 最大。表 2-1 给出了常用 X 射线管的适宜工作电压及特征谱波长等数据。

表 2-1　常用阳极靶材的特征参数

靶元素	原子序数	λ_k /Å				V_K/kV	$V_{工作}$/kV
		$K_{\alpha1}$	$K_{\alpha2}$	K_α	K_β		
Cr	24	2.28962	2.29351	2.2909	2.08480	5.98	20～25
Fe	26	1.93597	1.93991	1.9373	1.75653	7.10	25～30
Co	27	1.78892	1.79278	1.7902	1.62075	7.11	30
Ni	28	1.657848	1.66169	1.6591	1.50010	8.29	30～35
Cu	29	1.54051	1.54433	1.5418	1.39217	8.86	35～40
Mo	42	0.70926	0.71354	0.7107	0.63225	20.0	50～55
Ag	47	0.55941	0.56381	0.5609	0.49701	25.5	50～60

注：$\lambda_{K_\alpha} = 2/3\lambda_{K_{\alpha1}} + 1/3\lambda_{K_{\alpha2}}$

2.1.3　X 射线与物质的相互作用

　　X 射线与物质相遇产生的系列效应，是 X 射线应用的基础。一束 X 射线通过物质时，部分能量被吸收,部分射线透过物质继续沿原来的方向传播,还有一部分被散射。X 射线穿过物质后强度的衰减,主要由于光电效应和热效应,此外还由于部分射线偏离了原来的方向,即发生了散射,见图 2-9。在散射波中有与原波长相同的相干散射和与原波长不同的非相干散射。

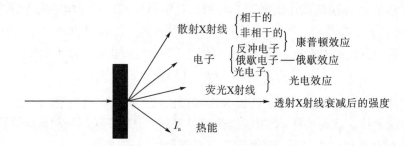

图 2-9   X 射线与物质的相互作用

2.1.3.1   X 射线的散射

相干散射亦称经典散射。X 射线通过物质时,在入射束电场的作用下,物质原子中的电子将被迫围绕其平衡位置振动,同时向四周辐射出与入射 X 射线波长相同的散射 X 射线,称之为经典散射。由于散射波与入射波的频率或波长相同,位相差恒定,在同一方向上各散射波符合相干条件,故又称为相干散射。经过相互干涉后,这些很弱的能量并不散射在各个方向,而是集中在某些方向上,得到一定的花样,从这些花样中可以推测原子的位置,这就是晶体衍射效应的根源。

当 X 射线光量子冲击束缚力较小的电子或自由电子时,会产生一种反冲电子,而入射 X 射线光子则偏离入射方向。散射 X 射线光子的能量因部分转化为反冲电子的动能而降低,波长增大。这种散射由于各光子能量减小的程度各不相等,即散射线的波长各不相同,因此相互间不会发生干涉现象,故称为非相干散射,又称康普顿散射。它突出表现出X 射线的粒子性,只能用量子理论描述,亦称量子散射。这种非相干散射分布在各个方向,强度一般很低,在衍射图上成为连续的背底,对衍射工作带来不利影响。

2.1.3.2   X 射线的吸收

X 射线通过物质时发生能量损失,被吸收的能量引发物质中原子内部的电子跃迁,发生 X 射线的光电效应和俄歇效应。

1. 二次特征辐射

当入射 X 射线光子能量达到某一阈值时,可击出物质原子内层电子,同时外层高能态电子向内层的空位跃迁,辐射出波长一定的特征 X 射线。区别于入射 X 射线,我们称由 X 射线激发所产生的特征 X 射线为二次特征 X 射线或荧光 X 射线。这种以光子激发原子所发生的激发和辐射过程称为光电效应,被击出的电子称为光电子。与此能量阈值相应的波长称为物质的吸收限,亦称为 K 系特征辐射的激发限,用 λ_K 代表。

为产生 K 系荧光辐射，入射光子的能量 h_γ 必须大于或等于 K 层电子的逸出功 W_K，即 $h_\gamma \geqslant W_K$，故二次特征辐射的产生条件为

$$hc / \lambda \geqslant eV_K \tag{2-12}$$

$$\lambda \leqslant hc / eV_K = 1.24 / V_K \tag{2-13}$$

即激发限

$$\lambda_K \leqslant 1.24 / V_K \tag{2-14}$$

这里 V_K 是把原子中 K 壳层电子击出原轨道所需要的最小激发电压，λ_K 是把上述 K 壳层电子击出所需要的入射光最长波长。在讨论光电效应产生的条件时，λ_K 叫做 K 系激发限；若讨论 X 射线被物质吸收（光电吸收）时，又可把 λ_K 叫做吸收限。即当入射 X 射线波长刚好小于等于 λ_K 时，可发生此种物质对波长为 λ_K 的 X 射线的强烈吸收，而且正好在 $\lambda = \lambda_K = 1.24 / V_K$ 时吸收最为严重，形成所谓的吸收边，此时荧光散射也最严重。

2. X 射线的吸收

X 射线照射到物体表面之后，部分射线通过物质，部分射线被物质吸收，使强度必定减弱。朗伯研究总结了 X 射线与物质间相互作用的规律，提出了朗伯定律。

朗伯定律：单色光照射到均匀介质上，均匀介质对光强的衰减程度，即介质原子对入射光子的吸收与介质的厚度（t）成正比，即

$$\mathrm{d}I_t / I_t = -\mu \mathrm{d}t \tag{2-15}$$

这里 μ 为比例常数，与入射线波长及物质种类、密度有关，称为该物质对入射 X 射线的衰减系数，亦称为线衰减系数，表征单位长度物质引起的相对衰减量（cm^{-1}）。

对式 (2-15) 积分得

$$I_t = I_0 \mathrm{e}^{-\mu t} \tag{2-16}$$

这里 t 为介质厚度，I/I_0 称为穿透系数，I_t 为透射强度，I_0 为入射线的强度。若设 $\mu_m = \mu / \rho$，则有

$$I_t = I_0 \mathrm{e}^{-\rho t \mu_m} \tag{2-17}$$

其中，ρ 为物质密度，是物质的固有值；μ_m 称为质量吸收系数，是物质固有值，它的物理意义是单位重量物质对 X 射线的衰减量。μ_m 与物质密度 ρ 和物质状态无关，而与物质原子序数 Z 和 X 射线波长 λ 有关，是波长的函数，使用时查表即可。当 λ 减小时，μ_m 以三次方规律减小，其关系为

$$\mu_m \approx K \lambda^3 Z^3 \tag{2-18}$$

式中，K 为常数。式 (2-18) 表明，物质的原子序数越大，对 X 射线的吸收能力越强；对一定的吸收体，X 射线的波长越短，穿透能力越强，表现为吸收系数的下降。

实际中经常遇到计算含有两种元素以上物质的吸收系数。该物质无论是何状态，其质量吸收系数均可用各种成分的质量分数与其质量吸收系数乘积的平均值求得。设 W_1、W_2 与 $(\mu / \rho)_1$、$(\mu / \rho)_2$ 等分别为成分 1、2 等的质量分数和质量吸收系数，则物质的吸收系数可用下式表示：

$$(\mu / \rho) = W_1 (\mu / \rho)_1 + W_2 (\mu / \rho)_2 + \cdots \tag{2-19}$$

2.1.3.3　吸收限的应用

由于吸收限的存在，μ_m 随 λ 的变化不连续，期间被尖锐的突变分开。通常吸收限与原子能级的精细结构对应，见图 2-10。

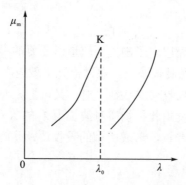

图 2-10　吸收限波长与 μ_m 的关系

1. 滤波片的选择

在衍射分析中，受原子结构的影响，不同能级上电子跃迁会引起特征波长的微小差别，如 K_α、K_β 谱线，它们会在晶体中同时发生衍射而产生两套衍射花样，使分析工作受到干扰。因此，总希望从 K_α、K_β 两条谱线中滤掉一条，得到"单色"的入射 X 射线。利用质量吸收系数为 μ_m、吸收限为 λ_K 的物质，可以强烈吸收 $\lambda \leqslant \lambda_K$ 这些波长的入射 X 射线，而利用物质对于 $\lambda > \lambda_K$ 的 X 射线吸收很少的特点，我们可以选择 λ_K 刚好位于辐射源 K_α 和 K_β 之间并尽量靠近 K_α 的金属薄片作为滤波片，放在 X 射线源与试样之间。这时滤波片对 K_β 射线产生强烈的吸收，而对 K_α 却吸收很少，最后得到几乎纯正的 K_α 辐射线。

滤波片的厚度对滤波质量也有影响。滤波片太厚，对 K_α 的吸收也增加，不利于实验。实践表明，当 K_α 线的强度被吸收到原来的一半时，K_β 与 K_α 的强度比值将由滤波前的 1/5 提高为 1/500 左右，完全可以满足一般的衍射工作。在选定了滤波片材料后，其厚度可利用式 (2-17) 计算。常用滤波片数据列于表 2-2。

表 2-2　常用滤波片材料性能数据

阳极靶				滤波片				
元素	原子序数	λ_{k_α} /Å	λ_{k_β} /Å	材料	原子序数	λ_K/mm	厚度*/mm	$I/I_0(K_\alpha)$
Cr	24	2.2909	2.08480	V	23	0.22690	0.016	0.50
Fe	26	1.9373	1.75653	Mn	25	0.18694	0.016	0.46
Co	27	1.7902	1.62075	Fe	26	0.17429	0.018	0.44
Ni	28	1.6591	1.50010	Co	27	0.16072	0.013	0.53
Cu	29	1.5418	1.39217	Ni	28	0.14869	0.021	0.40
Mo	42	0.7107	0.63225	Zr	40	0.06888	0.108	0.31
Ag	47	0.5609	0.49701	Rh	45	0.05338	0.079	0.29

*滤波后 K_β 与 K_α 的强度比为 1/600；K_α 是 L 壳层中的电子跃入 K 层空位时所释放出的 X 射线。

滤波片材料是根据靶元素确定的。由表 2-2 可知，若靶物质原子序数为 $Z_{靶}$，所选滤波片物质原子序数为 $Z_{片}$，则当靶固定后应满足：

$$Z_{靶}<40时，Z_{片}=Z_{靶}-1 \qquad (2-20)$$

$$Z_{靶} \geqslant 40时，Z_{片}=Z_{靶}-2 \qquad (2-21)$$

2. 阳极靶的选择

X 射线衍射实验中，若入射 X 射线在试样上产生荧光 X 射线，则会增加衍射花样的背底强度，不利于衍射分析。为避免该现象，可针对试样的原子序数调整靶材的种类，避免产生荧光辐射。若试样的 K 系吸收限为 λ_K，应选择靶的 K_α 波长稍大于并尽量接近 λ_K，避免 K 系荧光的产生，且吸收又最小。一般应满足以下经验公式：

$$Z_{靶} \leqslant Z_{试样}+1 \qquad (2-22)$$

例如，分析 Fe 试样时，应该用 C_O 靶或 Fe 靶；如果用 Ni 靶，则因为 Fe 的 $\lambda_K =$ 0.17429nm，而 Ni 靶的 K_α 射线波长 $\lambda_{K_\alpha} = 0.16591$nm，刚好产生大量的光电吸收，造成严重非相干散射，产生较高的背底。

2.1.4　X 射线的探测与防护

X 射线等短波谱域的电磁波对生物细胞具有杀伤作用，人体过量接受 X 射线照射会引起局部组织损伤、坏死或带来其他疾患，如使人精神衰退、头晕、毛发脱落、血液的组成及性能变坏以及影响生育等，影响程度取决于 X 射线的强度、波长和人体的接受部位。为保障从事射线工作人员的健康和安全，我国制定了射线防护规定国家标准，要求经常对专业工作人员的照射剂量进行监测。

虽然 X 射线对人体有害，但只要每个工作者都能严格遵守安全条例，注意采取安全防护措施，意外事故是可以避免的。如在调整相机和仪器对光时，注意不要将手或身体的任何部位直接暴露在 X 射线光束下，更要严防 X 射线直接照射到眼中。仪器正常工作后，实验人员应立即离开 X 射线实验室。重金属铅可强烈吸收 X 射线，可以在需要屏蔽的地方加上铅屏或铅玻璃屏，必要时还可戴上铅玻璃眼镜、铅橡胶手套和围裙，以有效地挡住 X 射线。

X 射线的检测目前主要有传统的照相法和辐射探测器测量法。照相法是利用 X 射线透过后在底片上还原银的数量不同所导致的黑度不同来测试 X 射线的光强；辐射探测器法则是利用 X 射线光子对气体和某些固态物质的电离作用来检测，后者使用方便，为现场检测的有效工具。

思　考　题

1. 简述基态、激发态、激发，写出原子由基态转变为激发态时必须具备的两个条件。
2. 简述辐射的吸收与发射的定义，指出辐射的吸收与发射的实质。
3. 写出 X 射线的性质，说明 X 射线的产生条件及其原理。

4. 为什么 X 射线管必须冷却？指出 X 射线管效率低的原因。

5. 简述电子跃迁、激发电压的定义，说明连续 X 射线谱和特征 X 射线谱的产生机理。

6. X 射线与物质相互作用会产生哪些现象和规律？利用这些现象和规律可以进行哪些科学研究工作，又有哪些实际应用？

7. 试述莫塞莱定律。

8. 某元素的 K_{α_2} 标识射线的波长为 0.019nm，另一元素的 K_{α_2} 标识射线的波长为 0.0196nm，试分析两种元素中哪一个元素的原子序数大。

9. 计算波长分别为 $0.071nm(Mo\,K_{\alpha})$ 和 $0.154nm(Cu\,K_{\alpha})$ 的 X 射线的频率(Hz)和每个光量子的能量(J)。

10. 写出二次特征 X 射线、激发限、吸收限的定义，说明二次特征辐射的产生条件。

11. 当激发 L 系标识射线时，能否同时产生 K 系标识射线？反之，当激发 K 系标识射线时，能否同时产生 L 系标识射线？为什么？

12. X 射线管的管电压(加速电压)为 50kV，试分别求出电子碰撞阳极靶面时的瞬时速度，此时电子的动能，其所激发的连续 X 射线的短波限和所辐射出的光量子的最大能量。

13. 解释为什么会有吸收限。K 吸收限为什么只有一个，而 L 吸收限却有三个？

14. 简述朗伯定律，说明质量吸收系数的物理意义。

15. 试述滤波片和阳极靶材的选择原则。

2.2 X 射线衍射原理

本节导读 晶体结构的 X 射线分析，实质是利用 X 射线与物质相互作用的机制，观察分析其物理现象，寻求其规律。因而掌握 X 射线原理，必须知悉晶体学基础知识。为便于认知，文中引入倒易点阵、倒易矢量等虚拟概念，便于大家解析 X 射线与晶体的相互作用。

本节需重点掌握倒易点阵、倒易矢量、晶带定律等重要概念，通过对布拉格方程的推导，深入理解倒易矢量的基本性质和布拉格方程的应用，掌握反射球面与倒易结点相交产生衍射的实验条件。

利用 X 射线研究晶体结构，主要是通过 X 射线在晶体中的衍射来进行。当一束 X 射线照射到晶体上时，首先被电子散射，每个电子都是一个新的辐射波源，向空间辐射出与入射波相同频率的电磁波。在一个原子系统中所有电子的散射波都可以近似地看做是由原子中心发出的。因此，可以把晶体中每个原子都看成是一个新的散射波源，它们各自向空间辐射与入射波相向频率的电磁波。由于这些散射波之间的干涉作用使得空间某些方向上的波始终保持互相叠加，于是在这些方向上可以观测到衍射线；而在另一些方向上的波则始终是互相抵消的，于是就没有衍射线产生。所以，X 射线在晶体中的衍射现象，实质上是大量的原子散射波互相干涉的结果。每种晶体所产生的衍射花样都反映出晶体内部的原子分配规律。概括地讲，一个衍射花样的特征可以认为由两个方面组成，一方面是衍射线在空间的分布规律(称之为衍射几何)，另一方面是衍射线的强度。衍射线的分布规律是由晶胞的大小、形状和位向决定的；而衍射线的强度则取决于原子在晶胞中的位置、数量和种类。为了通过衍射现象来分析晶体内部结构的各种问题，必须掌握一些晶体学知识，并在衍射现象与晶体结构之间建立起定性和定量的关系，这是 X 射线衍射理论所要解决的中心问题。

2.2.1　晶体学基础

2.2.1.1　点阵与晶胞

在利用 X 射线研究材料的结构时，主要对象为晶体。所谓晶体是指内部结构明显呈周期性有序排列，平衡稳定，衍射花样有明显清晰的结构；构成晶体的质点通常是原子、离子、分子及其他原子基团；而非晶体原子排列短程有序，和液体一样短到几个原子的尺度，并且会随着时间变化，衍射花样模糊。但实际分析中，由于晶体有缺陷，局部的有序排列被破坏，加之部分高分子物质中，可能单向有序，其他方向无序，致使晶体与非晶体难以区分。

为方便准确描述晶体的空间结构，科学家们将晶体中无限个相同的点构成的集合称之为点阵。在点阵中选择一个由阵点连接而成的基本几何图形作为点阵的基本单元来表达晶体结构的周期性，称为晶胞。为了表达空间点阵的周期性，一般选取体积最小的平行六面体作为单位晶胞，这种晶胞只在顶点上有结点，称为简单晶胞。然而简单晶胞仅反映出晶体的周期性，不能反映出晶体结构的对称性，为此选取的晶胞应具备如下条件：

(1) 能同时反映出空间点阵的周期性和对称性。

(2) 在满足(1)的条件下，有尽可能多的直角。

(3) 在满足(1)和(2)的条件下，体积最小。

法国晶体学家布拉维 Bravais A.经长期的研究后表明，符合上述三原则选取的晶胞只能有 14 种，称为 14 种布拉维点阵。根据结点在晶胞中位置的不同，又将 14 种布拉维点阵分为 4 种点阵类型(P、C、I、F)。晶胞的形状和大小用相交于某一顶点的三条棱边的点阵边长 a、b、c 及其间的夹角 α、β、γ 来描述。a、b、c 及 α、β、γ 称为点阵常数或晶格常数。根据点阵常数的不同，将晶体点阵分为 7 个晶系，每个晶系包括几种点阵类型。

2.2.1.2　描述晶体点阵的几个参量

晶体中由原子组成的直线(原子列)和平面(原子面)分别称为晶向和晶面。晶向和晶面的空间方位，分别用晶向指数和晶面指数来表示，国际通用密勒(W.H.Miller)的标识方法，故又称为密勒指数。

在任何晶系中，把空间所有相互平行(方位一致)的晶面，称为晶面组，用 (hkl) 表示；而将若干方位不同但原子排列状况相同的等效点阵面(晶面)，称为晶面族，用 $\{hkl\}$ 表示，它们的面间距和晶面上的结点分布完全相同。空间所有相互平行(方向一致)的晶向，其晶向指数相同，称之为晶向组，用 $[uvw]$ 表示，它代表了同一晶向组内的所有晶向；而将晶体中方位不同但原子排列状况相同的所有晶向组合称为晶向族，用<uvw>表示。在晶体结构和空间点阵中，晶体点阵中平行于某一晶向[uvw]的所有晶面属于同一晶带，称为[uvw]晶带。同一晶带中的晶面的交线互相平行，其中通过坐标原点的那条平行直线称为晶带轴。

对于晶面间距为d_{hkl}的(hkl)晶面组，若有晶面间距为d_{hkl}/n（n为任意整数）的晶面（组），如图 2-11，其标识我们引入干涉指数的概念。在图 2-11 中，若 A_1，A_2，A_3，…为(010)晶面组（其面间距为 d_{010}），在此组晶面中分别插入 B_1，B_2，…晶面，则形成晶面间距为$d_{010}/2$ 的 A_1，B_1，A_2，B_2，…晶面组。最靠近坐标原点的晶面 B_1 在 3 个坐标轴上截距的倒数分别为 0，2，0，加圆括号可表示为(020)，其互质整数仍为(010)。由此可知，仅考虑晶面的空间方位，则 A_1，B_1，A_2，B_2，…与 A_1，A_2，A_3，…一样，均以晶面指数(010)为标识；若进一步考虑二者晶面间距的不同，则可分别用(010)和(020)标识，此即为干涉指数。由此可见，干涉指数是对晶面空间方位与晶面间距的标识。

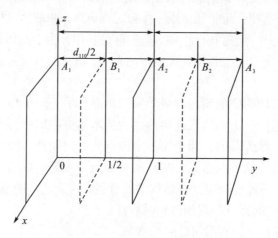

图 2-11　(010)与(020)面空间图形

干涉指数与晶面指数的关系可表述为：若将(hkl)晶面间距记为 d_{hkl}，则晶面间距为d_{hkl}/n（n 为正整数）的晶面干涉指数为(nh，nk，nl)，记为(HKL)（d_{hkl}/n 则记为 d_{HKL}）。如晶面间距分别为 $d_{110}/2$，$d_{110}/3$ 的晶面，其干涉指数分别为(220)和(330)。

干涉指数(HKL)可以认为是可带有公约数 n 的晶面指数，即(nh，nk，nl)，或写为$n(h$，k，$l)$，即广义的晶面指数。对于一定方位的晶面组，以(h，k，l)标识，若将其划分（或插入）为不同晶面间距的晶面组时，可进而以 $n(h$，k，$l)$标识。若将干涉指数按比例化为最小整数（互质整数），即 $n=1$，则不论晶面间距如何，其干涉指数均还原为晶面指数(h，k，l)，此时意味着只以晶面空间方位来标识晶面。但这里应当指出的是，干涉指数表示的晶面并不一定是晶体中的真实原子面，即干涉指数表示的晶面上不一定有原子分布。干涉指数概念的建立是出于衍射分析等工作的实际需要。

2.2.1.3　倒易点阵

1. 倒易点阵的基本含义

倒易点阵是由晶体点阵按一定对应关系建立的空间（几何）点（的）阵（列），该对应关系称为倒易变换。该对应关系满足：对于一个由点阵基矢 $\boldsymbol{a}_i(i=1, 2, 3)$，应用中常记为 $(\boldsymbol{a}、\boldsymbol{b}、\boldsymbol{c})$ 定义的点阵（可称正点阵），若有另一个由点阵基矢 $\boldsymbol{a}_j^*(j=1, 2, 3)$，可记为 $(\boldsymbol{a}^*、\boldsymbol{b}^*、\boldsymbol{c}^*)$ 定义的点阵，满足

$$\boldsymbol{a}_j^* \cdot \boldsymbol{a}_i = \begin{cases} K(K\text{为常数}), i = j \\ 0, i \neq j \end{cases} \tag{2-23}$$

则称由 $\boldsymbol{a}_j^*$ 定义的点阵为 $\boldsymbol{a}_i$ 定义点阵的倒易点阵。

式 (2-23) 中常数 K 多取 1，有时取 2π 或入射波长 λ，不注明时认为 K 取 1。

将定义展开有

$$\begin{cases} K = \boldsymbol{a}_1^* \cdot \boldsymbol{a}_1 = \boldsymbol{a}_2^* \cdot \boldsymbol{a}_2 = \boldsymbol{a}_3^* \cdot \boldsymbol{a}_3 \\ \boldsymbol{a}_1^* \cdot \boldsymbol{a}_2 = \boldsymbol{a}_1^* \cdot \boldsymbol{a}_3 = \boldsymbol{a}_2^* \cdot \boldsymbol{a}_1 = \boldsymbol{a}_2^* \cdot \boldsymbol{a}_3 = \boldsymbol{a}_3^* \cdot \boldsymbol{a}_1 = \boldsymbol{a}_3^* \cdot \boldsymbol{a}_2 = 0 \end{cases} \tag{2-24}$$

即，点阵基矢 $\boldsymbol{a}_1^* \perp \boldsymbol{a}_2$，$\boldsymbol{a}_1^* \perp \boldsymbol{a}_3$，$\boldsymbol{a}_2^* \perp \boldsymbol{a}_1$，$\boldsymbol{a}_2^* \perp \boldsymbol{a}_3$，$\boldsymbol{a}_3^* \perp \boldsymbol{a}_1$，$\boldsymbol{a}_3^* \perp \boldsymbol{a}_2$。

根据式 (2-24)，可导出由 $\boldsymbol{a}_i(i=1,2,3)$ 表达 $\boldsymbol{a}_j^*(j=1,2,3)$ 的关系式，即

$$\begin{cases} \boldsymbol{a}_1^* = (\boldsymbol{a}_2 \times \boldsymbol{a}_3)/[\boldsymbol{a}_1 \cdot (\boldsymbol{a}_2 \times \boldsymbol{a}_3)] = (\boldsymbol{a}_2 \times \boldsymbol{a}_3)/V \\ \boldsymbol{a}_2^* = (\boldsymbol{a}_1 \times \boldsymbol{a}_3)/[\boldsymbol{a}_2 \cdot (\boldsymbol{a}_1 \times \boldsymbol{a}_3)] = (\boldsymbol{a}_1 \times \boldsymbol{a}_3)/V \\ \boldsymbol{a}_3^* = (\boldsymbol{a}_2 \times \boldsymbol{a}_1)/[\boldsymbol{a}_3 \cdot (\boldsymbol{a}_2 \times \boldsymbol{a}_1)] = (\boldsymbol{a}_2 \times \boldsymbol{a}_1)/V \end{cases} \tag{2-25}$$

若 $\boldsymbol{a}_2^*$、$\boldsymbol{a}_3^*$ 夹角为 α^*，$\boldsymbol{a}_1^*$、$\boldsymbol{a}_3^*$ 夹角为 β^*，$\boldsymbol{a}_2^*$、$\boldsymbol{a}_1^*$ 夹角为 γ^*，则倒易点阵参数可表达为

$$\begin{cases} |\boldsymbol{a}_1^*| = (a_2 a_3 \sin\alpha)/V \\ |\boldsymbol{a}_2^*| = (a_3 a_1 \sin\beta)/V \\ |\boldsymbol{a}_3^*| = (a_1 a_2 \sin\gamma)/V \\ \cos\alpha^* = [(\boldsymbol{a}_2^* \cdot \boldsymbol{a}_3^*)/a_2^* a_3^*] = (\cos\beta\cos\gamma - \cos\alpha)/\sin\beta\sin\gamma \\ \cos\beta^* = [(\boldsymbol{a}_3^* \cdot \boldsymbol{a}_1^*)/a_3^* a_1^*] = (\cos\gamma\cos\alpha - \cos\beta)/\sin\gamma\sin\alpha \\ \cos\gamma^* = [(\boldsymbol{a}_1^* \cdot \boldsymbol{a}_2^*)/a_1^* a_2^*] = (\cos\alpha\cos\beta - \cos\gamma)/\sin\alpha\sin\beta \end{cases} \tag{2-26}$$

同理，根据正点阵与倒易点阵互为倒易，可推出：

$$\begin{cases} \boldsymbol{a}_1 = (\boldsymbol{a}_2^* \times \boldsymbol{a}_3^*)/V^* \\ \boldsymbol{a}_2 = (\boldsymbol{a}_1^* \times \boldsymbol{a}_3^*)/V^* \\ \boldsymbol{a}_3 = (\boldsymbol{a}_2^* \times \boldsymbol{a}_1^*)/V^* \end{cases} \tag{2-27}$$

式中，V^* 为倒易点阵晶胞体积，$V^* = \boldsymbol{a}_1^* \cdot (\boldsymbol{a}_2^* \times \boldsymbol{a}_3^*)$。

前面表达式为各种晶系的通用表达式，针对不同晶系特点，表达式可简化。如立方晶系，$a_1 = a_2 = a_3 = a$，$\alpha = \beta = \gamma = 90°$，$V = a_1^3 = a_2^3 = a_3^3$；带入式 (2-26) 有

$$|\boldsymbol{a}_1^*| = |\boldsymbol{a}_2^*| = |\boldsymbol{a}_3^*| = (a_1 \times a_2 \times \sin\alpha)/V = a^2 \times \sin90°/a^3 = 1/a$$

$$\cos\alpha^* = (\cos90°\cos90° - \cos90°)/\sin90°\sin90° = 0; \quad \alpha^* = \beta^* = \gamma^* = 90°$$

2. 倒易矢量及其基本性质

以任一倒易阵点为坐标原点（称为倒易原点，一般取其与正点阵坐标原点重合），以 $\boldsymbol{a}_1^*$，

a_2^*，a_3^* 表示三坐标轴单位矢量，由倒易原点向任意倒易阵点(倒易点)的连接矢量称为倒易矢量，用 r^* 表示。若 r^* 终点(倒易点)坐标为 $(H，K，L)$(此时 r^* 记为 r_{HKL}^*)，则 r^* 在倒易点阵中的坐标表达式为

$$r_{HKL}^* = Ha_1^* + Ka_2^* + La_3^* \qquad (2\text{-}28)$$

r_{HKL}^* 的基本性质：r_{HKL}^* 垂直于正点阵中相应的 (HKL) 晶面，其长度等于 (HKL) 的晶面间距 d_{HKL} 的倒数，即 $r_{HKL}^* = 1/d_{HKL}$。

证明：如图 2-12 所示，正点阵坐标系为 $O\text{-}xyz$，设平面 ABC 为 (HKL) 晶面组中距原点最近的晶面，则由干涉指数标识方法可知，其在 3 个坐标轴上的截距分别为 $1/H$、$1/K$ 和 $1/L$，即有：$OA = a/H$，$OB = b/K$，$OC = c/L$。

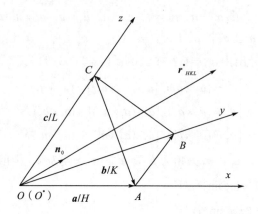

图 2-12   倒易矢量与正点阵中对应晶面关系的推导图

又设 n_0 为 (HKL) 晶面法线的单位矢量，并设倒易原点 (O^*) 与正点阵坐标原点 (O) 重合。

由 $AB = OB - OA = b/K - a/H$ 有：$r_{HKL}^* \cdot AB = (Ha_1^* + Ka_2^* + La_3^*) \cdot (b/K - a/H)$，

上式右边分项展开并根据式(2-24)有：$r_{HKL}^* \cdot AB = 0$, 即 $r_{HKL}^* \perp AB$。

同理，$r_{HKL}^* \perp BC$。

$r_{HKL}^* \perp AB$ 且 $r_{HKL}^* \perp BC$, 故 r_{HKL}^* 垂直于平面 ABC，即 $r_{HKL}^* \perp (HKL)$。

因为 $r_{HKL}^* \perp (HKL)$，故其与 n_0 共线，有：$n_0 = r_{HKL}^* / r_{HKL}^* = (Ha_1^* + Ka_2^* + La_3^*)/r_{HKL}^*$，

又因 d_{HKL} 为 OA 在 n_0 方向的投影，即 $d_{HKL} = (OA)_{n_0} = (OA) \cdot n_0 = (a/H) \cdot [(Ha_1^* + Ka_2^* + La_3^*)/r_{HKL}^*]$。

上式分项展开并根据式(2-24)有

$$r_{HKL}^* = 1/d_{HKL} \qquad (2\text{-}29)$$

3. 倒易矢量与正点阵 (HKL) 晶面的对应关系

根据以上分析，我们可以归纳出倒易矢量与正点阵 (HKL) 晶面具有如下对应关系。

(1)一个倒易矢量与一组 (HKL) 晶面对应，倒易矢量的大小与方向表达了 (HKL) 在正点阵中的方位与晶面间距。

(2)(HKL)决定了倒易矢量r_{HKL}^*的方向与大小。

(3)正点阵中每一个(HKL)对应着一个倒易点，该倒易点在倒易点阵中的坐标即为(H, K, L)。

(4)若r_1^*与r_2^*均为某晶体的倒易矢量，则$r_1^* + r_2^*$必定也是该晶体的倒易矢量。

2.2.1.4　晶面间距与晶面夹角

1. 晶面间距的计算

若晶面间距为d_{HKL}，根据式(2-29)有

$$(r_{HKL}^*)^2 = 1/d_{HKL}^2$$

根据矢量点积性质

$$r_{HKL}^* \cdot r_{HKL}^* = (r_{HKL}^*)^2$$

故有

$$1/d_{HKL}^2 = r_{HKL}^* \cdot r_{HKL}^*, 1/d_{HKL}^2 = (Ha^* + Kb^* + Lc^*) \cdot (Ha^* + Kb^* + Lc^*)$$

展开后有

$$1/d_{HKL}^2 = H^2(a^*)^2 + K^2(b^*)^2 + L^2(c^*)^2 + 2HK(a^* \cdot b^*) + 2HL(a^* \cdot c^*) + 2KL(b^* \cdot c^*) \quad (2\text{-}30)$$

式(2-30)为晶面间距的倒易点阵参数表达式，适用于各个晶系。按各晶系倒易点阵参数与正点阵参数的关系进行换算，即可得到不同晶系各自的晶面间距与点阵参数关系式。以立方晶系为例，由于立方晶系的晶格参数$a^* = b^* = c^* = 1/a$，晶面夹角$\alpha^* = \beta^* = \gamma^* = 90°$，故有：$(a^*)^2 = (b^*)^2 = (c^*)^2 = 1/a^2$；$\cos\alpha^* = \cos\beta^* = \cos\gamma^* = 0$。

代入式(2-30)有

$$\frac{1}{d_{HKL}} = \frac{H^2 + K^2 + L^2}{a}$$

或

$$d_{HKL} = \frac{a}{\sqrt{H^2 + K^2 + L^2}} \quad (2\text{-}31)$$

式(2-31)即为立方系晶面间距公式。由此式可知，d_{HKL}不仅与点阵常数a有关，而且反比于晶面干涉指数平方和。其他晶系的晶面间距公式可据式(2-30)自行推算或查阅资料获得。

2. 晶面夹角的计算

由于晶面$(H_1K_1L_1)$与晶面$(H_2K_2L_2)$的夹角(ϕ)可用两晶面法线夹角表示，也可用两晶面对应的倒易矢量夹角表示，故有：

$$\cos\phi = \frac{r_{H_1K_1L_1}^* \cdot r_{H_2K_2L_2}^*}{\left|r_{H_1K_1L_1}^*\right| \cdot \left|r_{H_2K_2L_2}^*\right|} \quad (2\text{-}32)$$

$$\cos\phi = \frac{\left(H_1a^* + K_1b^* + L_1c^*\right) \cdot \left(H_2a^* + K_2b^* + L_2c^*\right)}{\left|r_{H_1K_1L_1}^*\right| \cdot \left|r_{H_2K_2L_2}^*\right|} \quad (2\text{-}33)$$

$$\cos\phi = \frac{1}{\left|r_{H_1K_1L_1}^*\right|\cdot\left|r_{H_2K_2L_2}^*\right|}\Big[H_1H_2\left(a^*\right)^2 + K_1K_2\left(b^*\right)^2 + L_1L_2\left(c^*\right)^2 + K_1H_2b^*\cdot a^* + L_1H_2c^*\cdot a^*$$

$$+ H_1K_2a^*\cdot b^* + L_1K_2c^*\cdot b^* + H_1L_2a^*\cdot c^* + K_1L_2b^*\cdot c^*\Big] \tag{2-34}$$

式(2-34)为晶面夹角的倒易点阵参数表达式,适用于各个晶系。根据各晶系的特点将倒易点阵参数与正点阵参数换算,即可得到不同晶系各自的晶面夹角与点阵参数关系式。仍以立方晶系为例,将立方晶系的晶格参数关系式及式(2-30)代入式(2-34),得立方晶系晶面夹角公式为

$$\cos\phi = \frac{H_1H_2 + K_1K_2 + L_1L_2}{\sqrt{H_1^2 + K_1^2 + L_1^2}\cdot\sqrt{H_2^2 + K_2^2 + L_2^2}} \tag{2-35}$$

2.2.1.5 晶带定律

若某晶带轴矢量坐标表达式为 $r_{uvw} = ua + vb + wc$(a、b、c 为点阵基矢),由于同一 $[uvw]$ 晶带各 (HKL) 晶面中法线与晶带轴垂直,即各 (HKL) 晶面对应的倒易矢量 r_{HKL}^* 与晶带轴垂直,固有

$$r_{uvw}\cdot r_{HKL}^* = (ua + vb + wc)\cdot(Ha^* + Kb^* + Lc^*) = 0 \tag{2-36}$$

展开得

$$Hu + Kv + Lw = 0 \tag{2-37}$$

式(2-37)称为晶带定律,它表明了晶带轴指数 $[uvw]$ 与属于该晶带的晶面指数 (HKL) 的关系。

由式(2-37)可看出,同一 $[uvw]$ 晶带中各 (HKL) 面对应的倒易(阵)点(及相应的倒易矢量)位于过倒易原点 O^* 的一个倒易(阵点)平面内;反之,也可以说过 O^* 的每一个倒易(阵点)平面上各倒易点(或倒易矢量)对应的(正点阵中的)各 (HKL) 晶面属于同一晶带,晶带轴 $[uvw]$ 的方向即为此倒易平面的法线方向,此平面称为 $(uvw)_0^*$ 零层倒易平面。在倒易点阵中,以 $[uvw]$ 为法线方向的一系列相互平行的倒易平面中,$(uvw)_0^*$ 即为其中过倒易原点的那个倒易平面。

2.2.2 布拉格方程

X 射线照射晶体时,与晶体中束缚较紧的电子相遇时,电子会受迫振动并发射与 X 射线波长相同的相干散射波。由于晶体内各原子呈周期性排列,故各原子散射波间因存在固定的位相差而产生干涉作用,进而在某些方向加强,某些方向则被削弱,形成了衍射波。

X 射线学以 X 射线在晶体中的衍射现象为基础。衍射波的两个基本特征——衍射线(束)在空间分布的方位(衍射方向)和强度,与材料的晶体结构密切相关。本节首先介绍表达衍射线空间方位与晶体结构关系的布拉格方程,进而结合倒易矢量的概念导出衍射矢量方程及其几何图解形式(Ewald 图解),然后介绍劳埃方程并简单讨论有关衍射方向各种表达形式之间的等效关系。

1. 布拉格方程的导出

在进行 X 射线衍射实验研究时,首先考虑同一晶面上原子散射线的附加条件。在图 2-13 中,一束平行的单色 X 射线以与平面成 θ 角的方向照射到原子面 A 上,如果入射线在 XX' 处同相位,则在原子面 A 上的 P、K 两点代表的原子散射线中,反射线 $1a'$ 和 $1'$ 在到达 YY' 时同光程。说明同一晶面上原子的散射线,在原子面的反射线方向上可以互相加强。

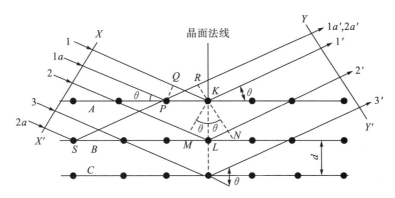

图 2-13　晶体对 X 射线的衍射

考虑到晶体结构的周期性,可将晶体视为由许多相互平行且晶面间距(d)相等的原子面组成;由于 X 射线的穿透性,X 射线不仅可以照射到晶体表面,而且可以照射到晶体内一系列平行的原子面。由于入射光源及记录装置至样品的距离比晶面间距 d 数量级大得多,故入射线与反射线均可视为平行光。入射的平行光照射到晶体中各平行原子面上,各原子面产生的相互平行反射线发生干涉作用,导致"选择反射"。

在图 2-13 中,设一束平行 X 射线(波长 λ)以 θ 角照射到晶体中晶面指数为 (hkl) 的各原子面上,各原子面产生反射。任选两相邻面(A 与 B),反射线光程差

$$\delta = ML + LN = 2d\sin\theta \tag{2-38}$$

干涉一致加强的条件为 $\delta = n\lambda$,即

$$2d\sin\theta = n\lambda \tag{2-39}$$

式中,n 为任意整数,称为反射级数;d 为 (hkl) 晶面间距,即 d_{hkl}。

式 (2-39) 为布拉格利用实验导出,故后人把它称为布拉格定律。从式 (2-39) 可以看出,对于波长为 λ 的 X 射线,发生反射时的角度决定于晶体的原子面间距 d。如果知道了晶体的原子面间距 d,连续改变 X 射线的入射角 θ,就可以直接测出 X 射线的波长。1913 年布拉格根据这一原理,制作出了 X 射线分光计,并使用该装置确定了巴克拉提出的某些标识谱的波长,首次利用 X 射线衍射方法测定了 NaCl 的晶体结构,从此开始了 X 射线晶体结构分析的历史。

布拉格实验是现代 X 射线衍射仪的原型。入射 X 射线照射到安装在样品台的样品上,在满足反射定律的方向设置反射线接收(记录)装置(设入射线与反射面的夹角为 θ,称掠射角或布拉格角,则按反射定律,反射线与反射面的夹角也应为 θ)。X 射线照射过程中,记录装置与样品台以 2∶1 的角速度同步转动,以保证记录装置始终处于接收反射线的位

置上。布拉格实验得到了"选择反射"的结果，即当 X 射线以某些角度入射时，记录到反射线（以 Cu 的 K_α 射线照射 NaCl 表面，当 $\theta = 15°$ 和 $\theta = 32°$ 时记录到反射线）；其他角度入射时，则无反射。图 2-14 为布拉格实验装置示意图，C 为样品。

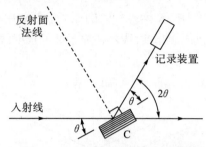

图 2-14　布拉格实验装置示意图

2. 布拉格方程的讨论

将衍射看成反射是布拉格方程的基础，但本质是衍射，反射仅是为使用方便的描述方式。总结 X 射线与镜面间的作用规律可知以下结论。

(1)布拉格方程描述了"选择反射"的规律。X 射线的晶面反射与可见光的镜面反射不同。镜面可以任意角度反射可见光，但 X 射线只有在满足布拉格方程的 θ 角方向才能发生反射。因此，该反射称为"选择反射"。产生"选择反射"的方向是各原子面反射线干涉一致加强的方向，即满足布拉格方程的方向，入射光束、反射面的法线和衍射光束在同一平面，衍射束与透射束夹角——衍射角为 2θ。

(2)布拉格方程表达了反射线空间方位(θ)与反射晶面间距(d)、入射线方位(θ)、波长(λ)以及反射级数 n 间的相互关系。

(3)入射线照射各原子面产生的反射线实质是各原子面产生的反射方向上的相干散射线；而被接收记录的样品反射线实质是各原子面反射方向上散射线干涉一致加强的结果，即衍射线。因此，在材料的衍射分析工作中，"反射"与"衍射"作为同义词使用。

(4)布拉格方程由各原子面散射线干涉条件导出，即视原子面为散射基元，原子面散射是该原子面上各原子散射相互干涉(叠加)的结果。

图 2-15 表示单一原子面反射方向上各原子散射线的关系。任意两相邻原子(P 和 Q)散射线光程差 $\delta = QR - PS = PQ\cos\theta - PQ\cos\theta = 0$。由此可知同一原子面反射方向上各原子散射线位相相同，干涉一致加强。故视原子面为散射基元，进而导出布拉格方程。

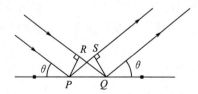

图 2-15　单一原子面的反射

（5）干涉指数表达的布拉格方程。由式(2-39)可知，一组(hkl)晶面随 n 值不同，可能产生 n 个不同方向的反射线（分别称为该晶面的一级，二级，…，n 级反射）。为了使用方便，将式(2-39)写为

$$2\frac{d_{hkl}}{n}\sin\theta = \lambda \tag{2-40}$$

由干涉指数的概念可知，面间距为 $\dfrac{d_{hkl}}{n}$ 的晶面可用干涉指数(HKL)表达，即

$$2d_{HKL}\sin\theta = \lambda \tag{2-41}$$

式(2-41)即为干涉指数表达的布拉格方程，相应地可称式(2-39)为密勒指数表达的布拉格方程。式(2-41)可认为反射级数永远为 1，因为反射级数 n 已包含在 d_{HKL} 中，此式的意义在于，将面间距为 d_{hkl} 的晶面(hkl)的 n 级反射转化为面间距为 d_{HKL}（即d_{hkl}/n）的一级反射，即晶面(hkl)的 n 级反射可看成来自某虚拟晶面的一级反射。

（6）衍射产生的必要条件为"选择反射"（即反射定律+布拉格方程）。当满足此条件时有可能产生衍射；若不满足此条件，则不可能产生衍射。对此，做如下说明：

①布拉格方程由原子面反射方向上散射线的干涉（一致）加强条件导出，而各原子面非反射方向上散射线是否可能因干涉（部分）加强从而产生衍射线呢？按衍射强度理论可知，对于理想情况（即当晶体无限大时），非反射方向散射的干涉加强作用可忽略不计，故"选择反射"是衍射产生的必要条件。

②"选择反射"作为衍射的必要条件，意味着即使在满足"选择反射"条件的方向上也不一定有反射线。

3. 方程的应用

由布拉格方程可知，$\sin\theta = \dfrac{\lambda}{2d}$。说明一方面当 λ 一定时，d 相同的晶面必然在 θ 相同时才能同时获得反射；当用单色 X 射线照射多晶体时，各晶粒中 d 相同的晶面其反射线将有着确定的方向关系，这里的 d 相同晶面当然包括等同晶面。另一方面当 λ 一定时，d 减小，θ 就要增大，说明间距小的晶面，其掠射角必须较大，否则其反射线无法加强。

掠射角 θ 的范围在 $0°\sim90°$ 间，过大或过小都会造成衍射的观测困难。因为 $|\sin\theta|\leqslant1$，这就使得衍射中反射级数 n 或干涉面间距 d 会受到限制。当 d 一定时，λ 减小，n 可增大，说明对同一种晶面，当采用短波 X 射线照射时，可获得较多级数的反射，衍射花样较复杂。晶体中衍射面的划取是无限的，但由于 $d\sin\theta = \lambda/2$ 或者 $d\geqslant\lambda/2$，使得只有间距大于或等于 X 射线半波长的那些干涉面才能参与反射。显然采用短波 X 射线照射时，能参与反射的干涉面将会增多。实际工作中，根据布拉格方程，我们可以用已知波长的 X 射线照射晶体，通过衍射角的测量求得各晶面的晶面间距；也可用已知晶面间距的晶体来反射从试样中发射出来的 X 射线，提高衍射角测量求得 X 射线波长 λ，即 X 射线光谱学。

2.2.3　衍射矢量方程

由"反射定律+布拉格方程"表达的衍射必要条件，可用一个统一的矢量方程式，即

衍射矢量方程表达。

设 s_0 与 s 分别为入射线与反射线方向单位矢量，s-s_0 称为衍射矢量，则反射定律可表达为：s_0 及 s 分居反射面 (HKL) 法线 (N) 两侧且 s_0、s 与 N 共面，s_0、s 与 (HKL) 面夹角相等（均为 θ）。据此可推知 s-s_0 // N（此式射定律的数学表达式），如图 2-16 所示。由图 2-16 亦可知 $|s$-$s_0|$=$2\sin\theta$，故布拉格方程式 (2-39) 可写为 $|s$-$s_0|$=λ/d。综上所述，"反射定律+布拉格方程" 可用衍射矢量 (s-s_0) 表示为

$$\begin{cases} s-s_0 \mathbin{/\mkern-5mu/} N \\ |s-s_0| = \lambda/d_{HKL} \end{cases} \tag{2-42}$$

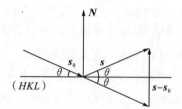

图 2-16　反射定律的数学表达

由倒易矢量性质可知，(HKL) 晶面对应的倒易矢量 r_{HKL}^* // N 且 $\left|r_{HKL}^*\right|$=$1/d_{HKL}$。引入 r_{HKL}^*，则式 (2-42) 可写为

$$(s-s_0)/\lambda = r_{HKL}^* \tag{2-43}$$

式 (2-43) 即称为衍射矢量方程。由导出过程可知，衍射矢量方程等效于 "反射定律+布拉格方程"，是衍射必要条件的矢量表达式。

若设 $R_{HKL}^* = \lambda r_{HKL}^*$（$\lambda$ 为入射线波长，可视为比例系数），则式 (2-43) 可写为

$$s-s_0 = R_{HKL}^* \tag{2-44}$$

式 (2-44) 也为衍射矢量方程。

2.2.4　厄瓦尔德图解

图 2-17 为衍射矢量方程的几何图解。R_{HKL}^* 为反射晶面 (HKL) 的倒易矢量，R_{HKL}^* 的起点（倒易原点 O^*）为入射线单位矢量 s_0 的终点，s_0 与晶面 (HKL) 反射线 s 的夹角 2θ 为衍射角，构成衍射矢量三角形。该三角形为等腰三角形（$|s_0|$=$|s|$）。s_0 终点是倒易（点阵）原点 (O^*)，而 s 终点是 R_{HKL}^* 的终点，即晶面 (HKL) 对应的倒易点。衍射角 2θ 表达了入射线与反射线的方向。

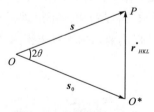

图 2-17　衍射矢量三角形

　　晶体有各种不同方位、不同晶面间距的(HKL)晶面。当一束波长为 λ 的 X 射线以一定方向照射晶体时,哪些晶面可能产生反射?反射方向如何?解决此问题的几何图解称为厄瓦尔德(Ewald)图解。

　　按衍射矢量方程,晶体中每一个可能产生反射的晶面(HKL)均有各自的衍射矢量三角形,各衍射矢量三角形的关系如图 2-18 所示。s_0 为各三角形的公共边;若以 s_0 矢量起点 (O) 为圆心,$|s_0|$ 为半径作球面(此球称为反射球或厄瓦尔德球),则各三角形的另一腰即 s 的终点在此球面上;因 s 的终点为 R_{HKL}^* 的终点,即反射晶面(HKL)的倒易点也落在以 O 为中心,$OO^*(|s_0|)$ 为半径的球面上。

　　由上述分析可知,可能产生反射的晶面,其倒易点必落在反射球上。据此,厄瓦尔德做出了表达晶体各晶面衍射产生的必要条件的几何图解,如图 2-19 所示。

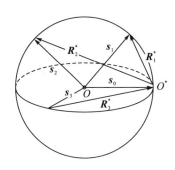

图 2-18　同一晶体各晶面衍射矢量三角形的关系

注:下角标 1、2、3 分别代表晶面指数 $(H_1K_1L_1)$、$(H_2K_2L_2)$ 和 $(H_3K_3L_3)$

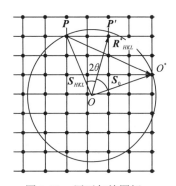

图 2-19　厄瓦尔德图解

厄瓦尔德图解步骤为:

(1)作 $OO^* = s_0$。

(2)作反射球(以 O 为圆心、$|OO^*|$ 为半径作球)。

(3)以 O^* 为倒易原点,作晶体的倒易点阵。

(4)若倒易点阵与反射球(面)相交,即倒易点落在反射球(面)上(如图 2-19 中的 P 点),则该倒易点相应的(HKL)面满足衍射矢量方程;反射球心 O 与倒易点的连接矢量(如 OP)即为该(HKL)面的反射线单位矢量 s,而 s 与 s_0 的夹角(2θ)表达了该(HKL)面可能产生的反射线方位。

　　由以上可知,凡是与反射球面相交的倒易结点都满足衍射条件而产生衍射。

　　要保证反射球面能有充分机会与倒易结点相交产生衍射,就要满足如下实验条件之一。

(1)单色的 X 射线照射转动的晶体——相当于倒易点运动,反射球永远有机会与之相交。

(2)多色的 X 射线照射固定的单晶——相当于有一系列对应波长的反射球连续分布在一定区域,凡落在此区域的倒易结点都满足衍射条件。

(3)单色的 X 射线照射多晶——多晶就其不同位向而言,相当于单晶转动。

2.2.5　劳埃方程

由于晶体中原子呈周期性排列，劳埃设想晶体为光栅(点阵常数为光栅常数)，晶体中原子受 X 射线照射产生球面散射波并在一定方向上相互干涉，形成衍射光束。

1. 一维劳埃方程

考虑单一原子列(一维点阵)的衍射方向。如图 2-20 所示，设 s、s_0 为任意方向上原子散射线和入射线的单位矢量，a 为点阵基矢，与 s、s_0 的夹角为 α、α_0，则原子列中任意相邻两原子 A、B 间散射光程差：$\delta = AM - BN = a\cos\alpha - a\cos\alpha_0 = \boldsymbol{a}\cdot\boldsymbol{s} - \boldsymbol{a}\cdot\boldsymbol{s}_0 = \boldsymbol{a}\cdot(\boldsymbol{s}-\boldsymbol{s}_0)$。

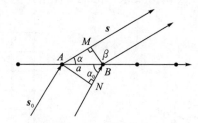

图 2-20　一维劳埃方程的导出

散射线干涉加强条件为：$\delta = H\lambda$（H 为任意整数)，即

$$\boldsymbol{a}\cdot(\boldsymbol{s}-\boldsymbol{s}_0) = H\lambda \tag{2-46}$$

式(2-46)表达了单一原子列衍射方向 α 与入射线波长 λ、入射方向 α_0 及点阵常数 a 的关系，称为一维劳埃方程。

2. 二维劳埃方程

考虑单一原子平面(二维点阵)的衍射方向。设 $\boldsymbol{a}$ 与 $\boldsymbol{b}$ 为二维点阵基矢，分别列出沿 $\boldsymbol{a}$ 方向与沿 $\boldsymbol{b}$ 方向的一维劳埃方程，即

$$\begin{cases} a(\cos\alpha - \cos\alpha_0) = H\lambda \\ b(\cos\beta - \cos\beta_0) = K\lambda \end{cases} \tag{2-47}$$

式中，H 与 K 为任意整数；α_0、β_0 分别为 s_0 与 a 及 b 的夹角；α、β 分别为 s 与 a 及 b 的夹角。

式(2-47)称为二维劳埃方程。可以证明，单一原子平面受 X 射线照射必须同时满足式(2-47)中的两个方程，才可能产生衍射。

式(2-47)亦可写为

$$\begin{cases} \boldsymbol{a}\cdot(\boldsymbol{s}-\boldsymbol{s}_0) = H\lambda \\ \boldsymbol{b}\cdot(\boldsymbol{s}-\boldsymbol{s}_0) = K\lambda \end{cases} \tag{2-48}$$

3. 三维劳埃方程

考虑三维晶体的衍射方向，分别列出沿点阵基矢 $\boldsymbol{a}$、$\boldsymbol{b}$、$\boldsymbol{c}$ 方向的一维劳埃方程，即

$$\begin{cases} a(\cos\alpha - \cos\alpha_0) = H\lambda \\ b(\cos\beta - \cos\beta_0) = K\lambda \\ c(\cos\gamma - \cos\gamma_0) = L\lambda \end{cases} \tag{2-49}$$

式中，H、K、L 均为任意整数；α_0、β_0 及 γ_0 分别为 s_0 与 a、b、c 的夹角；α、β 及 γ 分别为 s 与 a、b、c 的夹角。

式 (2-49) 称为三维劳埃方程。三维晶体若要产生衍射，必须满足此式。式 (2-49) 亦可写为

$$\begin{cases} a \cdot (s - s_0) = H\lambda \\ b \cdot (s - s_0) = K\lambda \\ c \cdot (s - s_0) = L\lambda \end{cases} \tag{2-50}$$

由解析几何可知，α_0、β_0、γ_0 与 α、β、γ 必须满足几何条件：

$$\begin{cases} \cos^2\alpha_0 + \cos^2\beta_0 + \cos^2\gamma_0 = 1 \\ \cos^2\alpha + \cos^2\alpha + \cos^2\gamma = 1 \end{cases} \tag{2-51}$$

式 (2-51) 称为劳埃方程的约束性或协调方程。

通过以上分析可知，分析推导出的布拉格方程、衍射矢量方程、厄瓦尔德图解和劳埃方程均表达了衍射方向与晶体结构、入射线波长及方位的关系。

衍射矢量方程是衍射必要条件的矢量表达式。衍射矢量方程由"布拉格方程+反射定律"导出；厄瓦尔德图解是衍射矢量方程的几何图解形式。因而，作为衍射必要条件，衍射矢量方程、"布拉格方程+反射定律"及厄瓦尔德图解三者之间是等效的。此外，可以证明，"劳埃方程+协调性方程"等效于"布拉格方程+反射定律"，即"劳埃方程+协调性方程"也是衍射必要条件的一种表达形式。

布拉格方程是衍射矢量方程的绝对值方程，即对衍射矢量方程 (等式两边) 取绝对值可得布拉格方程。布拉格方程为数值方程，特别适用于 λ、θ、d 的关系计算。

劳埃方程是衍射矢量方程的投影方程，即将衍射矢量方程向点阵基矢 a、b、c 方向投影可得劳埃方程。如：

由 $[(s - s_0)/\lambda]_a = (r^*)_a$，$a \cdot (s - s_0)/\lambda = a \cdot (Ha^* + Kb^* + Lc^*)$，得 $a \cdot (s - s_0) = H\lambda$。

同理，由 $[(s - s_0)/\lambda]_b = (r^*)_b$ 和 $[(s - s_0)/\lambda]_c = (r^*)_c$，可分别得 $b \cdot (s - s_0) = K\lambda$，$c \cdot (s - s_0) = L\lambda$。

由衍射矢量方程向 a、b、c 方向投影获得劳埃方程的过程可知，劳埃方程中的任意整数 H、K、L 对应于反射晶面 (HKL) 的干涉指数值。

一维、二维和三维劳埃方程可分别描述一维、二维和三维晶体的衍射方向。

厄瓦尔德图解直观、易理解，是讨论各种衍射方法成像原理与衍射花样 (记录下来的衍射线) 特征的工具。

思　考　题

1. 写出晶面组、晶面族的定义，分析其差异。
2. 写出干涉指数的定义，指出干涉指数与晶面指数的关系。

3. 写出倒易点阵、倒易矢量的定义，说明倒易矢量的基本性质及倒易矢量与对应正点阵晶面的对应关系。

4. 写出晶带定律并推导。

5. 试计算 $(\bar{3}11)$ 及 $(\bar{1}\bar{3}2)$ 的共同晶带轴。

6. 写出反射球面与倒易结点相交产生衍射的实验条件。

7. 试述 X 射线衍射原理、布拉格方程和劳埃方程的物理意义。

8. Fe₃C 是正交晶系晶体，其点阵常数为：a=0.4518nm，b=0.5069nm，c=0.6736nm。按比例尺绘出其倒易点阵，并利用该图求(111)晶面的面间距(nm)。

9. 在一个立方晶系晶体内，确定下列衍射面中哪些衍射面属于 [011]晶带：(001)、$(01\bar{1})$、$(\bar{1}\bar{1}1)$、$(2\bar{1}1)$、(021)、$(\bar{1}31)$、$(\bar{1}00)$、$(3\bar{1}\bar{1})$、(211)、(123)、(222)。

10. 试述由布拉格方程与反射定律导出衍射矢量方程的思路。

2.3　X 射线衍射强度

本节导读　布拉格方程标识出入射 X 射线波长与参与衍射晶胞的晶面间距及掠射角（及参与衍射晶胞的形状和大小）的关系，但不能反映出晶体中原子的种类、分布和它们在晶胞中的位置，这涉及衍射的强度理论。在进行物相定量分析、固溶体有序度测定、内应力及织构测定等 X 射线衍射分析时，也都必须进行衍射强度的准确测定。为此必须求出晶体结构中原子的种类、位置与衍射强度之间的定量关系。

X射线衍射强度涉及因素较多。在粉末法中，主要因素有：偏振因子、结构因子、多重性因子、洛仑兹因子、吸收因子和温度因子等，其中偏振因子和洛仑兹因子又合称为角因子。本节学习要深入理解相关物理量的内涵，掌握衍射强度的影响要素及其导出机制；最重要的是通过学习相关要素对强度的影响，思考在材料的分析过程中应如何应用。由于电子是散射 X 射线最基本的单元，因此，衍射强度的推导首先从一个电子的散射研究开始，然后再讨论一个原子的散射，一个单胞的散射，最后讨论整个晶体所能给出的衍射线束的强度。

2.3.1　一个电子对 X 射线的衍射

汤姆逊(J.J.Thomson)给出了强度为 I_0 的偏振 X 射线照射晶体中一个电荷为 e、质量为 m 的电子时，在距离电子 R 远处，与偏振方向成 ϕ 角处的强度 I_e 为

$$I_e = I_0 \frac{e^4}{R^2 m^2 c^4} \sin^2 \phi \tag{2-52}$$

衍射分析中，通常采用非偏振 X 射线为入射光（其光矢量 E_0 在垂直于传播方向的固定平面内指向任意方向），电子散射在各方向上强度不同。为此可将其分解为互相垂直的两束偏振光（光矢量分别为 E_{oz} 和 E_{ox}），如图 2-21 所示。为简化问题，设 E_{oz} 与入射光传播方向 Oy 及所考察散射线 OP 在同一平面内。光矢量的分解遵从平行四边形法则，即有 $E_0^2 = E_{ox}^2 + E_{oz}^2$；又由于完全非偏振光 E_0 指向各个方向几率相同，故 $E_{ox} = E_{oz}$；因而有

$E_{ox}^2 = E_{oz}^2 = \dfrac{1}{2}E_0^2$。光强度（$I$）正比于光矢量振幅的平方；衍射分析中只考虑相对强度，设 $I = E^2$，故有 $I_{ox} = E_{ox}^2$ 及 $I_{oz} = E_{oz}^2$，而 $I_0 = I_{ox} + I_{oz}$，所以

$$I_{ox} = I_{oz} = \frac{1}{2}I_0 \tag{2-53}$$

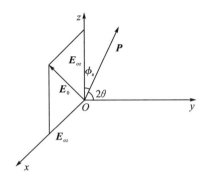

图 2-21   一个电子对 X 射线的散射

由图 2-21 可知，对于光矢量为 $\boldsymbol{E}_{oz}$ 的偏振 X 射线入射，电子散射强度（I_{ez}）为

$$I_{ez} = I_{oz}\frac{e^4}{R^2 m^2 c^4}\sin^2\phi_z \tag{2-54}$$

$\phi_z = 90° - 2\theta$（2θ 为入射方向与散射线方向的夹角），故

$$I_{ez} = \frac{I_0}{2}\frac{e^4}{R^2 m^2 c^4}\cos^2 2\theta \tag{2-55}$$

对于光矢量为 $\boldsymbol{E}_{ox}$ 的偏振光入射，电子散射强度（I_{ex}）则为

$$I_{ex} = I_{ox}\cdot\frac{e^4}{R^2 m^2 c^4}\sin^2\phi_x \tag{2-56}$$

ϕ_x 为 $\boldsymbol{E}_{ox}$ 与 OP 的夹角，$\boldsymbol{E}_{ox}$ 垂直 OP，故

$$I_{ex} = \frac{I_o}{2}\cdot\frac{e^4}{R^2 m^2 c^4} \tag{2-57}$$

按光合成的平行四边形法则，$I_e = I_{ex} + I_{ez}$ 即为电子对光矢量为 $\boldsymbol{E}_0$ 的非偏振光入射时的散射强度，按式（2-55）、式（2-57），可得

$$I_e = I_o\cdot\frac{e^4}{R^2 m^2 c^4}\left(\frac{1+\cos^2 2\theta}{2}\right) \tag{2-58}$$

由式（2-58）可知，对于一束非偏振 X 射线入射，电子散射在各个方向的强度不同，其值取决于 $\dfrac{1+\cos^2 2\theta}{2}$ [在衍射分析时，式（2-58）中其余各参数均为常量]，即电子对非偏振入射线的散射线被偏振化了，故称 $\dfrac{1+\cos^2 2\theta}{2}$ 为偏振因子或极化因子。

X 射线照射晶体时，也可使原子中荷电的质子受迫振动从而产生质子散射；但质子质量远大于电子质量，故由式（2-58）可知，质子散射与电子散射相比，可忽略不计。

2.3.2　一个原子对 X 射线的散射

一个原子对入射 X 射线的散射是原子中各电子散射波互相干涉的结果。

一个原子包含 Z 个电子(Z 为原子序数)，一个原子对 X 射线的散射可看成 Z 个电子散射的叠加。

(1)若电子散射波间无位相差(即原子中 Z 个电子集中在一点)，则原子散射波振幅 E_a 即为单电子散射波振幅 E_e 的 Z 倍，即

$$E_a = ZE_e \tag{2-59}$$

故

$$I_a = E_a^2 = Z^2 I_e \tag{2-60}$$

式中，E_e 为电子散射波振幅；E_a 为原子散射波振幅。

(2)实际原子中的电子分布在核外各电子层上，电子散射波间存在位相差，若掠射角为 θ ，任意两电子同方向散射线间位相差 $\phi = \dfrac{2\pi}{\lambda}\delta$ ，且 ϕ 随 2θ 增加而增加。考虑一般情况并比照式(2-59)和式(2-60)，引入原子散射因子 $f = E_a / E_e$ ，则散射强度表达为

$$I_a = f^2 I_e \tag{2-61}$$

式中，f 为原子散射因子。由式(2-61)可知，原子散射因子的物理意义为：原子散射波振幅与电子散射波振幅之比。

对于与入射线同方向的各电子散射线，因 $2\theta = 0$ ，故 $\phi = 0$ ；当入射线波长远大于原子半径时，光程差 δ 远小于 λ ，此时亦可认为 $\theta \approx 0$ 。以上两种特殊情况相当于原子中 Z 个电子集中在一点的情形，即有 $I_a = Z^2 I_e$ 。一般情况下，任意方向($2\theta \neq 0$)上原子散射强度 I_a 因各电子散射线间($\theta \neq 0$)的干涉作用而小于 $Z^2 I_e$ 。据此讨论可知：

①$f \leq Z$ 。

②f 与 θ 、λ 有关，不同元素有特定的 f-$\sin\theta/\lambda$ 曲线(图 2-22)，θ 增大(或 λ 减小)，位相差 ϕ 增大，I_a 下降，导致 f 降低。

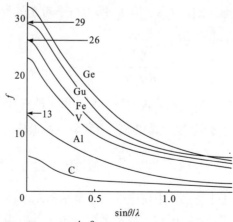

图 2-22　f 与 $\dfrac{\sin\theta}{\lambda}$ 的关系($\sin\theta = 0$时，$f = Z$)

③当$\lambda_{入射}$接近原子的某一吸收限(λ_k)时，f明显下降，视为原子的反常散射，此时需对f校正。

$$f' = f - \Delta f \tag{2-62}$$

式中，Δf 为散射因子校正值(可查阅附录 7)；f' 为校正后的原子散射因子。

2.3.3   单胞对 X 射线的散射

1. 单胞内任两原子散射波的位相差

取晶胞内任两点 O 和 $A(x_j, y_j, z_j)$，如图 2-23 所示，则有

$$\boldsymbol{OA} = x_j \boldsymbol{a} + y_j \boldsymbol{b} + z_j \boldsymbol{c} \tag{2-63}$$

O、A 原子散射波位相差为

$$\phi = 2\pi\delta / \lambda = (2\pi / \lambda)\left[\boldsymbol{OA} \cdot (\boldsymbol{s} - \boldsymbol{s}_0)\right] \tag{2-64}$$

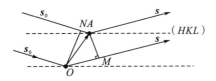

图 2-23　晶体内任意两原子的相干散射

仅考虑 O、A 原子在(HKL)面反射线方向上的散射线，则其干涉波长应满足衍射矢量方程：$(\boldsymbol{s} - \boldsymbol{s}_0) / \lambda = \boldsymbol{r}_{HKL}^*$，故$\phi = 2\pi\boldsymbol{OA} \cdot \boldsymbol{r}_{HKL}^*$，展开有

$$\phi = 2\pi(x_j \boldsymbol{a} + y_j \boldsymbol{b} + z_j \boldsymbol{c}) \cdot (H\boldsymbol{a}^* + K\boldsymbol{b}^* + L\boldsymbol{c}^*) = 2\pi(Hx_j + Ky_j + Lz_j) \tag{2-65}$$

2. 晶胞散射波的合成与晶胞强度

在复数平面中，波矢量的长度(A)及波矢量与实数轴的夹角ϕ分为波的振幅与位相(见图 2-24)；波矢量的解析表达式为

$$A\cos\phi + \mathrm{i}A\sin\phi \tag{2-66}$$

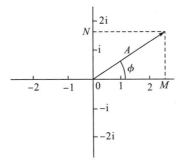

图 2-24　复平面中的波矢量

据欧拉公式 $(\cos\phi + i\sin\phi = e^{i\phi})$ 得

$$A\cos\phi + iA\sin\phi = Ae^{i\phi} \tag{2-67}$$

因为复数模的平方等于该复数乘以其共轭复数，所示 $|Ae^{i\phi}|^2 = Ae^{i\phi}, Ae^{-i\phi} = A^2$。

晶胞内任意原子 (j) 沿 (HKL) 面反射方向的散射波用复数表示为

$$Ae^{i\phi} = f_j e^{2\pi i(Hx_j + Ky_j + Lz_j)} \tag{2-68}$$

用原子散射因子 f_j 作为 j 原子的散射波振幅。

晶胞沿 (HKL) 面反射方向的散射波——衍射波 F_{HKL}，为晶胞所含各原子相应方向上散射波的合成波。若晶胞有 n 个原子，则

$$F_{HKL} = \sum_{j=1}^{n} f_j e^{2\pi i(Hx_j + Ky_j + Lz_j)} \tag{2-69}$$

式 (2-69) 为 F 的复指数函数表达式，其复三角函数表达式为

$$F_{HKL} = \sum_{j=1}^{n} f_j \left[\cos 2\pi \left(Hx_j + Ky_j + Lz_j \right) + i\sin 2\pi \left(Hx_j + Ky_j + Lz_j \right) \right] \tag{2-70}$$

F 的模 $|F|$ 即为其振幅。由于合成 F 时，f_j 为各原子散射波振幅，而 f_j 以两种振幅的比值定义 $(f_j = E_{aj} / E_e)$，故 $|F|$ 也是以两种振幅的比值定义的，即

$$|F| = E_b / E_e \tag{2-71}$$

式中，E_b 为晶胞散射波振幅。按照 $E_b^2 = I_b$ 和 $E_e^2 = I_e$，

$$I_b = |F|^2 I_e \tag{2-72}$$

式 (2-72) 称为晶胞衍射波沿 (HKL) 面反射方向的散射波强度表达式，晶胞衍射波 F 称为结构因子，其振幅 $|F|$ 称为结构振幅。

结构因子的含义如下：

(1) F 值仅与晶胞所含原子数及原子位置有关，而与晶胞形状无关。

(2) 晶胞内原子不同种类，则 F 的计算结果不同。

(3) F 计算时，$e^{n\pi i} = (-1)^n$。

3. 结构因子的计算

例 1. 计算简单立方晶胞的结构因子。

简单立方晶胞仅含有一个原子，取其位置为坐标原点 (原子坐标：000)，则按式 (2-69) 有：$F = f e^{2\pi i(0)} = f, |F|^2 = f^2$。

例 2. 计算底心立方晶胞结构因子。

底心立方晶胞含有两个原子 (原子坐标：000 和 1/2 1/2 0)，按式 (2-69) 有：$F = f e^{2\pi i(0)} + f e^{2\pi i(H/2 + K/2)} = f \left[1 + e^{\pi i(H+K)} \right]$。

当 H、K 为同性数时：$F = 2f, |F|^2 = 4f^2$；

当 H、K 为异性数时：$F = 0$。

例 3. 计算体心立方晶胞结构因子。

体心立方晶胞含有两个原子 (原子坐标：000 和 1/2 1/2 1/2)，按式 (2-69) 有

$$F = f\mathrm{e}^{2\pi i(0)} + f\mathrm{e}^{2\pi i(H/2+K/2+L/2)} = f\left[1 + \mathrm{e}^{\pi i(H+K+L)}\right]$$

当 $H+K+L$ 为偶数时，$F=2f$，$|F|^2 = 4f^2$；

当 $H+K+L$ 为奇数时，$F=0$。

例 4. 计算面心立方晶胞的结构因子。

面心立方晶胞含有四个原子(原子坐标：000，1/2 1/2 0，1/2 0 1/2，0 1/2 1/2)，则

$$F = f\mathrm{e}^{2\pi i(0)} + f\mathrm{e}^{2\pi i(H/2+K/2)} + f\mathrm{e}^{2\pi i(H/2+L/2)} + f\mathrm{e}^{2\pi i(K/2+L/2)} = f\left[1 + \mathrm{e}^{\pi i(H+K)} + \mathrm{e}^{\pi i(H+L)} + \mathrm{e}^{\pi i(K+L)}\right]$$

当 H、K、L 为同性数时，$H+K$、$H+L$、$K+L$ 三个都必然为偶数，所以 $F=4f$，$|F|^2 = 16f^2$；

当 H、K、L 为异性数时，$H+K$、$H+L$、$K+L$ 定有两个必为奇数，一个偶数，所以 $F=0$，$|F|^2 = 0$。

由以上各例可知，F 值只与晶胞所含原子数及原子位置有关，而与晶胞形状无关。不论体心晶胞形状为正方、立方或是斜方，均对 F 值的计算无影响。此外，以上各例计算中，均设晶胞内为同类原子(f 相同)，若原子不同类，则 F 的计算结果不同。

4. 系统消光与衍射的充分必要条件

由式 (2-72) $I_b = |F|^2 I_e$ 可知：若 $|F|^2 = 0$，则 $(I_b)_{HKL}=0$，即该面衍射线消失。把因 $|F|^2 = 0$ 而使衍射线消失的现象称为系统消光。故产生衍射的充要条件为：必要条件(衍射矢量方程)和"$|F|^2 \neq 0$"。

消光分为点阵消光和结构消光。点阵消光是指因晶胞中原子(阵点)位置而导致 $|F|^2=0$ 的现象。结构消光则是在点阵消光基础上，因结构基元内原子位置不同而进一步产生的附加消光现象，如：实际晶体中，位于阵点上的结构基元由不同原子组成，其结构基元内各原子的散射波相互干涉也可能产生 $|F|^2 = 0$ 的现象。表 2-3 列出了反射线消光规律。

表 2-3　反射线消光规律

布拉维点阵类型	存在的谱线指数 (HKL)	不存在的谱线指数 (HKL)
简单点阵	全部	无
底心点阵	K 及 H 全奇或全偶，$H+K$ 为偶数	$H+K$ 为奇数
体心点阵	$H+K+L$ 为偶数	$H+K+L$ 为奇数
面心点阵	$H+K+L$ 为同性数	$H+K+L$ 为异性数

消光的应用：根据系统消光的结果(规律)，即通过测定衍射线强度的变化就可以推断出原子在晶胞中的位置。

2.3.4　小晶体散射与衍射积分强度

小晶体为多晶体中的晶粒或亚晶粒。

若小晶体(晶粒)由 N 个晶胞构成，已知某晶胞 (HKL) 晶面的衍射强度为 $I_{HKL}=|F_{HKL}|^2 \cdot I_e$，设小晶粒体积为 V_c，晶胞体积为 $V_{胞}$，则 $N=V_c / V_{胞}$，N 个晶胞的 (HKL) 晶面衍射的叠加强

度为：$I_e \cdot (V_c / V_{胞})^2 \cdot |F_{HKL}|^2$。

考虑到实际晶体结构与理想状况的差别，乘以一个因子 $[(\lambda^3 / V_c) \cdot (1 / \sin 2\theta)]$，则小晶体的衍射积分强度为

$$I_m = I_e \cdot [(\lambda^3 / V_c) \cdot (1 / \sin 2\theta)] \cdot (V_c / V_{胞})^2 \cdot |F_{HKL}|^2$$

$$= I_e |F_{HKL}|^2 \frac{\lambda^3}{V_{胞}^2} V_c \cdot \frac{1}{\sin 2\theta} \tag{2-73}$$

2.3.5　多晶体衍射积分强度

1. 参与衍射的晶粒数目

(1) 倒易球：构成多晶体的各晶粒取向随意，随意取向的众多晶粒中同名 (HKL) 晶面相应的各倒易点将集合成以 (HKL) 面倒易矢量长度 $|r_{HKL}^*|$ 为半径的球面，称之为 (HKL) 的倒易球。

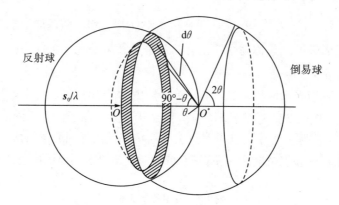

图 2-25　多晶体衍射的厄瓦尔德图解

(2) (HKL) 面的倒易球和与之相对应的反射球相交于一圆上 (由倒易点组成)，如图 2-25。由于该圆上各倒易点相应的各方位晶粒中的 (HKL) 面满足衍射条件，故反射球中心 O 到交线圆上各倒易点的连续矢量 s / λ 集合成为以 s_0 为轴、2θ 为半锥角的圆锥体。

由于某 (HKL) 晶面反射时衍射角有波动范围，导致 (HKL) 面法线方向有一定范围，致使各方位晶粒 (HKL) 面的反射有强度范围，因而倒易球与反射球相交成一定宽度的圆环带，宽度为 $|r_{HKL}^*| \cdot d\theta$。所有参与 (HKL) 面衍射的晶粒都在该圆环带上。

参加 (HKL) 衍射的晶粒数目 (Δq) 与多晶体总晶粒数 q 之比，可认为是圆环带与倒易球面积之比，即

$$\frac{\Delta q}{q} = \frac{2\pi |r^*| \sin(90° - \theta) \cdot |r^*| d\theta}{4\pi |r^*|^2} = \frac{\cos\theta}{2} d\theta \tag{2-74}$$

而一个晶粒的衍射积分强度 $I_m = I_e |F_{HKL}|^2 \frac{\lambda^3}{V_{胞}^2} V_c \cdot \frac{1}{\sin 2\theta}$，若乘以多晶体中实际参与

(HKL)衍射的晶粒数Δq，即可得到多晶体的(HKL)衍射积分强度。需要指出的是，式(2-74)中的$\mathrm{d}\theta$对应着(HKL)衍射的所有强度范围，而I_{m}则是对衍射线强度范围的积分，即由$I_{\mathrm{m}}\Delta q$求得多晶体衍射积分强度($I_{多}$)。

$$I_{多} = I_{\mathrm{m}}q\frac{\cos\theta}{2} \tag{2-75}$$

$$I_{多} = I_{\mathrm{e}}\frac{\lambda^3}{V_{胞}^2}\left|F_{HKL}\right|^2 V_{\mathrm{c}}\cdot q\frac{\cos\theta}{2}\cdot\frac{1}{\sin 2\theta} \tag{2-76}$$

$$I_{多} = I_{\mathrm{e}}\frac{\lambda^3}{V_{胞}^2}V\left|F_{HKL}\right|^2\cdot\frac{1}{4\sin\theta} \tag{2-77}$$

式中，V为样品被照射体积，$V=V_{\mathrm{c}}\cdot q$。

二、单位弧长的衍射积分强度

前文介绍了倒易球和反射球相交为一圆环带，如采用垂直于入射线的平板胶片，则(HKL)面倒易点落在衍射环(衍射圆锥与胶片交线)上，若以样品中心为轴，采用长条或弧形胶片卷，则获得的衍射花样为衍射圆环的部分弧。实际测量的是衍射圆环单位弧长积分强度(I')。若衍射圆环至样品距离为R，则其周长为$2\pi R\sin 2\theta$，如图 2-26 所示。

$$I'=I_{多}/(2\pi R\sin 2\theta) \tag{2-78}$$

带入$I_{多}$表达式(2-77)，有：

$$I' = \frac{I_{多}}{2\pi R\sin 2\theta} = I_{\mathrm{e}}\frac{\lambda^3}{2\pi R}\frac{V}{V_{胞}^2}\left|F_{HKL}\right|^2\cdot\frac{1}{4\sin\theta}\cdot\frac{1}{\sin 2\theta} \tag{2-79}$$

$$I' = I_0\frac{e^4}{R^2 m^2 c^4}\cdot\frac{\lambda^3}{2\pi R}\cdot\frac{V}{V_{胞}^2}\left|F_{HKL}\right|^2\cdot\left(\frac{1+\cos^2 2\theta}{2}\right)\cdot\frac{1}{8\sin^2\theta\cos\theta} \tag{2-80}$$

$$I' = I_0\frac{\lambda^3 e^4}{32\pi R^3 m^2 c^4}\cdot\frac{V}{V_{胞}^2}\left|F_{HKL}\right|^2\cdot\left(\frac{1+\cos^2 2\theta}{\sin^2\theta\cos\theta}\right) \tag{2-81}$$

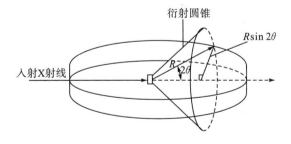

图 2-26　单位弧长的衍射积分强度

2.3.6　衍射强度的修正因子

计算衍射强度，首先要求出结构因子F_{HKL}。除此以外，在 X 射线衍射的测量工作中，温度、样品对 X 射线的吸收情况、晶面间距相等的晶面数量、入射光的平行度及晶粒大小等，都在不同程度上影响着衍射强度的测定。为消除其影响，需引入对应的修正因子，分别称之为温度因子、吸收因子、多重性因子及角因子(包括洛仑兹因子和极化因子)。

1. 多重性因子(P)

在晶体结构中,我们把晶面间距相等、晶面上原子排列相同的晶面称为等同晶面。如立方晶系(100)面有 6 个,这些面的 2θ 相同,在同一锥面上。同晶面的个数对衍射强度的影响称为多重性因子,用 P 来表示。

显然,不同(HKL)的 P_{HKL} 值不同,因而等同晶面对衍射强度的贡献也不同,衍射环的强度与参与衍射的晶粒数成正比。不同晶系的多重性因子不同,如表 2-4 所示。

表 2-4 不同晶面族的多重性因子

晶系	指数									
	H00	0K0	00L	HHH	HH0	KH0	0KL	H0L	HHL	HKL
	P									
立方	6			8	12		24		24	48
菱(六)方	6		2		6		12			24
正方	4	2			4	8		8		16
斜方	2					4				8
单斜	2					4		2		4
三斜	2						2			2

2. 角因子 $\phi(\theta)$

角因子由前面已介绍的衍射强度极化因子和洛伦兹因子构成,与 θ 角有关。在衍射分析中,一般衍射峰高随角度增加而降低,衍射峰宽随衍射角增加而变宽;但不同衍射方式与不同样品影响亦不同。

洛伦兹因子需考虑以下几种情况。

1) 实际衍射条件对衍射强度的影响

衍射原理是以简单空间点阵为例,参加衍射的晶体理想化,入射光严格单色且绝对平行;而实际晶体为不完善的多晶,光束有一定宽度;且若入射 X 光与晶面构成的掠射角与严格的布拉格角有微小差别时,反射光为不完全的相消干涉,即有可观的衍射强度。

图 2-27(a)为晶体的实际衍射强度曲线,B 为衍射线宽度,一般用最大强度一半(0.5I)处宽表示,称为半高宽。图 2-27(b)为理想状态下的衍射强度曲线。

若实际晶体由(m+1)个点阵构成,其面间距为 d,则晶体在垂直于该晶面方向上的厚度(晶胞大小)L=md。

$$B = 2\delta\theta = \lambda / (md\cos\theta) = \lambda / (L\cos\theta) \tag{2-82}$$

式中,θ 为布拉格角;λ 为入射 X 射线波长;$L(md)$ 为晶胞的大小;m 为晶面数。

实际工作中可据此式确定晶体中晶胞的大小,同时半高宽直接表征出晶胞的结构纯净度。

同理,不同绝对平行的入射光与晶面的布拉格角有微小偏差时亦含有一定程度的衍射。

由以上可知,$I_{最大} \propto 1/\sin\theta$,考虑到衍射宽度,衍射线强度 $I \propto 1/\sin2\theta$。

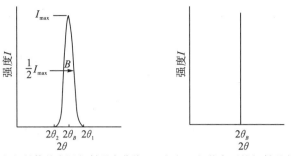

（a）晶体的实际衍射强度曲线　　（b）理想状态下的衍射强度曲线

图 2-27　衍射强度曲线

2) 参加衍射的晶粒数目的影响

由于参加衍射的晶粒数目 $\propto \cos\theta$，所以 $I \propto \cos\theta$。因此 $I \propto$ 参加衍射的晶粒数目。

3) 单位弧长的衍射线强度

由前述分析可知，$I' \propto 1/\sin 2\theta$。

合并以上三因素，给出洛伦兹因子为

$$1/\sin 2\theta \cdot (1/\sin 2\theta) \cdot \cos\theta = \cos\theta / \sin^2 2\theta = 1/(4\sin^2\theta\cos\theta) \tag{2-83}$$

3. 吸收因子 $A(\theta)$

由于样品对 X 射线的吸收致使衍射强度衰减，故衍射强度计算中为保证精度，引入吸收因子 $A(\theta)$ 来校正样品吸收对衍射强度的影响。设无吸收时的 $A(\theta)=1$；吸收越多，衍射强度衰减程度越大，则 $A(\theta)$ 越小。

在 X 射线衍射分析中，常见试样有两种，分别是照相法采用的圆柱形粉末多晶样和衍射仪法用的平板样。下面分别进行分析。

1. 圆柱状试样的吸收因子

圆柱状试样的吸收因子为试样的线吸收系数 μ_1 和试样半径 R 的函数。此时，若其他条件不变，掠射角 θ 增大，则吸收作用下降，衍射线强度增强。

减轻方法：在试样中添加适量非晶态物质，使试样稀释。

2. 板状样的吸收因子

由于板状样的入射光束发散角固定，试样被辐射的面积和深度随 θ 而变，θ 增大，面积降低，深度增加，但辐射的体积恒定不变，因此吸收因子与 θ 无关，实践中据此采用固定狭缝。此时，$A(\theta)=1/(2\mu_1)$ 为常数，μ_1 增大，$A(\theta)$ 下降，衍射强度 I 降低。

4. 温度因子 (e^{-2M})

温度增高，晶体点阵中原子在点阵附近的热振动作用加强，原子偏离平衡点的距离（振幅）增大，因附加相位使某方向的衍射强度下降。为表征衍射强度随温度的变化，提出温度因子 e^{-2M}。

温度因子 e^{-2M} 和吸收因子 $A(\theta)$ 随 θ 角变化的趋势相反。对 θ 角相差较小的衍射线，两因子的作用可大致相互抵消而简化。

物理意义：e^{-2M} 为考虑原子热振动时的衍射强度（I_T）与不考虑原子热振动时的衍射强度（I）之比，即 $e^{-2M}=I_T/I$ 或 $e^{-M}=f/f_0$。我们把 e^{-M} 称为德拜-瓦洛因子，可查表获得。故多晶（HKL）衍射积分强度为

$$I = I_e \cdot (\lambda^3 e^4 / 32\pi R^3 m^2 c^4) \cdot (V/V^2_{\text{胞}}) |F_{HKL}|^2 \cdot P_{HKL} \cdot A(\theta) \cdot e^{-2M} \cdot \phi(\theta) \tag{2-84}$$

式中，$\phi(\theta)$ = 极化因子·洛伦兹因子 = $[(1+\cos^2 2\theta)/(\sin^2\theta\cos\theta)]$。

思 考 题

1. 试简要总结分析由简单点阵到复杂点阵衍射强度推导的整个思路和要点。

2. 一束 X 射线被晶体散射后，产生衍射的充分必要条件是什么？与哪些因素有关？

3. 说明原子散射因子 f、结构因子 F、结构振幅 $|F|$ 各自的物理意义。

4. 已知 β-Sn 的晶体结构为四方晶系。其点阵常数分别为：$a=b=0.583311$nm，$c=0.31817$nm。晶胞中共有四个原子，其坐标分别为：000，$\frac{1}{2}\frac{1}{2}\frac{1}{2}$，$\frac{1}{2}0\frac{1}{4}$，$0\frac{1}{2}\frac{3}{4}$。求出 β-Sn 结构因子，总结其衍射面指数出现的规律，并指出 β-Sn 的点阵晶胞类型。

5. 某一晶体为正方晶系，晶胞内有四个同类原子，其所在位置分别为：$0\frac{1}{2}\frac{1}{2}$，$\frac{1}{2}0\frac{1}{4}$，$\frac{1}{2}0\frac{3}{4}$，$0\frac{1}{2}\frac{3}{4}$。求出该晶体 F^2 的表达式；论证该晶体的点阵晶胞类型；分别计算（110），（002），（111），（011）各衍射面的 F^2 值。

6. 多重性因子、吸收因子及温度因子是如何引入多晶体衍射强度公式的？衍射分析时如何获得它们的值？

7. "衍射线在空间的方位仅取决于晶胞的形状与大小，而与晶胞中的原子位置无关；衍射线的强度则取决于晶胞中原子位置，而与晶胞形状及大小无关"，此种说法是否正确？

8. 用 CuK_α 辐射（$\lambda=0.154$nm）照射 Cu 样品。已知 Cu 的点阵常数 $a=0.361$nm，试分别用布拉格方程与厄瓦尔德图解法求其（200）反射的 θ 角。

2.4 X射线衍射方法

本节导读 布拉格方程说明了产生衍射的三种实验条件，对应产生三种衍射实验方法。不同方法有何特点？有何应用？本节将以粉末衍射照相法及衍射仪为例，说明衍射分析的机制及其影响因素。通过本节学习，要掌握衍射分析的影响要素，便于对衍射结果进行实验分析。

由布拉格方程 $2d_{HKL}\sin\theta=\lambda$ 可知，要使一个晶体产生衍射，入射 X 射线的波长 λ、布拉格角 θ 和衍射晶面面间距 d_{HKL} 三者必须满足布拉格方程的要求。对于特定的晶体，

在 d_{HKL}、θ、λ 三个变量中，d_{HKL} 是定量，而 θ、λ 是变量，由此衍生出不同的衍射方法。表 2-5 列出了三种最基本的衍射方法及其特点。

表 2-5　三种基本衍射试验方法

试验方法	所用辐射	样品	照相法		衍射仪法	λ	θ
多晶体法	单色辐射	多晶或晶体粉末	样品转动或固定	德拜相机	粉末衍射仪	不变	变
劳埃法	连续辐射	单晶体	样品固定	劳埃相机	单晶或粉末衍射仪	变	不变
转晶法	单色辐射	单晶体	样品转动或固定	转晶-回摆照相机	单晶衍射仪	不变	变

多晶体法：也称粉末法，是所有衍射法中最方便、应用最广泛的方法。它用单色 X 射线作为入射光源，入射线以固定方向射到多晶粉末或多晶块状样品上，靠粉末中各晶粒取向不同的衍射面来满足布拉格方程。由于粉末中含有无数的小晶粒，各晶粒中总有一些面与入射线的交角满足衍射条件，这相当于 θ 是变量，所以，粉末法是利用多晶体样品中各晶粒在空间的无规则取向来满足布拉格方程而产生衍射。只要是同一种晶体，它们所产生的衍射花样在本质上都应该相同。在 X 射线物相分析法中，一般都用多晶体法得出的衍射谱图或衍射数据作为对比和鉴定的依据。

劳埃法：以连续 X 射线谱作为入射光源，单晶体固定不动，入射线与各衍射面的夹角也固定不动，靠衍射面选择不同波长的 X 射线来满足布拉格方程。产生的衍射线表示了各衍射面的方位，故此法能够反映晶体的取向和对称性。

转晶法：也称旋转单晶法或周转法，用单色 X 射线作为入射光源，单晶体绕一晶轴(通常是垂直于入射线方向)旋转，靠连续改变各衍射面与入射线的夹角来满足布拉格方程。利用此法可作单晶的结构分析和物相分析。

多晶体衍射法分为两种：照相法和衍射仪法。

2.4.1　照相法

粉末照相法是将一束近平行的单色 X 射线投射到多晶体样品上，用照相底片记录衍射束强度和方向的一种实验法。照相法的主要实验装置为粉末照相机，而根据照相机种类的不同有多种照相法：德拜照相法、聚焦法、针孔法，其中最为常用的是德拜照相法，该粉末照相法又称为德拜法或德拜-谢勒法。德拜法及其他照相法现在已经很少使用，但此法要比衍射仪法直观一些，利于初学者理解衍射现象。

1. 德拜相机与试验技术

1)德拜相机

德拜照相法主要使用德拜相机，图 2-28 给出了德拜相机的结构示意图。

德拜相机主要由下列几部分构成：圆筒形暗盒，在其内壁安装照相底片；装在暗盒中心的样品轴(夹)，用以安装样品，它附有调节样品到暗盒中心轴的螺丝及带动样品转动的电机；装在暗盒壁上的平行光阑，以便使入射 X 射线成为近平行光束投射到样品上；暗盒的另一侧壁上装有承光管(后光阑),以便让透射光束射出,并装有荧光屏,用以检查 X 射线是否投射到样品上。德拜相机为方便衍射数据的测量,其暗盒内直径一般选定为 57.3mm 或 114.6mm,这样,德拜相片上 1mm 长度,正好分别对应于 2° 或 1° 的圆心角。

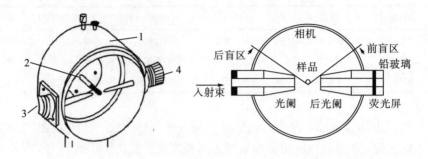

(a)德拜相机外形示意图   (b)德拜相机结构示意图
1–圆筒相盒,2–样品夹(轴),
3–X 射线入口(入射光阑),4–荧光屏

图 2-28   德拜相机的外形及结构示意图

2) 底片安装

德拜相机所用的照片底片为圆筒形底片,能将全部衍射线束同时记录下来。德拜相机的底片安装如图 2-29 所示,有三种方法:正装法、反装法和不对称安装法(偏装法)。

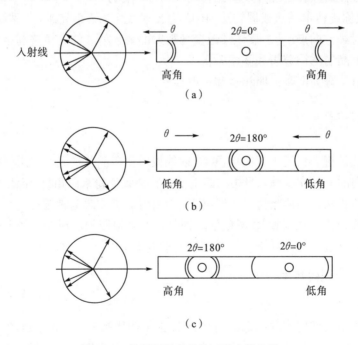

图 2-29   德拜照相底片的三种安装方法

正装法:安装时底片正中圆孔穿过承光管,开口在光阑两侧,记录的衍射弧对(衍射线条)按 2θ 增加的顺序由底片孔中心向两侧展开,如图 2-29(a)所示,此法常用于物相分析。

　　反装法：底片正中圆孔穿过光阑，开口在承光管两侧，衍射线条按 2θ 增加的顺序逐渐移向底片孔的中心，如图 2-29(b) 所示，此法常用于测定点阵常数。

　　偏装法(不对称安装法)：底片上两圆孔分别穿过光阑和承光管，开口在光阑和承光管之间，如图 2-29(c) 所示，此法可校正由于底片收缩及相机半径等因素产生的误差，适于点阵常数的精确测定等工作。

　　3) 选靶与滤波——主要依据 λ 和 μ_m 的关系

　　选靶：选靶是指选择 X 射线管阳极(靶材)所用材料。选靶的基本要求：靶材所产生的特征 X 射线(常用 K_α 射线)尽可能少地激发样品的荧光辐射，以降低衍射花样背底，使图像清晰。

　　物质对 X 射线的吸收与入射 X 射线波长有关，如图 2-30 所示。由图 2-30 可知，μ_m 随入射 X 射线 λ 的变化是不连续的，当入射 X 射线 λ 等于该物质的吸收限(λ_k)时，因 X 射线"激发"样品光电效应产生荧光辐射，故 μ_m 值很大；而在吸收限两侧，$\mu_m - \lambda$ 曲线由两根相似的分支组成，μ_m 随 λ 的减小而减小。

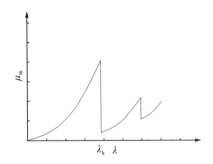

图 2-30　质量吸收系数(μ_m)与波长(λ)关系示意图

　　根据 μ_m 与 λ 的关系可知，当入射的 K_α 射线波长($\lambda_{K_\alpha 靶}$)远长于样品 K 吸收限($\lambda_{K样}$)或 $\lambda_{K_\alpha 靶}$ 远短于 $\lambda_{K样}$ 时，可避免荧光辐射的产生，如图 2-31(a) 与 (c)。当 $\lambda_{K_\alpha 靶}$ 稍长于 $\lambda_{K样}$($\lambda_{K_\alpha 靶} > \lambda_{K样}$)时，$K_\alpha$ 射线不会激发样品的荧光辐射，见图 2-31(b)。由 $\mu_m - \lambda$ 曲线可知，$\lambda_{K_\alpha 靶}$ 稍长于 $\lambda_{K样}$ 时，$\lambda_{K_\alpha 靶}$ 处于低谷处，与 $\lambda_{K_\alpha 靶}$ 远长于 $\lambda_{K样}$ 相比，K_α 射线被样品吸收少，有利于衍射试验。

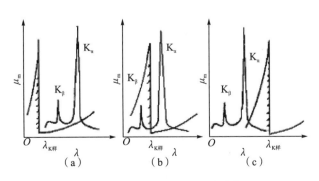

图 2-31　按样品的化学成分选靶

靶材原子序数($Z_{靶}$)与样品原子序数($Z_{样}$)满足一定关系时,上述$\lambda_{K_\alpha靶}$与$\lambda_{K样}$的关系成立,即$Z_{靶} < Z_{样}$时,$\lambda_{K_\alpha靶} > \lambda_{K样}$;$Z_{靶} \gg Z_{样}$时,$\lambda_{K_\alpha靶} \ll \lambda_{K样}$;$Z_{靶} = Z_{样} + 1$时,$\lambda_{K_\beta靶} < \lambda_{K样} < \lambda_{K_\alpha靶}$。按$Z_{靶}$与$Z_{样}$关系选靶以避免激发样品荧光辐射,称之为按样品化学成分选靶。当样品中含有多种元素时,一般按含量较多的几种元素中Z最小的元素选靶。

选靶时还需考虑其他因素。如入射线波长对衍射线条多少的影响:由于$\sin\theta \leqslant 1$,故由布拉格方程可知$d \geqslant \lambda/2$,即只有满足此条件的晶面才有可能产生衍射,因此,λ越长则可能产生的衍射线条越少。又如,通过波长的选择可调整衍射线条的出现位置等。

滤波:K系特征辐射包括K_α与K_β射线,因二者波长不同,将使样品产生两套方位不同的衍射花样,使衍射分析工作复杂化。为此,在X射线源与样品间放置薄片(称为滤波片)以吸收K_β射线,从而保证K_α射线的纯度,称为滤波。

依据μ_m与λ的关系选择滤波片材料。选择滤片材料,使其K吸收限($\lambda_{K滤}$)处于入射的K_α射线与K_β射线波长之间($\lambda_{K_\beta靶} < \lambda_{K滤} < \lambda_{K_\alpha靶}$),则$K_\beta$射线因激发滤片的荧光辐射而被滤片吸收。滤片材料原子序数$Z_{滤}$与$Z_{靶}$满足下述关系,当$Z_{靶} < 40$时,$Z_{滤} = Z_{靶} - 1$;当$Z_{靶} > 40$时,$Z_{滤} = Z_{靶} - 2$。

4) 成像原理与衍射花样特征

粉末照相法只是粉末衍射法的一种。被测试的样品粉末很细,颗粒尺寸通常在$10^{-3} \sim 10^{-5}$cm之间,每个颗粒又可能包含了好几颗晶粒,因此,试样中包含了无数个取向不同但结构相同的小晶粒。当一束单色X射线照射到样品上时,对每一族晶面(hkl),总有某些小晶粒的(hkl)晶面族恰好能够满足布拉格条件而产生衍射。由于试样中小晶粒数目巨大,所以满足布拉格条件的晶面族$\{hkl\}$也较多,与入射线的方位角都是θ,如图2-32所示,可看做是由一个晶面以入射线为轴旋转而得到。从图2-32可以看到,小晶粒晶面(hkl)的反射线分布在一个以入射线为轴,以衍射角2θ为半顶角的圆锥面上,不同的晶面族衍射角不同,衍射线所做的圆锥半顶角不同,从而不同晶面族的衍射就会共同构成一系列以入射线为轴的同顶点圆锥,所以,当围绕试样的圆筒形底片记录衍射线时,在底片上会得到一系列圆弧线段。

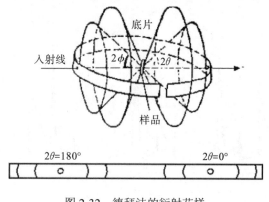

图 2-32　德拜法的衍射花样

5) 样品制备

德拜粉末照相法，通常将粉末试样制成直径为 0.3～0.6mm、长度为 1cm 的细圆柱状粉末集合体。粉末颗粒通常要求控制在 10^{-3}～10^{-5}cm 间(过 250 目～300 目筛)。因为如果颗粒大于 10^{-3}cm，则可能由于参加衍射的晶粒数目太少而影响衍射线的强度；但如果颗粒度小于 10^{-5}cm，则可能因晶粒结构的破坏而使衍射线发生弥散增宽。对于所需分析的样品，要求在试样制备过程中不改变原组分及原相成分，以保证测试结果的真实性。

6) 摄照参数的选择

摄照参数包括 X 射线管电压、管电流、摄照(曝光)时间等。管电压通常为阳极(靶材)激发电压(V_K)的 3～5 倍，此时特征谱对连续谱强度比最大。管电流较大可缩短摄照时间，但以不超过管额定功率为限。摄照时间的影响因素很多，一般在具体实验条件下通过试照确定(德拜法常用摄照时间以小时计)。

7) 衍射花样的测量和计算

德拜粉末照相法底片实验数据的测量主要是测定底片上衍射线条的相对位置和相对强度，然后根据测量数据再计算 θ_{hkl} 和晶面间距 d_{hkl}。

如图 2-33 所示，设 R 是德拜相机镜头半径，晶体中某晶面族 $\{hkl\}$ 所产生的衍射线与底片交于 AB 两点，则从 AB 两点之间的距离 $2L$ 即可计算出衍射半角 θ。从图可知，在透射区($2\theta < 90°$，称低角区)：$2L = R \cdot 4\theta$，所以 $\theta = \dfrac{2L}{4R}$，即

$$\theta = \frac{2L}{4R} \cdot \frac{360°}{2\pi} = \frac{L}{2R} \cdot 57.30 \tag{2-85}$$

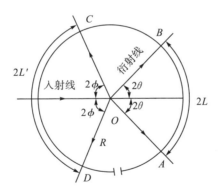

图 2-33　德拜照相法衍射角计算

常见德拜相机的直径多为 57.30mm，因而式(2-85)可简化为 $\theta = L$，即可在德拜照相底片上测得衍射线距离。

当 $2\theta > 90°$(又称高角区)时，用上述同样方法先求得 ϕ，$\theta = 90° - \phi$。求得衍射角 θ 后，再由布拉格方程 $2d\sin\theta = \lambda$ 计算出该衍射线所对应的晶面间距。

式(2-85)中 $2L$ 的测量，实验中常采用带游标的刻度尺测量。通常，测量时首先将底片放在观察箱上，制定好底片中线(mm)，然后用游标尺分别读出衍射线位置数值，应用布拉格方程计算晶面间距 d_1，d_2，d_3，…

综上所述，德拜-谢勒法所需样品少，所获得的衍射线条几乎可以全部记录在一张底片上，实验设备及实验方法相对简单。

8)德拜相机的分辨本领

以分辨率描述相机分辨底片上相距最近衍射线条的本领。分辨率(φ)的表达式为

$$\varphi = \frac{\Delta L}{\Delta d / d} \tag{2-86}$$

式中，ΔL 为晶面间距变化值为 $\Delta d / d$ 时，衍射线条的位置变化。

由式(2-86)可知，当两晶面间距差值 Δd 一定时，φ 值大则意味着底片上两晶面相应衍射线条距离(位置差) ΔL 大，即两线条容易分辨。

将布拉格方程写为 $\sin \theta = \lambda / (2d)$ 的形式，对其微分并整理，有

$$\Delta \theta = -\tan \theta (\Delta d / d) \tag{2-87}$$

对(2-85)微分，有

$$\Delta L = 2R \cdot \Delta \theta \tag{2-88}$$

将式(2-87)和式(2-88)代入式(2-86)，可得

$$\varphi = -2R \tan \theta \tag{2-89}$$

由式(2-89)可知，θ 越大则 φ 越大，故背反射衍射线条(较前反射线条)分辨率高。

2. 衍射花样指数标定

衍射花样指数标定，即确定衍射花样中各线条(弧对)相应晶面(即产生该衍射线条的晶面)的干涉指数，并以之标识衍射线条，又称衍射花样指数化。

立方晶系衍射花样的指数标定。由立方晶系晶面间距公式和布拉格方程可得

$$\sin^2 \theta = \frac{\lambda^2}{4a^2} \cdot m \tag{2-90}$$

式中，m 为衍射晶面干涉指数平方和，即 $m = H^2 + K^2 + L^2$。

由式(2-90)可知，对于同一底片同一(物)各衍射线条的 $\sin^2 \theta$ (从小到大的)顺序比(因 $\lambda^2 / 4a^2$ 为常数)等于各线条相应晶面干涉指数平方和(m)的顺序比，即

$$\sin^2 \theta_1 : \sin^2 \theta_2 : \sin^2 \theta_3 : \cdots = m_1 : m_2 : m_3 : \cdots \tag{2-91}$$

立方晶系不同结构类型的晶体因系统消光规律不同，其产生衍射各晶面的 m 顺序比也各不相同，如表 2-6 所示。表 2-6 同时也列出了与 m 值相对应的晶面干涉指数。

表 2-6 立方晶系衍射晶面及干涉指数平方和(m)

衍射线顺序号	简单立方			体心立方			面心立方			金刚石立方		
	HKL	m	m_i/m	HKL	m	m_i/m	HKL	m	m_i/m	HKL	m	m_i/m
1	100	1	1	110	2	1	111	3	1	111	3	1
2	110	2	2	200	4	2	200	4	1.33	220	8	2.66
3	111	3	3	211	6	3	220	8	2.66	311	11	3.67
4	200	4	4	220	8	4	3111	11	3.67	400	16	5.33
5	210	5	5	310	10	5	222	12	4	331	19	6.33
6	211	6	6	222	12	6	400	16	5.33	422	24	8

续表

衍射线顺序号	简单立方			体心立方			面心立方			金刚石立方		
	HKL	m	m_i/m	HKL	m	m_i/m	HKL	m	m_i/m	HKL	m	m_i/m
7	220	8	8	321	14	7	331	19	6.33	333,511	27	9
8	300,221	9	9	400	16	8	420	20	6.67	400	32	10.67
9	310	10	10	411,330	18	9	422	24	8	531	35	11.67
10	311	11	11	420	20	10	333,511	27	9	620	40	13.33

由上述可知，通过衍射线条的测量计算同一物相各线条的 $\sin^2\theta$ 顺序比，然后与表 2-6 中的 m 值顺序比相对照，即可确定该物相晶体结构类型及各衍射线条(相应晶面)的干涉指数。

3. 聚焦法简介

为了在不增大相机半径的前提下提高粉末晶体衍射相片的分辨率，同时缩短底片曝光时间，人们设计了聚焦相机。塞曼-波林相机(如图 2-34 所示)即为一种聚焦相机。

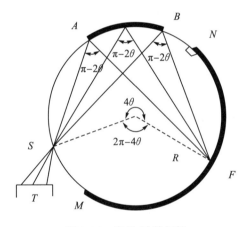

图 2-34　塞曼-波林相机

聚焦相机是利用发散度较大的 X 射线束照射试样，使得试样受照射区域较大，但由于多晶试样中一组 (hkl) 晶面所产生的衍射束在照相底片上仍能聚焦成一点或一条细线，这种聚焦是利用图 2-34 所示的方法，即将入射 X 射线狭逢光阑 S、多晶粉末试样 $\widehat{AB}$ 及底片 $L(\widehat{MN})$ 安装在同一圆周上(聚焦圆)，从而能使试样上各处同指数衍射都会聚在底片上。

如图 2-34 所示，设缺口至衍射线条的弧长 $\widehat{NF}=L$，L 可在衍射底片上测量，$\widehat{SABN}$ 对每一台聚焦机是一常数，那么衍射角 θ 为

$$\theta = \frac{\widehat{SABN}+L}{4R} \tag{2-92}$$

式中，R 为聚焦圆半径。

聚焦照相法有透射法、背射法和透射、背射法联用的双筒法等。

利用聚焦圆上安装的 X 射线单色器，我们可以改善入射 X 射线束的质量。通常，X

射线往往利用滤波片获得单色辐射，但不够纯净。选择一种反射本领强的晶粒，将其表面制作成与某个反射本领大的晶面平行，当一束多色 X 射线照射到此单晶上时，只有符合布拉格条件的单色反射才能被反射，从而就能得到纯净的单色 X 射线，再利用聚焦圆将单色 X 射线会聚照射到样品。目前，实验室较常用的单色器为石墨晶体，利用其(002)晶面对 CuK_α 相反射强度高达 $500 \sim 600$ 的出色性能，完成 CuK_α 的单色化处理。

2.4.2 衍射仪法

1. 概述

X 射线(多晶体)衍射仪是以特征 X 射线照射多晶体样品，并以辐射探测器记录衍射信息的衍射实验装置。

X 射线衍射仪是以布拉格实验装置为原型，随着机械与电子技术等的进步，逐步发展和完善起来的。衍射仪主要由 X 射线发生系统、X 射线测角仪、辐射探测器和辐射探测电路四个基本部分组成，此外，现代 X 射线衍射仪还包括控制操作和运行的计算机系统。

X 射线衍射仪成像原理(厄瓦尔德图解)与照相法相同，但记录方式及相应获得的衍射花样(强度 I 对位置 2θ 的分布 $I - \theta$ 曲线)不同。首先，在接收 X 射线上，衍射仪用辐射探测器，德拜法用底片感光；其次，衍射仪试样是平板状，德拜法试样是细丝，衍射强度公式中的吸收因子不一样；第三，衍射仪法中辐射探测器沿测角仪圆转动，逐一接收衍射，而德拜法中底片是同时接收衍射。

衍射仪采用的具有一定发散度的入射线，也因同一圆周上的同弧圆周角相等而聚焦，但与聚焦(照相)法不同的是，其聚焦圆半径随 2θ 变化而变化。

衍射仪法以其方便、快速、准确和可以自动进行数据处理，尤其是与计算机相结合等特点，在许多领域中取代了照相法，成为晶体结构分析等工作的主要方法。

2. X 射线测角仪

粉末衍射仪的核心部件是测角仪，图 2-35 为测角仪示意图。测角仪由两个同轴转盘 G、H 构成，小转盘 H 中心装有样品支架，大转盘 G 支架(摇臂)上装有辐射探测器 S_2 及前端接收狭缝 F，目前常用的辐射探测器有正比计数器和闪烁探测器两种。X 射线源 S 固定在仪器支架上，它与接收狭缝 F 均位于以 O 为圆心的圆周上，此圆称为衍射仪圆，一般半径是 185mm。当试样围绕轴 O 转动时，接收狭缝和探测器则以试样转动速度的两倍绕 O 轴转动，转动角可在转动角度读数器或控制仪上读出，这种衍射光学的几何布置被称为 Bragg-Brentano 光路布置，简称 B-B 光路布置。

在 B-B 光路布置的粉末衍射仪中，通常使用线焦 X 射线，要求线焦与测角仪转动轴平行，线焦到衍射仪转动轴 O 的距离与轴到接收狭缝 F 的距离相等，平行试样的表面必须经过测角仪的轴线。按照这样的几何布置，当试样的转动角速度为探测器(接收狭缝)的角速度的 1/2 时，无论在何角度，线焦点 S、试样和接收狭缝 F 都处在一个半径 r 改变的圆上，而且试样被照射面总与该圆相切，此圆则称为聚焦圆，如图 2-36 所示。

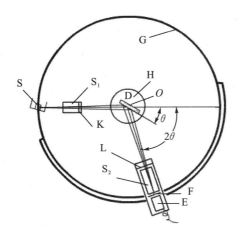

图 2-35　粉末衍射仪测角仪示意图

S—管靶焦斑；S$_1$—梭拉狭缝；K—发散狭缝；G—测角仪圆；H—样品台；

D—样品；L—防散射狭缝；F—接收狭缝；E—计数器；S$_2$—辐射探测器

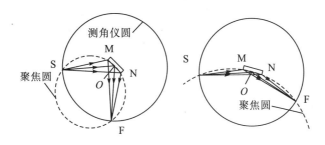

图 2-36　衍射仪的聚焦半径

实际上，只有试样表面的曲率与聚焦圆的半径随衍射角 θ 的变化而变化，因此只能采用平面试样"半聚焦"方法，那么衍射线就不能被完全聚焦，造成衍射线宽化现象，特别是入射光束水平发散增大时更为明显；而且入射线和衍射线还存在着垂直发散。为了减少 X 射线的发散，提高分辨率，在入射和衍射光路程中，采取多种措施。如图 2-37 所示，在光路中，设置各种狭缝，减少因辐射宽化和发散造成的测试误差。图 2-37 中 S$_1$ 和 S$_2$ 称为梭拉狭缝，用以防止 X 射线束的垂直发散；此外还有发散狭缝、防发散狭缝、接收狭缝用以限制衍射线的水平发散度。

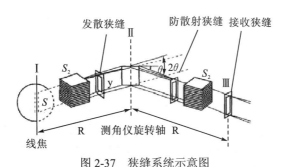

图 2-37　狭缝系统示意图

衍射线束被探测器接收,并由探测器转换成电信号,经波高分析器、定标器和计数器,由计算机采集数据,最后由 X-Y 绘图仪或打印机或记录仪输出实验结果。图 2-38 即为记录仪输出的 α-SiO$_2$ 石英粉末衍射谱。

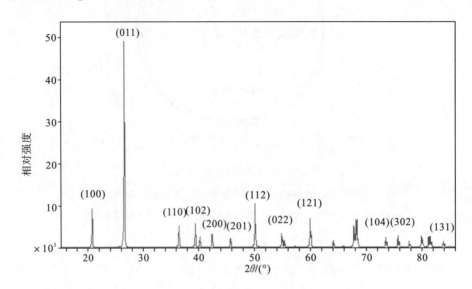

图 2-38　α-SiO$_2$ 石英粉末样品的衍射图谱

3. 辐射探测器

辐射探测器被用来记录衍射谱,是衍射仪设备中不可缺少的重要部件之一。早先被广泛使用的是照相底片,由于它吸收率低,大量 X 射线会透过而不被吸收;计数线性范围不大,强衍射不易测准;而且操作烦琐,因此被性能更好的光子计数器所取代。光子计数器探测器是通过电子电路直接记录衍射的光子数,最初的计数器是盖革计数器,但由于它的时间分辨率不高,计数的线性范围不大,故不是一个良好的探测器。之后,正比计数器及闪烁计数器取代了盖革计数器,成为最广泛使用的探测器。随着科学和技术的发展,对实验的要求越来越高,也越来越多样化,简单的正比或闪烁计数器亦不能满足不同的实验需求,于是又陆续发展出许多不同的探测器,如固体探测器、阵列探测器、位敏探测器、电荷耦合探测器等。

1)气体探测器

正比计数器与盖革计数器均属于气体探测器(或充气式探测器),即在一个充以一定气体的管子中装有两个电极,在电极间加以一定的电压。

正比计数器以 X 射线光子可使气体电离的性质为基础,其结构如图 2-39 所示。它由一个充有惰性气体的圆筒形套管(阴极)和一根与圆筒同轴的细金属丝(阳极)构成,两极间维持一定电压。X 射线光子由窗口(铍片或云母)进入管内使气体电离;电离产生的电子和离子分别向两极运动;电子向阳极运动过程中被加速而获得更高的能量,且电场越强,电子加速速率越大。当两极间电压提高到一定值(600~900V)时,电子因加速获得足够的能量,与气体分子碰撞使气体进一步电离,而新产生的电子又可再使气体电离,如此反复不已。在极短的时间内，所产生的大量电子涌到阳极，即发生了所谓的电子"雪崩效应"，此种现象称为气体的放大作用。每当一个 X 射线光子进入计数器，就产生一次"电子雪崩"，从而在计数器两极间外电路中就产生一个易于探测的电脉冲。

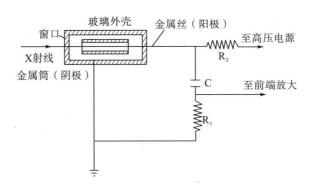

图 2-39　正比计数器结构示意图

若入射线光子(无气体放大作用时)直接导致电离的气体分子数为 M，而经放大作用导致电离的气体分子数为 AM，则称 A 为气体放大因子。A 与计数器两极间施加的电压有关，当电压为 600～900V 时，A 值为 10^3～10^5，此为正比计数器工作区域；当电压达 1000～1500V 时，A 值很大，为 10^8～10^9，以此为工作区域的为盖革计数器。

正比计数器产生的脉冲大小与入射的 X 射线光子能量成正比，可与脉冲高度分析器联用(见后述)。而盖革计数器脉冲大小与入射的 X 射线光子能量大小无关，无法与脉冲高度分析器联用。正比计数器可分辨输入率高达 10^6/s 的分离脉冲，脉冲幅值为 mV 级，背底脉冲很低，计数效率很高，在理想情况下可认为没有计数损失(漏计)；正比计数器对温度敏感，需要高度稳定电压。盖革计数器分辨能力较低，当计数率超过 600 / s 时即有计数损失，但盖革计数器脉冲幅值可达 1～10V。

2)闪烁计数器

闪烁计数器是利用 X 射线激发某些固体物质(磷光体)发射可见荧光，并通过光电倍增管放大的计数器。磷光体一般为加入少量铊作为活化剂的碘化物单晶体。一个 X 射线光子照射磷光体使其产生一次闪光，闪光射入光电倍增管并从光敏阴极上撞出许多电子，一个电子通过光电倍增管的倍增作用，在极短时间(小于 1μs)内，可增至 10^6～10^7 个电子，从而在计数器输出端产生一个易检测的电脉冲。

闪烁计数器在计数率为 10^5/s 以下时使用，不会有计数损失。闪烁计数器跟正比计数器一样，也可与脉冲高度分析器联用。出于闪烁晶体能吸收所有的入射光子，因而在整个 X 射线波长范围内吸收效率都接近 100%，故闪烁计数器的主要缺点是本底脉冲过高。此外，由于光敏阴极可能产生热电子发射而使本底过高，因而闪烁计数器应尽量在低温下工作或采用循环水冷却。

闪烁计数器与正比计数器是目前使用最为普遍的计数器。要求定量关系较为准确的情况下习惯使用正比计数器，盖革计数器的使用已逐渐减少。除此以外，还有锂漂移硅计数器、位能正比计数器等。

锂漂移硅计数器[可表示为 Si(Li) 计数器],是一种固体(半导体)探测器,因具备分辨能力高、分析速度快及无计数损失等优点,其应用已逐渐普遍。但其需用液氮冷却,且低温室内需保持 1.33×10^{-4} Pa 以上的真空度,给使用和维修带来一定困难。

位能正比计数器是一种高速检测衍射信息的计数器,适用于相变等瞬间变化过程的分析研究,也可测量微量样品和强度弱的衍射信息(如漫散射)。

4. 辐射测量电路

辐射测量电路是保证辐射探测器能有最佳状态的输出电(脉冲)信号,并将其转变为操作者能够直观读取或记录数值的电子电路,电路方框图如图 2-40 所示。

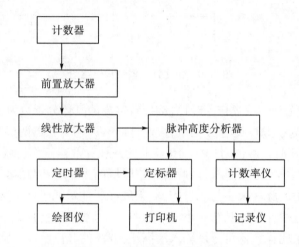

图 2-40　辐射测量电路方框图

1)脉冲高度分析器

脉冲高度分析器利用计数器产生的电脉冲高度(脉冲电压)与 X 射线光子能量成正比的原理来判断脉冲高度,达到剔除干扰脉冲、提高峰背比的目的。

脉冲高度分析器由线性放大器、上限甄别电路、下限甄别电路和反符合(反相同时)电路组成。只有脉冲高度介于上、下限甄别器之间的脉冲才能通过反符合电路,从而起到去除杂质背底的作用。下甄别器阈值称为基线,上、下甄别器阈值之差称为道宽,基线和道宽值可根据分析工作要求设定和调整。

2)定标器

定标器是对由计数器直接输入或经脉冲高度分析器输入的脉冲进行计数的电路。定标器有定时计数和定数计时两种工作方式。除精确进行衍射线分析或漫散射测量等特殊需要时采用定数计时方式外,通常采用定时计数工作方式。计数时间和计数值可由数显装置显示,也可打印或由 x-y 记录仪绘图,由测量的脉冲数除以给定时间即可获得平均脉冲速率。

3)计数率仪

定标器测量一段时间间隔内的脉冲数,而计数率仪则是直接、连续地测量平均脉冲速率(单位时间内平均脉冲数)。

计数率仪由脉冲整形电路、RC(电阻、电容)积分电路和电压测量电路组成。经脉冲高度分析器输入的脉冲经整形电路整形,成为具有一定高度和宽度的矩形脉冲,然后输送到 RC 积分电路,将单位时间内输入的平均脉冲数转变为平均直流电压值,再由电子电位差计纸带记录,从而获得衍射花样(I-2θ 曲线)。

5. 粉末衍射仪的工作方式

粉末衍射仪常用的工作方式有两种,即:连续扫描和步进扫描。

连续扫描:试样和探测器以 1 : 2 的角速度作匀速圆周运动,在转动过程中同时将探测器依次所接收到的各晶面衍射信号输入到记录系统或数据处理系统,从而获得衍射图谱。连续扫描图谱可方便地看出衍射线峰位、线形和相对强度等。这种方式的工作效率高,具有一定的分辨率、灵敏度和精确度,非常适合于大量的日常物相分析工作。然而由于仪器本身的机械设备及电子线路等的滞后、平滑效应,往往会造成衍射峰位移、分辨力降低、线性畸变等缺陷,而且衍射谱的形状,往往受实验条件,如 X 光管功率、时间常数、扫描速度及狭缝选择等条件的影响。

步进扫描:又称阶梯扫描,步进扫描工作是不连续的,试样每转动一定的角度 $\Delta\theta$ 即停止,在这期间,探测器等后续设备开始工作,并以定标器记录测定在此期间内衍射线的总计数,然后试样再转动一定角度,重复测量,输出结果。步进扫描无滞后及平滑效应,所以其衍射峰位正确,分辨力好,特别是衍射线强度弱且背底高的情况下更显其作用。由于步进法可以在每个 θ 角处延长停留时间,从而获得每步较大的总计数,减小因统计涨落对实验强度的影响。

6. 测量参数

测量参数包括狭缝光阑宽度、扫描速度、时间常数等。

各种狭缝(光阑)的作用如前所述。增加狭缝宽度可使衍射强度增加,但导致分辨率下降。增大发散狭缝宽度时应以避免在 θ 角较小时因光束过宽而照射到样品外为原则,否则反而降低了有效衍射强度,并带来样品框等产生的干扰线条和背底强度。防散射狭缝影响峰背比,一般取其宽度与发散狭缝同值。接收狭缝大小按强度及分辨率要求选择,一般情况下,只要衍射强度足够大,尽可能选用较小的狭缝宽度。

增大扫描速度可节省测试时间,但扫描速度过高,将导致强度和分辨率下降,并导致衍射峰位偏移、峰形不对称宽化等现象。

7. 衍射线峰位及衍射线积分强度测量

1) 衍射线峰位确定

衍射线峰位确定,是晶体点阵参数测定、宏观应力测定、相分析等工作的关键。峰位的确定方法主要有:图形法,曲线近似法和重心法三种,见图 2-41 和图 2-42。根据对图形处理采用的方法不同,分为下列几种常用的定峰方法。

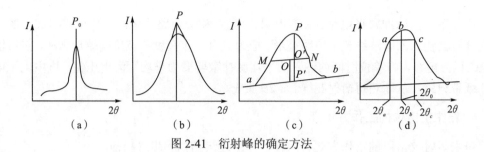

图 2-41　衍射峰的确定方法

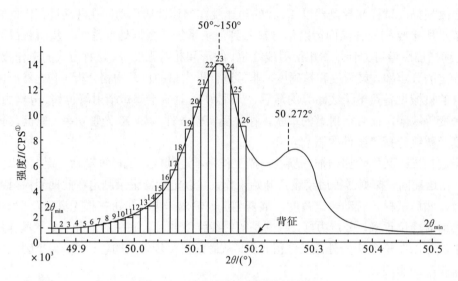

图 2-42　重心法确定衍射线的峰位

Ⅰ. 峰顶法

如图 2-41(a)，以衍射线的强度最大值所对应的衍射角位置为此峰峰位。此法通常适于峰形较尖锐的情况。

Ⅱ. 切线法

如图 2-41(b)，将衍射峰两侧的直线部分延长相交，过交点作背底线垂线，垂足所对应的衍射角即为该峰的峰位。

Ⅲ. 半高宽中点法

如图 2-41(c)，做出衍射峰背底线 ab，过强度极大值 P 点作 ab 垂线 PP'，选定 PP' 中点 O'，过 O' 作 ab 平行线 MN，那么 MN 中点 O 所对应的衍射角即为此衍射峰位置。

Ⅳ. 7/8 高度法

高度法与半高宽中点法类似，只是改选取图 2-41(c) O' 点位置于 7/8 高度处。此法常用于重叠峰峰顶分离的衍射线形。

Ⅴ. 中点连线法

图 2-41(c)中，在峰强度最大值的 $\frac{1}{2}, \frac{3}{4}, \frac{7}{8} \cdots$ 处作背底平行线，将这些平行线段的中点

---

①单位时间的光子数(cont per second)，简称 CPS。

连接并延长，使之与峰顶相交，该交点所对应的衍射角即为此峰的峰位。

VI. 曲线近似法

曲线近似法中最常用的是将衍射线顶点近似成抛物线，再用 3～5 个峰形上的实验点来拟合抛物线，找出其顶点，将此顶点所对应的衍射角 θ_b 作为该衍射峰的峰位，如图 2-41(d) 所示。此方法比较适于衍射峰形漫散及 K_α 双线分辨不清的情况。

VII. 重心法

重心法就是指确定衍射线形峰形中心，中心所对应的衍射角 θ 即为该衍射线的峰位。其确定过程如图 1-40 所示。

2) 衍射线强度测定

峰高强度：在一般情况下，可以用峰高法比较同一试样中各衍射线的强度，也可以用其比较不同试样中衍射线的强度。

积分强度：在对某一衍射峰进行积分强度测定时，衍射仪采用慢扫描(0.25°/min)或步进扫描工作方法，以获得准确并精确的峰形和峰位。衍射线积分强度的计算，就是将背底线以上区域的面积测量或计算。

8. 样品制备

对于粉末样品，通常要求其颗粒平均粒径控制在 5μm 左右，即通过 320 目的筛子，而且在加工过程中，应防止由于外加物理或化学因素而影响试样原有性质。

目前，实验室衍射仪常用的粉末样品形状为平板形，其支承粉末样品的支架有两种，即通孔试样板和盲孔试样板，如图 2-43 所示。两种试样板在压制试样时，都必须注意不能造成样品表面区域产生择优取向，以防止衍射线相对强度的变化而造成误差。

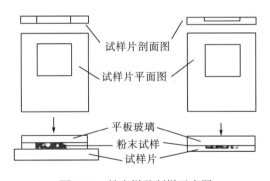

图 2-43　粉末样品制样示意图

9. 粉末衍射仪的几种附件

纤维样品台：主要使用于纤维样品的衍射分析，特别是有机纤维样品；用它还可以在试样拉伸、升温时进行衍射分析研究。纤维样品台与普通样品台不同，用它可以进行纤维样品多方位衍射测量，其所使用的入射光束采用圆孔准直。使用纤维样品台时，由于一般采用 X 射线点焦光源，因此，若使用线焦光源，则应加大功率，以补偿线焦光源因圆孔准直造成的入射光强度损失。

极图仪：又称极图衍射装置，主要用于测定样品内物质晶体的择优取向情况，以描述材料中各个晶粒取向相对材料外形坐标的关系,即材料极图的测定,给出材料的织构状态。目前,粉末衍射仪上可配有测定极图的装置,有透射和反射装置,或将两种装置组合在一起的自动织构测试仪,可同时完成透射法及反射法的测试动作。利用透射法与反射法测得的衍射数据,可以组成一个完整的正极图。

思　考　题

1. 基本的 X 射线衍射方法有哪些,它们各自有哪些特点?

2. 简述底片三种安装方法的使用范围和优缺点。

3. 对下列由同类原子组成的单晶体试样进行德拜照相法衍射实验:

　①具有简单立方点阵晶胞 a=0.4nm;

　②具有体心立方点阵晶胞 a=0.4nm;

　③具有面心立方点阵晶胞 a=0.4nm。

入射线的波长为 0.18nm。德拜相机直径为 114.6mm。试求出全部衍射线条的衍射角,并按衍射角的大小,按比例尺绘出德拜法底片(正装法)衍射花样的示意图,准确标注其位置和衍射花样。

4. CuK_α 辐射($\lambda = 0.154nm$)照射 Ag(fcc)样品,测得第一衍射峰位置 $2\theta = 38°$,试求 Ag 的点阵常数。

5. 粉末样品颗粒过大或过小对德拜衍射花样的影响如何? 为什么? 板状多晶体样品颗粒过大或过小对衍射峰形的影响又如何?

6. 试从入射光束、样品形状、成像原理(厄瓦尔德图解)、衍射线纪录方式、衍射花样、样品吸收与衍射强度(公式)、衍射装备及应用等方面比较衍射仪法与德拜法的异同点。

7. 用 CuK_α 辐射($\lambda = 0.154$ nm)照射纯铝(Al)试样,所获得的衍射谱共有九条衍射谱线。其相应的 $\sin^2\theta$ 值分别为:0.1085、0.1448、0.2897、0.3980、0.4341、0.5788、0.6876、0.7236、0.8683。试标定此张衍射谱,并计算出纯铝的点阵常数。

8. 试述测角仪的结构和光路布置。

9. 试述计数器的工作原理。

2.5　X 射线衍射分析的应用

本节导读　布拉格方程标识出入射 X 射线波长与参与衍射晶胞的晶面间距及掠射角(及参与衍射晶胞的形状和大小)的关系,X 射线衍射强度反映了衍射强度与参与衍射晶体中原子的种类、分布及其在晶胞中位置、物理性质及环境温度等的联系。本节要掌握衍射仪物相定性定量分析的方法及影响因素,根据以上知识学习工作中如何利用其进行材料的物相定性定量分析(原理及方法),如何利用材料加工前后衍射强度的变化与几大因子的关系,研究其物相、固溶体有序度、内应力、织构、晶粒度、取向度等的变化。

X 射线衍射分析方法在材料分析与研究工作中具有广泛的用途,本节仅介绍其在物相分析、点阵常数精确测定、宏观应力分析等方面的应用。

初期 X 射线衍射主要应用在晶体结构上，因此发展得并不快。直到 20 世纪 30 年代中期，Hanawalt 和 Rinn 提出了用多晶体衍射在混合物中鉴定化合物的方法，接着又建立了包含 1000 种化合物参比谱的数据库，使 X 射线多晶体衍射得到了较快的发展。20 世纪 40 年代后期，基于光子计数器衍射仪的发展，大大提高了衍射谱的质量，包括衍射峰位置、强度和线形的测量准确性，使物相分析从定性发展到定量。通过对衍射峰峰形(也称衍射线线形)的分析来测定多晶聚合体的某些性质，如晶粒尺寸、外形和尺寸分布等。在此基础上，又进一步发展到研究晶体的真实结构，如研究存在于晶粒内的微应变、缺陷和堆垛层错等，使 X 射线衍射技术成为最重要的材料表征技术之一。20 世纪 70 年代，同步辐射强光源和计算机技术的应用，使得 X 射线衍射技术有了突飞猛进的发展。另一方面，数字衍射谱的获得，Rietveld 全谱拟合技术的应用，使得数据分析方法有了新的突破，这大大提高了所得结果的质量，其数据已成为改进材料的必需信息，并且使得多晶体衍射求解晶体结构成为可能。X 射线晶体衍射是一门有近九十年历史的科学，但也是一门尚在发展中的科学。

2.5.1　物相分析

相是材料中由各元素作用形成的具有同一聚集状态、同一结构和性质的均匀组成部分，分为化合物和固溶体两类，同种元素原子则形成单质(相)。物相分析，是指确定材料由哪些相组成(即物相定性分析或称物相鉴定)和确定各组成相的含量(常以体积分数或质量分数表示，即物相定量分析)。物相是决定或影响材料性能的重要因素(成分相同的材料，相组成不同则性能不同)，因而物相分析在材料、冶金、机械、化工、地质、纺织、食品等行业中得到广泛应用。

2.5.1.1　物相定性分析

1. 基本原理

物相定性分析的目的是判定物质中的物相组成，即确定物质中所包含的结晶物质以何种结晶状态存在。

X 射线衍射线的位置取决于晶胞形状、大小，也取决于各晶面间距；而衍射线的相对强度则取决于晶胞内原子的种类、数目及排列方式等。每种晶体物质都有其特有的结构，因而具有各自特有的衍射花样；而且当物质包含有两种或两种以上的晶体物质时，它们的衍射花样也不会相互干涉。根据这些表征各自晶体的衍射花样，我们就能确定物质中的晶体。

2. 物相定性分析国际标准

进行物相定性分析时，一般采用粉末照相法或粉末衍射仪法测定所含晶体的衍射角，根据布拉格方程，进而获得晶面间距 d，再估计出各衍射线的相对强度，最后与标准衍射花样进行比较鉴别。

　　为了获取这些公认的标准衍射花样，早在 1938 年，哈那瓦尔特（J.D.Hanawalt）等研究者就开始收集并摄取各种已知物质的衍射花样，将这些衍射数据进行科学分析和分类整理。

　　1942 年，美国材料试验协会（The American Society for Testing Materials，ASTM）整理出版了最早的一套晶体物质衍射数据标准卡，共计 1300 张，称之为 ASTM 卡。随着工作的开展，时间的推移，这种 ASTM 卡片逐年增加，应用愈来愈广泛。1969 年，美国材料试验协会与英国、法国、加拿大等国家的有关组织联合组建了名为"粉末衍射标准联合委员会"（The Joint Committee on Powder Diffraction Standards），简称 JCPDS 的国际组织，专门负责收集、校订各种物质的衍射数据，并将这些数据统一分类和编号，编制成卡片出版。这些卡片，即被称为 PDF 卡（The Powder Diffraction File），有时也称其为 JCPDS 卡片。目前，这些 PDF 卡已有几万张之多，而且，为便于查找，还出版了集中检索手册。

3. PDF 卡片索引及检索方法

　　为便于对粉末衍射卡片的检索，JCPDS 编辑了几种 PDF 卡片的索引，主要有字母（Alphabetical）索引、哈那瓦尔特（Hanawalt）索引和芬克（Fink）索引三种。

　　1）字母索引（Alphabetical Index）

　　字母索引是按物相英文名称的字母顺序排列。在每种物相名称的后面，列出化学分子式、三根最强线的 d 值和相对强度数据，并列出该物相的粉末衍射 PDF 卡号。对于一些合金化合物，还可按其所含的各种元素顺序重复出现，而某些物相同时还列出了其最强线对于刚玉最强线的相对强度。由此，若已知物相的名称或化学式，可利用此索引方便地查到该物相的 PDF 卡号。

　　2）哈那瓦尔特索引（Hanawalt Index）

　　该索引是按强衍射线的 d 值排列。选择物相八条强线，用最强三条线 d 值进行组合排列，同时列出其余五强线的 d 值、相对强度、化学式和 PDF 卡号。整个索引将 d 值第 1 排列按大小划分为 51 组，每一组的 d 值范围均列在索引中。在每一组中，其 d 值排列一般是：第 1 个 d 值按大小排列后，再按大小排列第 2 个 d 值，最后按大小排列第 3 个 d 值。

　　每一种物相在索引中至少重复三次。若某物相最强三线 d 值分别为 d_1, d_2, d_3，其余五条为 d_4, d_5, d_6, d_7, d_8，那么该物相在索引中重复出现的三次排列为：

　　第一次：d_1, d_2, d_3, d_4, d_5, d_6, d_7, d_8；

　　第二次：d_2, d_3, d_1, d_4, d_5, d_6, d_7, d_8；

　　第三次：d_3, d_1, d_2, d_4, d_5, d_6, d_7, d_8。

　　采取这样的排列，主要是因为三根最强线的相对强度常常由于一些外在因素（吸收、择优取向等）而造成变化。因此，若三强线的相对强度有所改变，通过上述排列，按哈那瓦尔特索引（简称哈氏索引）仍能检索出此物相。

　　3）芬克索引（Fink Index）

　　当被测物质含有多种物相时（往往都为多种物相），由于各物相的衍射线会产生重叠，强度数据不可靠，加上试样对 X 射线的吸收及晶粒的择优取向，导致衍射线强度改变，从而采用字母索引和哈那瓦尔特索引检索卡片会比较困难。为克服这些困难，芬克以八根最强线的 *d* 值为分析依据，将强度作为次要依据进行排列，提出了芬克索引。

芬克索引中，每一行对应一种物相，按 *d* 值递减列出该物相的八条最强线 *d* 值、英文名称、PDF 卡片号及微缩胶片号，假若某物相的衍射线少于八根，则以 0.00 补足八个 *d* 值。每种物相在芬克索引中至少出现四次。

设某物相八个衍射线 *d* 值依次为：d_1，d_2，d_3，d_4，d_5，d_6，d_7，d_8，而且 d_2，d_4，d_6，d_8 的强度大于其他四根，那么芬克索引中 *d* 值的排列为：

第一次：d_2，d_3，d_4，d_5，d_6，d_7，d_8，d_1；

第二次：d_4，d_5，d_6，d_7，d_8，d_1，d_2，d_3；

第三次：d_6，d_7，d_8，d_1，d_2，d_3，d_4，d_5；

第四次：d_8，d_1，d_2，d_3，d_4，d_5，d_6，d_7。

对于索引中 *d* 值的分组则类似于哈那瓦尔特法。

4. PDF 卡片

图 2-44 所示为 1983 年以前的 PDF 卡片示意图。卡片共有十个区域，分别说明如下。

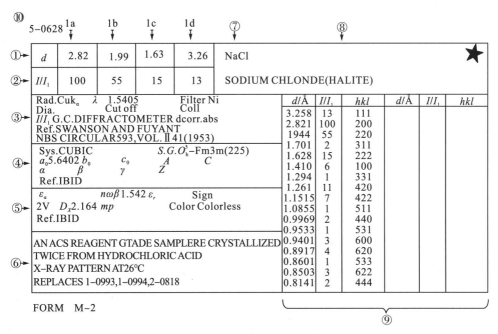

图 2-44　1983 年以前的 PDF 卡片示意图

（1）1a，1b，1c 区域为从衍射图的透射区（$2\theta < 90°$）中选出的三条最强线的面间距。1d 为衍射图中出现的最大面间距。

（2）②区间中所列的是①区域中四条衍射线的相对强度。最强线为 100，当最强线强度比其余线条强度高很多时，有时也会将最强线强度定为大于 100。

（3）第③区间列出了所获实验数据时的实验条件。

Rad. 为所用 X 射线的种类（CuK_α，FeK_α，…）；

λ 为所用 X 射线的波长(埃);

Filter 为滤波片物质名,当用单色器时,注明"Mono";

Dia. 为照相机镜头直径,当相机为非圆筒形时,注明相机名称;

Cut off 为相机所测得的最大面间距;

Coll 为狭缝或光阑尺寸;

I/I_1 为测量衍射线相对强度的方法(衍射仪法—Diffractometer,测微光度计法—Microphotometer,目测法—Visual);

dcorr.abs 为所测 d 值的吸收矫正(No 未矫正,Yes 矫正);

Ref. 说明第 3、9 区域中所列资源的出处。

(4)第④区间为被测物相晶体学数据。

Sys. 为物相所属晶系;

S.G. 为物相所属空间群;

a_0,b_0,c_0 为物相晶格常数,$A = \dfrac{a_0}{b_0}$,$C = \dfrac{c_0}{b_0}$ 为轴率比;

α,β,γ 为物相晶体的晶轴夹角;

Z 为晶胞中所含物质化学式的分子数;

Ref. 为第④区域数据的出处。

(5)第⑤区间是该物相晶体的光学及其他物理常数。

ε_α,$n\omega\beta$,ε_γ 为晶体折射率;

Sign 为晶体光性正负;

2V 为晶体光轴夹角;

D_x 为物相密度,由 X 射线法测得者标以 D_x;

mp 为物相的熔点;

Color 为物相的颜色,Colorless 为无色,有时还会给出光泽及硬度;

Ref. 为第⑤区间数据的出处。

(6)第⑥区间为物相的其他资料和数据。

包括试样来源,化学分析数据,升华点(S-P),分解温度(D-T),转变点(T-P),热处理条件以及获得衍射数据时的温度等。

(7)第⑦区间是该物相的化学式及英文名称。

有时在化学式后附有阿拉伯数字及英文大写字母,其阿拉伯数字表示该物相晶胞中原子数,而大写英文字母则代表 14 种布拉维点阵:C—简单立方;B—体心立方;F—面心立方;T—简单四方;U—体心四方;R—简单三方;H—简单六方;O—简单正交;P—体心正交;Q—底心正交;S—面心正交;M—简单单斜;N—底心单斜;Z—简单三斜。

(8)第⑧区间为该物相矿物学名称或俗名。

某些有机物还在名称上方列出了其结构式或"点"式("dot"formula),而名称上有圆括号则表示该物相为人工合成。此外,在第⑧区间还会有下列标记:

☆表示该卡片所列数据高度可靠;

O 表示数据可靠程度较低;

I 表示已做强度估计并指标化，但数据不如☆号可靠；

C 表示所列数据是从已知的晶胞参数计算而得到；

无标记卡片则表示数据可靠性一般。

(9) 第⑨区间是该物相所对应晶体晶面间距 $d(\text{Å})$、相对强度 I/I_1 及衍射指标 hkl。

在该区间，有时会出现下列意义的字母：

b—宽线或漫散线；d—双线；n—并非所有资料来源中均有；nc—与晶胞参数不符；np—给出的空间群所不允许的指数；ni—用给出的晶胞参数不能指标化的线；β—因 β 线存在或重叠而使强度不可靠的线；tr—痕迹线；t—可能有另外的指数。

(10) 第⑩区间为卡片编号。

若某一物相需两张卡片才能列出所有数据，则在两张卡片的序号后加字母 A 标记。

1983 年以后，实行新格式，新老格式差别不大。上述 10 个栏目的详细内容，在每组卡片或每本检索手册和数据书的开头均有详尽说明，因篇幅所限而不再一一介绍。

最初使用的是 PDF 粉末衍射卡片，1～33 组使用第一种格式(老格式)，34 组后使用新格式。由于 JCPDS 粉末衍射文件卡片每年以约 2000 张的速度增长，数量越来越大，人工检索已变得费时和困难。从 20 世纪 60 年代后期开始，发展了电子计算机自动检索技术，为方便检索，相应地将全部 JCPDS 粉末衍射文件卡片上的 d、I 数值，按不同检索方法要求，录入到磁带或磁盘之内，建立总数据库，并已商品化。其数据仍像卡片那样分组排列，到 1986 年已有 36 组约 48000 张卡片。从 20 世纪 70 年代后期开始，在总数据库基础上，按计算机检索要求，又建立了常用物相、有机物相、无机物相、矿物、合金、NBS、法医等七个子库，用户还可根据自己的需要，在盘上建立用户专业范围常用物相的数据库等。近年来，JCPDS 数据库分成两级：PDF－I 级，包括全部 PDF 卡片的 d 值、I 值、物质名称、化学式，储存在硬磁盘上；PDF－II 级，除上述数据外，还可以将衍射线的晶面指数、点阵常数、空间群以及其他的晶体学信息，储存在激光盘上，使用相应的软件，未知物相可以很容易地被鉴别出来。

5. 物相定性分析过程

(1) 首先用粉末照相法或粉末衍射仪法获取被测试样物相的衍射图谱。

(2) 通过对所获衍射图谱的分析和计算，获得各衍射线条的 2θ、d 及相对强度大小 I/I_1。在这几个数据中，要求对 2θ 和 d 值进行高精度的测量计算，而 I/I_1 相对精度要求不高。目前，一般的衍射仪均由计算机直接给出所测物相衍射线条的 d 值。

(3) 使用检索手册，查寻物相 PDF 卡片号。根据需要使用字母检索、哈氏(Hanawalt)检索或芬克(Fink)检索手册，查寻物相 PDF 卡片号。一般常采用哈氏检索，用最强线 d 值判定卡片所处的大组，用次强线 d 值判定卡片所在位置，最后用 8 条强线 d 值检验判断结果。若 8 强线 d 值均已基本符合，则可根据手册提供的物相卡片号在卡片库中取出此 PDF 卡片。

(4) 若是多物相分析，则在第(3)步完成后，对剩余的衍射线重新根据相对强度排序，重复步骤(3)，直至全部衍射线能基本得到解释。

6. 物相定性分析的注意问题

(1)一般在对试样分析前，应尽可能详细地了解样品的来源、化学成分、工艺状况，仔细观察其外形、颜色等性质，为其物相分析的检索工作提供线索。

(2)尽可能地根据试样的各种性能，在许可的条件下将其分离成单一物相后进行衍射分析。

(3)由于试样为多物相化合物，为尽可能地避免衍射线的重叠，应提高粉末照相或衍射仪的分辨率。

(4)对于数据 d 值，由于检索主要利用该数据，因此处理时精度要求高，而且在检索时，小数点后第二位才能出现偏差。

(5)特别要重视低角度区域的衍射实验数据，因为在低角度区域，衍射线对应了 d 值较大的晶面，不同晶体差别较大，在该区域衍射线相互重叠机会较小。

(6)在进行多物相混合试样检验时，应耐心细致地进行检索，力求全部数据能合理解释，但有时也会出现少数衍射线不能解释的情况，这可能由于混合物相中某物相含量太少，只出现一、二级较强线，以致无法鉴定。

(7)在物相定性分析过程中，尽可能地与其他相分析实验手段结合起来，互相配合，互相印证。

从目前所应用的粉末衍射仪来看，绝大部分仪器均是计算机自动进行物相检索；但其结果必须结合专业人员丰富的专业知识来判断物相，从而给出正确的结论。

2.5.1.2 X射线物相定量分析

X射线物相定性分析用于确定物质中有哪些物相，而对于某物相在物质中的含量则必须运用X射线定量分析技术来解决。

物相衍射线的强度或相对强度与物相在样品中的含量相关。随着测试理论及测试技术的不断完善和发展，利用衍射花样中的强度来分析物相在试样中的含量，也得到了不断的完善和发展。1948年，Alexander提出了著名的内标法理论；1974年，Chung等提出了著名的基体冲洗法(K值法)，其后又提出了绝标法；而Hubbard、刘沃恒等还提出了其他分析方法。目前，在实验室中较为常用的 X 射线定量物相分析方法为外标法、内标法、基体冲洗法。

1. 基本原理

假设样品中任一相为 j，其某(HKL)衍射线强度为 I_j，其体积分数为 f_j，样品(混合物)线吸收系数为 μ；定量分析的基本依据是：I_j 随 f_j 的增加而增大；但由于样品对 X 射线的吸收，I_j 不正比于 f_j，而是依赖于 I_j 与 f_j 及 μ 之间的关系。

由于需要准确测定衍射线强度，因而定量分析一般都采用衍射仪法。

多相混合物样品，其 μ 可表示为

$$\mu = \rho\mu_{\mathrm{m}} = \rho\sum_j (\mu_{\mathrm{m}})_j \cdot w_j \tag{2-93}$$

式中，$(\mu_m)_j$ 为 j 相质量吸收系数；ρ 为物质密度；w_j 为 j 相质量分数。

衍射仪法吸收因子为 $\dfrac{1}{2\mu}$，混合物样品中任一相 j 的强度 I_j 为

$$I_j = I_0 \frac{\lambda^3 e^4}{32\pi R^3 m^2 c^4} \cdot \frac{V_j}{2\mu} \left[\frac{1}{V_{\text{胞}}^2} |F_{HKL}|^2 \cdot P_{HKL} \phi(\theta) \cdot e^{-2M} \right]_j \tag{2-94}$$

式中，V_j 为 j 相参与衍射（被照射）的体积，设样品参与衍射（被照射）的总体积 V 为单位体积，则 $V_j = V \cdot f_j = f_j$。

假设式 (2-94) 中，$I_0 \dfrac{\lambda^3 e^4}{32\pi R^3 m^2 c^4} \cdot \dfrac{1}{2} = B$（显然，对于同一样品各相的 I_j 而言，B 值相同），

又设 $\left[\dfrac{1}{V_{\text{胞}}^2} |F_{HKL}|^2 \cdot P_{HKL} \phi(\theta) \cdot e^{-2M} \right]_j = C_j$，对于给定的 j 相，C_j 是只取决于衍射线条指数（HKL）

的量，则式 (2-94) 可写为

$$I_j = \frac{BC_j V_j}{\mu} = \frac{BC_j f_j}{\mu} \tag{2-95}$$

式 (2-95) 即为物相定量分析的基本依据。

设多相样品中任意两项为 j_1 和 j_2，按式 (2-95) 有

$$\frac{I_{j_1}}{I_{j_2}} = \frac{C_{j_1}}{C_{j_2}} \cdot \frac{V_{j_1}}{V_{j_2}} = \frac{C_{j_1}}{C_{j_2}} \cdot \frac{f_{j_1}}{f_{j_2}} \tag{2-96}$$

式 (2-96) 中，I_{j_1} 与 I_{j_2} 由 j_1 相与 j_2 相的衍射线条强度测量可得，而 C_{j_1} 与 C_{j_2} 通过计算可求，故按式 (2-96)，可得 V_{j_1}/V_{j_2} 或 f_{j_1}/f_{j_2}。以此为基础，若已知样品为两项混合物，即有 $f_{j_1} + f_{j_2} = 1$，则可分别求得 f_{j_1} 和 f_{j_2}，此即为物相分析的直接对比法。

若样品内加入一已知含量的物相 (s，称为内标物)，根据待分析相 (a) 与 s 相的强度比 I_a/I_s，亦可求得 a 相含量，此即为物相分析的内标法，内标法又分为内标曲线法、K 值法与任意内标法等方法。

2. 内标（曲线）法

设多相样品中待测相为 a，其参与衍射的质量及质量分数分别为 W_a 与 w_a，又设样品各相参与衍射的总量 W 为单位质量 ($W = 1$)，则 $W_a = W \cdot w_a = w_a$。

在样品中加入已知含量的内标物 (相) s，设其在复合样品即加入 s 相后的样品中的质量分数为 w_s，a 相在复合样品中的质量分数为 w_a'，则有

$$w_a' = w_a(1 - w_s) \tag{2-97}$$

对于复合样品，按式 (2-96) 有

$$\frac{I_a}{I_s} = \frac{C_a}{C_s} \cdot \frac{f_a'}{f_s} = \frac{C_a}{C_s} \cdot \frac{w_a'/\rho_a}{w_s/\rho_s} \tag{2-98}$$

故

$$\frac{I_a}{I_s} = \frac{C_a}{C_s} \cdot \frac{\rho_s}{\rho_a} \cdot \frac{w'_a}{w_s} \tag{2-99}$$

式中，ρ_a 与 ρ_s 为待测相 a 与内标相 s 的密度。

将式 (2-97) 代入式 (2-99)，有

$$\frac{I_a}{I_s} = \frac{C_a \rho_s (1-w_s)}{C_s \rho_a w_s} w_a \tag{2-100}$$

令 $C'' = \dfrac{C_a \rho_s (1-w_s)}{C_s \rho_a w_s}$，则式 (2-100) 可写成

$$\frac{I_a}{I_s} = C'' w_a \tag{2-101}$$

当 a 相与 s 相衍射线条选定且 w_s 给定时，C'' 为常数，故按式 (2-101) 可知，I_a/I_s 与 w_a 呈线性关系，C'' 为其斜率。若预先制作 I_a/I_s-w_a 曲线（称为定标曲线，实际是直线），则据此曲线，按待测样品所测得的 I_a/I_s 值就可直接读出待测相含量 w_a。

定标曲线的制作：制备若干 (3 个以上) 待测相 (a) 含量 (w_a) 不同且已知的样品，在每个样品中加入含量 (w_s) 恒定的内标物 (s)，制成复合样品，测量复合样品的 I_a/I_s 值，绘制 I_a/I_s-w_a 曲线。图 2-45 为定标曲线 (w_s 为定值) 示例。

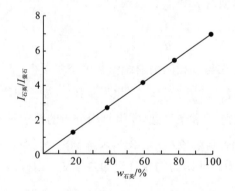

图 2-45 用萤石作为标准物质时，测定石英含量的定标曲线

在应用内标曲线测定未知样品中 a 相含量时，加入样品中的内标物 (s) 种类及其含量、a 相与 s 相衍射线条的选取等条件都要与所用内标曲线的制作条件相同。

内标 (曲线) 法需制作定标曲线，比较麻烦，且其通用性不强。内标 (曲线) 法特别适用于物相种类比较固定且经常性的 (大批量的) 样品分析工作。

3. K 值法

由式 (2-99)，令 $\dfrac{C_a}{C_s} \cdot \dfrac{\rho_s}{\rho_a} = K_s^a$，则有

$$\frac{I_a}{I_s} = K_s^a \cdot \frac{w'_a}{w_s} \tag{2-102}$$

式 (2-102) 为 K 值法的基本方程，K_s^a 称为 a 相 (待测相) 对 s 相 (内标物) 的 K 值。若 a

相与 s 相衍射线条选定，则 K_s^a 为常数。

K 值的实验测定：制备 $w_a' : w_s = 1:1$ 的两相混合样品（可认为是在纯 a 相样品中加入等量 s 相的复合样品）；此时，由式(2-102)有 $K_s^a = I_a/I_s$，故测量 I_a/I_s 即可得 K_s^a 值。

K 值法又称基体冲洗法。K 值法具有不需制作内标曲线，K 值与内标物含量无关从而具有常数意义等优点。应用 K 值法时，待测相与内标物种类及衍射线条的选取等条件应与 K 值测定时的条件相同。

4. 任意内标法与参比强度

若已知样品中待测相 (a) 对某一物相 (s) 的 K 值，能否以不同于 s 的另一物相 (q)（且 K_s^q 已知）作为内标物加入样品中，实现对 w_a 的测定呢？

原样品中加入 q 相，则 $w_a' = w_a(1-w_q)$。按式(2-102)，有

$$\frac{I_a}{I_q} = K_q^a \cdot \frac{w_a'}{w_q} \tag{2-103}$$

在加入 w_q 的复合样品中，假设再加入 s 相，则 $w_a'' = w_a'(1-w_s)$，$w_q' = w_q(1-w_s)$，按式(2-102)，有

$$\frac{I_a}{I_s} = K_s^a \cdot \frac{w_a''}{w_s} \tag{2-104}$$

$$\frac{I_q}{I_s} = K_s^q \cdot \frac{w_q'}{w_s} \tag{2-105}$$

式(2-104)与式(2-105)相除，有

$$\frac{I_a}{I_q} = (K_s^a / K_s^q) \cdot \frac{w_a'(1-w_s)}{w_q(1-w_s)} = (K_s^a / K_s^q) \cdot \frac{w_a'}{w_q} \tag{2-106}$$

上式(2-106)与式(2-103)比较可知

$$K_q^a = K_s^a / K_s^q \tag{2-107}$$

式(2-107)即为任意内标法的基本依据。任意内标法的意义在于：可在样品中以不同于 s 的任意物相 q 为内标物，并据 K_s^a 与 K_s^q 获得 K_q^a 值（而不必再通过实验测定 K_q^s 值）。

PDF 卡片索引中载有部分常见物相对刚玉 $(\alpha\text{-}Al_2O_3)$ 的 K 值，称为该物相的参比强度。应用参比强度值，则可在待测物质中加入任意相 q，方便地按式(2-103)和式(2-107)实现物相定量分析（前提是待测相及 q 相的参比强度值均可在 PDF 卡片索引中查到）。应注意，PDF 卡片索引中给出的参比强度值是物相与刚玉的最强线的强度比，因而在应用参比强度值进行物相定量分析时，待测相 (a) 与内标物 (q) 的强度均应选自最强线。

5. 直接对比法

内标（曲线）法、K 值法和任意内标法均需向待分析样品中加入标准物质，只适用于粉末状样品，而不适用于整体样品。不向样品中加入任何物质而直接利用样品中各相的强度比值实现物相定量分析的方法，称为直接对比法。

设样品含有 n 个相，其任一相为 j_i $(i=1, 2, \cdots, n)$，按式(2-96)可得如下联立方

程组：

$$\begin{cases} \dfrac{I_{j_1}}{I_{j_2}} = \dfrac{C_{j_1}}{C_{j_2}} \cdot \dfrac{f_{j_1}}{f_{j_2}} \\[2mm] \dfrac{I_{j_2}}{I_{j_3}} = \dfrac{C_{j_2}}{C_{j_3}} \cdot \dfrac{f_{j_2}}{f_{j_3}} \\[2mm] \qquad\vdots \\[2mm] \dfrac{I_{j_{n-1}}}{I_{j_n}} = \dfrac{C_{j_{n-1}}}{C_{j_n}} \cdot \dfrac{f_{j_{n-1}}}{f_{j_n}} \end{cases} \tag{2-108}$$

式(2-108)中共含有(n-1)个独立方程，各方程中的I_{j_i}可通过衍射线强度测量获得，C_{j_i}则可通过计算得到。未知量f_{j_i}共有n个，为求出各f_{j_i}值，需补充一个条件，若n个相均为晶态，则有

$$\sum_{i=1}^{n} f_{j_i} = 1 \tag{2-109}$$

式(2-108)和式(2-109)即为直接对比法实现物相定量分析的基本方程。由此可知，直接对比法虽然具有不需向样品中掺入标准物的优点，但在分析中需计算样品中所有相的C_{j_i}值，并需测得所有相(某线条)的衍射强度，这对于结构复杂的样品来说不是一件容易的事。

直接对比法最适于对化学成分邻近的两相混合物的分析，如两相黄铜中相含量的测定，钢中氧化物(Fe_2O_3与Fe_3O_4)的相对含量测定等。淬火钢中残余奥氏体(γ-Fe)含量的测定是直接对比法的典型用例。

设淬火钢样品只含α(马氏体)相与γ(奥氏体)相，则有$f_a + f_\gamma = 1$，又知$\dfrac{I_\gamma}{I_\alpha} = \dfrac{C_\gamma}{C_\alpha} \cdot \dfrac{f_\gamma}{f_\alpha}$，故有

$$f_\gamma = \frac{I_\gamma C_\alpha}{I_\gamma C_\alpha + I_\alpha C_\gamma} \tag{2-110}$$

若样品中含有少量碳化物(f_c)，则按$f_a + f_\gamma = 1 - f_c$，f_γ仍可求。

除以上介绍的几种方法外，还有外标法(以纯相样品作为比较标准的方法)、无标样分析法等。物相定量分析技术自20世纪70年代前后得到重视与发展，现有的各种方法均有各自的优缺点与应用范围。扩大应用范围和提高测量精度与灵敏度是物相定量分析技术的重要发展方向。

6. X射线物相定量分析过程

对于一般的X射线物相定量分析工作，总是通过下列几个过程进行。

(1)物相鉴定。对样品进行待测物相的相鉴定，过程即为通常的X射线物相定性分析。

(2)选择标样物相。无论是内标法还是外标法，通常应选择标准物相。而标准物相必须物理化学性能稳定，与待测物相衍射线无干扰，在混合及制样时，不易引起晶体的择优取向。

(3)进行定标曲线的测定或 K_s^a 测定。选择的标准物相与纯待测物相按要求制成混合试样，选定标准物相及待测物相的衍射线，分别测定其强度 I_s 和 I_a，用 I_s/I_a 和纯相配比 w_s 获取定标曲线或 K_s^a。

(4)测定试样中标样物相 s 的强度，或测定按要求制备的试样中待检物相 a 及标样物相 s 的指定衍射线强度。

(5)用所测定的数据，按各自的方法计算出待测物相的质量分数 w_a。

7. 粉末 X 射线物相定量分析的注意问题

X 射线物相定量分析的基本公式，其理论基础中假设了被测物相中晶粒尺寸非常细小，各相混合均匀，晶粒无择优取向。显然，在实际工作中，若出现与上述假设相比偏差较大时，则会对实验结果的可信度产生怀疑。因此，在实际工作中，应该在试样制备及标样选择过程中，充分考虑上述假设，特别是样品细度及混合的均匀程度，在制样时应该加以充分的注意。在制样时，应避免重压，减少择优取向，通常采用透过窗样品架，在测量时，采用样品从其面法线转动来消除择优取向的影响。

2.5.2　点阵常数的精确测定

导读　点阵常数是晶体物质的基本结构参数，它随化学成分(晶体内部成分、空位浓度等)和外界条件(温度和压力等)的变化而变化.点阵常数的测定在研究固态相变(如过饱和固溶体的分解)、确定固溶体类型、测定固溶溶解度曲线、测定热膨胀系数、测定宏观应力等方面都得到了应用。

点阵参数需由已知指标的晶面间距来计算，晶面间距 d 的测定准确度又取决于衍射角的测定准确度。由于点阵常数随各种条件变化而变化的数量级很小(约为 10^{-5}nm)，因而对点阵常数应进行精确测定。精确测定晶胞参数，首先要对晶面间距测定中的系统误差进行分析。

1) 点阵常数相对误差与衍射角的关系

对布拉格方程微分(由于入射线波长 λ 是经过精确测定的，其数值精度达 5×10^{-7}nm，故在微分时将 λ 视为常量)可得

$$\frac{\Delta d}{d} = -\cot\theta \cdot \Delta\theta \tag{2-111}$$

对于立方晶系，$\dfrac{\Delta a}{a} = \dfrac{\Delta d}{d}$，故有

$$\frac{\Delta a}{a} = -\cot\theta \cdot \Delta\theta \tag{2-112}$$

由式(2-111)可知，点阵常数相对误差取决于 $\cot\theta$ 与测量误差 $\Delta\theta$。

测定衍射花样中每一条衍射线的位置(θ)，均可得出一个点阵常数值。但由式(2-112)可知，当 $\Delta\theta$ 一定时，θ 越大则得到的点阵常数值越精确，当 $\theta \to 90°$ 时，$\Delta a/a \to 0$，即较高角度衍射的衍射角对晶体 d 值的变化或差异更加敏感，因而点阵常数测定时应选用高

角度衍射线。不同测量误差（$\Delta\theta$）时，点阵常数测量精确度与 θ 角的关系如图 2-46 所示。

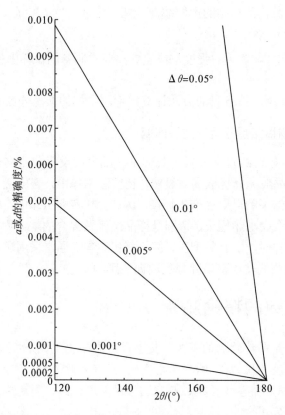

图 2-46   不同测量误差（$\Delta\theta$）时，点阵常数 a（或晶面间距 d）的测量精度与 θ 角的关系

测量误差包括偶然误差和系统误差。偶然误差不可能完全排除，但可以通过多次重复测量使其尽可能减小。系统误差取决于实验方法与条件，在对其来源与规律性的分析基础上，可采取相应措施使其减小或予以修正。

2）衍射角测定中的系统误差

"精确测定"包括两方面的要求：精确度要高（即测定值的重现性好），偶然误差要小；测定值准确性要高，系统误差要小，并且要进行校正。多晶衍射仪和纪尼相机（90mm）的 θ 角测定值对于尖锐并且明显的衍射线有很好的精度，可以达到±0.01°的水平，而德拜相机测定误差是相同直径纪尼相机的四倍。只是前两者的几何条件较为复杂，不易进行校正。

衍射角测定中系统误差的来源：一是物理因素方面，如 X 射线折射的影响，波长色散的影响等；二是测量方法的几何因素产生的。前者仅在极高精确度的测定中才需要考虑，而后者引入的误差则是精确测定时必须进行校正的。

3. 精确测定点阵参数的方法

精确测定点阵参数，必须获得精确的衍射角数据，衍射角测量的系统误差通常很复杂，一般采用下述的两种方法进行处理。

1)用标准物质进行校正

现在已经有许多可以作为"标准"的物质,其点阵参数已经被十分精确地测定过。我们可以将这些物质掺入被测样品中,运用它已知的精确衍射角数据和测量得到的实验数据进行比较,便可求得扫描范围内不同衍射角区域中的 2θ 校正值。这种方法简便易行,通用性强,但其缺点是不能获得比标准物质更准确的数据。

2)精细的实验技术辅以适当的数据处理方法

要取得尽可能高精确度的衍射角数据,首先需要特别精细的实验技术,把使用特别精密、经过精细测量校验过的仪器和特别精确的实验条件结合起来。例如,如果是使用衍射仪,应当对样品台的偏心、测角仪 2θ 的角度分度误差等进行测量,确定其校正值;对测角仪要进行精细的校直;对样品框的平面度(特别是金属框片)要严格检查;要精心制备极薄的平样品;采用两侧扫描;实验在恒温条件下进行等,这样得到的实验数据可以避免较大误差的引入。虽然仍不可避免地包含有一定的系统误差,但是在此基础上辅以适当的数据处理方法,可以进一步提高数据的准确性。

这里仅介绍德拜法点阵常数的精确测定,以了解点阵参数精确测定的一般处理方法。

2.5.2.1　德拜法中的系统误差

德拜法测定点阵常数时,系统误差主要来源于相机半径误差、底片伸缩误差、样品偏心误差和样品吸收误差。

1. 相机半径误差与底片伸缩误差

精确测定点阵常数采用背射衍射线。如图 2-47 所示, $\theta = 90° - \phi$, ϕ 与相机半径 R 及背射线条(弧对)间距 s' 的关系为

$$\phi = \frac{s'}{4R} \tag{2-113}$$

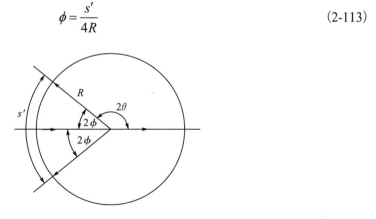

图 2-47　背射衍射线 θ 、 ϕ 、 s' 与 R 的关系

对式(2-113)取对数($\lg\phi = \lg s' - \lg 4 - \lg R$)、微分,得到:

$$\frac{\Delta\phi}{\phi} = \frac{\Delta s'}{s'} - \frac{\Delta R}{R} \tag{2-114}$$

底片伸缩误差($\Delta s'$)指底片经冲洗和干燥后引起的 s' 的变化;而相机半径误差

(ΔR)指相机实际半径与名义半径之差。由式(2-114)可知，ΔR与$\Delta s'$引起的ϕ之间误差$(\Delta\phi_{R,s})$为

$$\Delta\phi_{R,s}=\phi\left(\frac{\Delta s'}{s'}-\frac{\Delta R}{R}\right) \tag{2-115}$$

2. 样品偏心误差

样品偏心误差是指相机制造时造成的样品架转动轴与相机中心轴位置的偏差(实验时样品对中较差而引起的偏心误差为偶然误差)。

不论样品(架)对相机如何偏心(位移)，总可将其分解为平行于入射光的位移(Δx)和垂直于入射光的位移(Δy)两个分量。由图2-48(a)可知，Δx的存在使样品中心由相机中心C'移至O，从而导致衍射弧对间距s'发生变化，其变化量为

$$\Delta s'_c=\widehat{AB}-\widehat{CD}=2\widehat{BD}\approx 2ON=2\Delta x\sin 2\phi \tag{2-116}$$

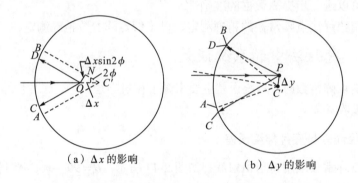

(a)Δx的影响　　　　(b)Δy的影响

图2-48　样品偏离相机中心对衍射线条位置的影响

按式(2-114)，$\Delta s'_c$对ϕ的影响可表示为(因仅考虑$\Delta s'_c$的影响，故式(2-114)中$\Delta R=0$)

$$\frac{\Delta\phi_c}{\phi}=\frac{\Delta s'_c}{s'}=\frac{2\Delta x\sin 2\phi}{4R\phi}=\frac{\Delta x}{R\phi}\sin\phi\cos\phi \tag{2-117}$$

$$\Delta\phi_c=\frac{\Delta x}{R}\sin\phi\cos\phi \tag{2-118}$$

由图2-48(b)可知，Δy的存在使衍射弧对向同一侧位移，即B移向D，A移向C，当Δy微小时，$\widehat{BD}$与$\widehat{AC}$近似相等，故可不考虑Δy对s'的影响。

3. 样品吸收误差

样品对X射线的吸收也会引起ϕ值误差$(\Delta\phi_A)$。$\Delta\phi_A$通常为点阵常数测定中误差的最大来源，但它很难准确计算。在讨论吸收因子时曾指出，对于高度吸收样品，高角度(背射)衍射线几乎完全来自于靠近入射线一侧的样品表层物质，故可将样品吸收对ϕ值的影响视同样品中心相对于相机中心向入射线一侧水平位移的影响。因而可将$\Delta\phi_A$包含在式(2-118)中。

综上所述，相机半径误差、底片伸缩误差、样品偏心误差和吸收误差对于ϕ所引起的

总误差可由式(2-115)和式(2-118)相加求得，即

$$\Delta\phi_{R,s,c,A} = \left(\frac{\Delta s'}{s'} - \frac{\Delta R}{R}\right)\phi + \frac{\Delta x}{R}\sin\phi\cos\phi \tag{2-119}$$

由于 $\phi = 90° - \theta$，$\Delta\phi = -\Delta\theta$，$\sin\phi = \cos\theta$，$\cos\phi = \sin\theta$，故式(2-111)可写成

$$\frac{\Delta d}{d} = -\frac{\cos\theta}{\sin\theta}\Delta\theta = \frac{\sin\phi}{\cos\phi}\Delta\phi = \frac{\sin\phi}{\cos\phi}\left[\left(\frac{\Delta s'}{s'} - \frac{\Delta R}{R}\right)\phi + \frac{\Delta x}{R}\sin\phi\cos\phi\right] \tag{2-120}$$

在背反射区，取 θ 尽量接近 $90°$ 的衍射线，则 ϕ 值很小，此时有 $\sin\phi \approx \phi$，$\cos\phi \approx 1$，则可认为式(2-120)中的 $\phi \approx \sin\phi\cos\phi$，式(2-120)可改写为

$$\frac{\Delta d}{d} = \left(\frac{\Delta s'}{s'} - \frac{\Delta R}{R} + \frac{\Delta x}{R}\right)\sin^2\phi \tag{2-121}$$

在同一张底片中，式(2-121)中括号内各项均为恒定，若用常数 K 表示，则

$$\frac{\Delta d}{d} = K\sin^2\phi = K\cos^2\theta \tag{2-122}$$

对于立方体系，有

$$\frac{\Delta a}{a} = \frac{\Delta d}{d} = K\cos^2\theta \tag{2-123}$$

2.5.2.2 德拜法精确测定点阵常数的实验技术

根据对德拜法测定点阵常数误差来源的分析，采用恰当的实验技术和数据处理方法可以保证获得点阵常数的精确值。在实验技术方面需做到以下内容。

(1)采用构造精密的相机，以减小半径误差与偏心误差。

(2)采用不对称装片(偏装法)，以消除半径误差与底片伸缩误差的影响。

(3)使样品高度准确地放置在相机轴线上(可通过读数显微镜观察来调整安装样品)，以消除因样品安装不良导致的偏心误差。

(4)减小样品尺寸可减小吸收误差，必要时可将样品"稀释"以减小吸收误差，如将经过筛选(粒度为 $10^{-3} \sim 10^{-5}$cm)的粉末颗粒粘在直径为 0.05~0.08mm 的 Be-Li-B 玻璃丝上，形成直径约为 0.2mm 的样品(Be-Li-B 丝对 X 射线吸收很小)。

(5)采用比长仪精密测定衍射线位置，保证测量精度达 0.01~0.02mm。

(6)曝光过程中保持温度恒定，并记录实测温度(T_m)，允许温度波动范围为 $\pm 0.1°C$，T_m 下测定的点阵常数(a_m)应换算为标准温度(T_a，$T_s = 25°C$)下的点阵常数值(a_s)，即

$$a_s = a_m[1 + \alpha(T_s - T_m)] \tag{2-124}$$

式中，α 为热膨胀系数。

2.5.2.3 校正误差的数据处理方法

1. 图解外推法

设点阵常数真实值为 a_0，则实测值 $a = a_0 \pm \Delta a$，按式(2-123)，有

$$a = a_0 \pm a_0 K\cos^2\theta \tag{2-125}$$

设 $b = a_0 K$，即 b 为包含 a_0 的常数，上式(2-125)可写为

$$a = a_0 \pm b\cos^2\theta \qquad (2\text{-}126)$$

式(2-126)为表达 a 与 $\cos^2\theta$ 关系的直线方程。从式(2-126)可知，依据从各衍射线测得的 θ，并按布拉格方程计算各相应的 a 值，即可获得 a - $\cos^2\theta$ 直线。图解外推法是将 a - $\cos^2\theta$ 直线外推(延长)至 $\cos^2\theta = 0$，即 $\theta = 90°$ 处，从而得到 a_0 值(直线与纵坐标轴的交点)的方法，如图 2-49 所示。

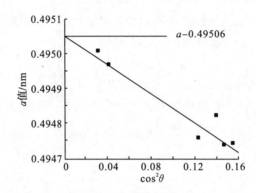

图 2-49   图解外推法示例——求铅的点阵常数(衍射角 25°，CuK_α)

一般地，可将 a 与 a_0 的关系表示为

$$a = a_0 \pm bf(\theta) \qquad (2\text{-}127)$$

式(2-127)中的 $f(\theta)$ 称为外推函数。当 θ 很大(ϕ 很小)时，可认为 $f(\theta) = \cos^2\theta$。实际应用中以 $\cos^2\theta$ 为外推函数时，采用 $\theta \geqslant 60°$ 的衍射线，且 $\theta > 80°$ 的线条(至少有一条)越多，外推获得的 a_0 值越精确。

$f(\theta)$ 的形式不是唯一的，其形式因实际条件不同和研究者寻求 $\Delta\theta$ 误差规律的思路不同而不同。使用文献资料中各种形式的 $f(\theta)$ 时，关键是要注意其适用条件；反之，则是应根据具体实验条件选用恰当形式的 $f(\theta)$。例如，当衍射花样中 $\theta > 60°$ 的衍射线较少或系统误差以样品吸收误差为主时，可选用 J.B.Nelson 给出的外推函数 $f(\theta) = \dfrac{\cos^2\theta}{2}$ $\left(\dfrac{1}{\sin\theta} + \dfrac{1}{\theta}\right)$，采用此种形式的 $f(\theta)$ 更适合于校正样品吸收误差，并且可利用较低角度($\theta > 30°$)的衍射线。

2. 最小二乘法

如上所述，图解外推法是根据式(2-127)表达的 $a - f(\theta)$ 直线外推得到 a_0 值。而由数理统计知识可知，以最小二乘法处理衍射测量数据，确定式(2-127)中的截距 a_0 与斜率 b，所得的 $a - f(\theta)$ 直线(回归方程)满足"各测量值误差平方和最小"的原则，a_0 即为外推点阵常数值，b 为外推函数斜率。

设共测量了 n 条衍射线的 θ 角，其中任一线条的 θ 角记为 θ_i ($i = 1,2,\cdots, n$)，相应地有 $f(\theta_i)$，由 θ_i 计算得到的点阵常数为 a_i，按最小二乘法有

$$a_0 = \frac{\sum_{i=1}^{n} a_i f(\theta_i) \sum_{i=1}^{n} f(\theta_i) - \sum_{i=1}^{n} a_i \sum_{i=1}^{n} f^2(\theta_i)}{\left[\sum_{i=1}^{n} f(\theta_i)\right]^2 - n \sum_{i=1}^{n} f^2(\theta_i)} \tag{2-128}$$

$$b = \frac{\sum_{i=1}^{n} a_i \sum_{i=1}^{n} f(\theta_i) - n \sum_{i=1}^{n} a_i f(\theta_i)}{\left[\sum_{i=1}^{n} f(\theta_i)\right]^2 - n \sum_{i=1}^{n} f^2(\theta_i)} \tag{2-129}$$

利用衍射仪法精确测定点阵常数时,其系统误差除可利用外推函数消除或部分消除的误差外,还有不能利用外推函数消除的误差。

2.5.3　宏观应力测定

内容导读　工件(材料)在加工制造中总要经历各种工艺,这些工艺的作用和影响往往会在构件上留下不均匀的塑性变形;当这些外加作用和影响去除之后,由于残留的塑性变形的束缚作用,会在材料内部保有相应的弹性变形,以使构件达到平衡状态;与这些弹性变形对应的就是内应力。鉴于内应力存在对工件(材料)安全的影响,且其准确测量的难度,其测量方法受到工程界格外关注。本节学习要掌握三种内应力的分类测量原理及测量方法,并了解其测量影响因素。

2.5.3.1　X射线测定各类应力概述

按照德国学者 E.马赫劳赫(E.Macherauch)提出的内应力分类方法,内应力可分为三类。其中第 I 类内应力(记作 σ_r^{I})是在材料的较大区域(很多晶粒范围内)存在并且被认为是均匀分布的,与之相关的内力和内力矩在物体的各个截面上保持平衡,这种内应力又可称为宏观内应力;第 II 类内应力(记作 σ_r^{II})是指在较小范围(一个晶粒或晶粒内)存在并视之为均匀,在足够多晶粒范围内与之相关的内力和内力矩平衡的应力;第 III 类内应力(记作 σ_r^{III})则指存在于材料的极小区域(几个或几十个原子)并保持平衡的应力,也称"晶格畸变应力",一般在位错、晶界及相界等附近。新版国标 GB/T—7704—2017《无损检测 X 射线应力测定方法》将残余应力定义为在没有外力或外力矩作用的条件下构件或材料内部存在并自身平衡的宏观应力。第 I 类内应力,它是在产生应力的各种外部因素(外力、温度变化、冷热加工过程等)去除后,因形变、体积变化不均匀等而残留在物体内部并自身保持平衡的应力,是一种弹性应力,与材料中局部区域存在的残余弹性应变相联系,是材料不均匀弹塑性变形的结果。为便于与宏观应力区分,一般称第 II 类内应力为微观应力,第 III 类为超微观应力。由图 2-50 可见,第 I 类内应力可理解为存在于各个晶粒的数值不等的内应力在很多晶粒范围内的平均值,是较大体积内宏观变形不协调的结果。按照连续力学的观点,第 I 类内应力可以看做是与外加载荷应力等效的应力。这为残余应力与材料力学性能的关系研究带来了便利条件。

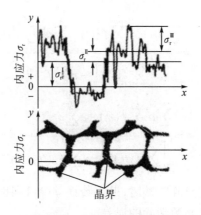

图 2-50　内应力分类示意图

1. 残余应力的产生

如前所述,残余应力来源于各种制造工艺造成的不均匀塑性变形;而导致不均匀塑性变形的因素大体可以归于不均匀的机械形变、不均匀的温度变化和不均匀的相变。

举例导读　将一根钢丝冷卷成螺旋弹簧,试问卷成之后弹簧螺旋管内壁钢丝表面沿钢丝母线方向的残余应力应该是压应力还是拉应力呢? 很多人不假思索地回答应该是压应力,其实这里必定是拉应力。这是因为其内壁钢丝表层的塑性变形束缚了钢丝心部弹性变形,使弯曲的钢丝无法充分反弹而最终成型为螺旋弹簧;内表层因心部的反弹趋势而承受拉应力,与之对应的表层之下弹性变形区因被塑性变形束缚而承受压应力。

在机械加工中,各种各样的冷弯、冷卷、冷拔、冷校直工艺,产生残余应力的情形都与上面的例子类似。各种切削加工,都会在表层留下不同深度的塑性变形层,而且变形量沿层深的变化梯度明显,所以都会产生残余应力。喷丸强化、滚压强化等工艺更是因不均匀塑性变形产生残余应力的典型实例。

分析工件在空气中从高温状态冷却下来的过程(假定该过程无相变)。冷却前期表层温度急剧下降,但是受到内部高温膨胀的作用,表面会承受拉应力,因高温阶段材料屈服强度较低,表层会发生一定的塑性变形,从而降低拉应力的幅度;而在冷却后期表层组织结构定型,心部则继续冷却收缩,但受到表层的制约而不能充分收缩,因而残留拉应力,表层相应地呈现压应力。对于形状复杂的零件,由不均匀的温度变化引起的零件各处的残余应力状态会有更多的变数。

分析不均匀相变的案例——钢铁零件的表面淬火。表面淬火产生马氏体,马氏体是过饱和固溶体,比容较大,具有膨胀趋势;但因受零件心部未淬火组织的牵制不能充分膨胀,故而零件表面会有残余压应力。即便是整体淬火的零件,马氏体转变也会有先后顺序,心部最后转变的部分不能充分膨胀而受压,而最先转变的表层会有些许残余拉应力。

一个实际工件的残余应力状态往往是各种因素综合作用的结果。现以磨削应力为例分析各种因素的贡献。砂轮中包含无数个砂粒,其中有许许多多砂粒相当于微小的刨刀,在切刃刚走过的金属材料表面会产生垂直于表面的塑性凸出效应,而平行于表面方向则有塑性收缩,这属于不均匀机械变形,这种收缩仅发生在磨削表面,受到下面基体材料的制约不能充分收缩,因而由此产生拉应力。砂轮中另有许许多多砂粒不具备锋利切刃,磨削过程中它们对接触到的金属材料将施加挤光效应,金属有延展的趋势,也属于不均匀机械变形,实质上类似于形变强化,它的形变受到基体材料的制约无法延展,故而产生压应力。磨削必然会有热效应产生,属于不均匀的温度变化,摩擦生热使接触到的表面膨胀,由于受下面基体材料的制约而膨胀受阻,因而承受压应力,在温度较高时材料屈服点降低,压应力会导致塑性压缩;在稍后温度下降至与下面基体等同之后,发生塑性压缩的表面受基体材料的支撑作用,因而产生拉应力。摩擦热效应还可能使材料发生相变,以钢铁材料为例,这里又分两种情况:如果被磨削的材料是未经充分回火的淬火钢,磨削热效应使材料表面马氏体组织进一步回火,比容减小,晶面间距有收缩的趋势,但是受下层基体的牵制无法收缩,所以产生拉应力;如果磨削使材料表面温度升至奥氏体化温度之上,随后急冷再次发生淬火转变成马氏体,则会导致压应力的产生。如上塑性凸出效应、挤光效应、热效应和相变等几种因素对磨削应力的贡献大小,取决于被磨材料的材质和组织状态、磨削用砂轮的材质和锋利程度、磨削进给量和磨削速度、冷却液的组分和流量等条件。一般来说,砂轮锋利,进给量小,冷却条件好,则磨削应力为压应力的可能性比较大。

2. 残余应力的影响

各种机械构件在制造时往往会产生残余应力。在制造过程中,适当的残余应力可能成为零件强化的因素,不适当的残余应力则可能导致变形和开裂等工艺缺陷。在机械产品完成之后,残余应力将影响构件的静载强度、疲劳强度、抗应力腐蚀能力及形状尺寸的稳定性等。一个构件残余应力状态如何,是设计者、制造者和使用者共同关心的问题。

1) 对大型构件、拼焊件安全性的影响

在当代航空航天、核电水电、高铁等重大工程和装备制造中,由高温合金、铝合金、钛合金、镁合金以及传统的钢铁材料制作的大型结构发挥着重大作用。经过铸造、锻造、焊接或机械加工成型的结构性零部件,特别是大型拼焊件,值得关注的不仅是有无宏观缺陷存在,其残余应力状态也日益受到高度重视,因为它关系到结构的安全和寿命。过大的残余应力,或者过分不均匀的残余应力,可能直接导致构件变形或开裂,造成早期失效,甚至引发安全事故。尽管这类零部件的残余应力可能会在运行中得以逐步松弛,但是在此过程中必然以结构的永久变形为代价。在很多情况下这种变形将破坏原有的动平衡状态,引起附加振动,降低疲劳寿命;或者损坏原有的精密间隙、同轴精度等指标,使设备失去应有的品质和功能。

2) 对静强度的影响

当一个构件受静载时,残余应力可以看成是预加载荷叠加在外载荷上。建筑工程早已普遍使用的预应力梁,就是给混凝土梁体预加残余压应力,用以抵抗外加弯曲应力。这是利用残余应力最成功的大范围推广的范例。

对于韧性材料,当外加应力达到材料的弹性极限时,残余应力会发生松弛。在此情况下,残余应力对材料的静强度本身影响不大。如果材料的屈强比 σ_s / σ_b 很高,其塑性变形容量很小，则应考虑残余应力对材料静强度的影响。由于温度下降，或加载速度增大，或构件截面积过大等原因，材料的塑性变形能力会受到抑制，致使材料脆化。在这种情况下，残余拉应力便可能对材料的静强度产生不利影响；极端情况下，可能发生无明显塑性变形的低应力脆断。

2010 年 1 月唐山某轧辊公司生产的高铬铸铁复合轧辊发生脆性断裂。这种轧辊的外层是离心铸造的高铬铁，芯部浇铸的是球墨铸铁。轧辊专家和材料学工作者对断裂事故进行多方面的分析。首先从截面直径上高铬铸铁所占比例来说，高铬铸铁层不宜太厚，经验数据为高铬层与直径之比应该约等于 1∶13，而这个轧辊的比例达到了 1∶8。轧辊铸造之后高铬层肯定残余压应力，高铬层较厚，力臂大，则压应力力矩就会比较大；相应地芯部的拉应力力矩也会比较大，而芯部力臂较短，所以应力值较高。其次，按照要求，芯部组织应该是"牛眼状铁素体+球墨铸铁+珠光体"，然而在铸造后的热处理过程中，可能加热温度偏高，保温时间偏长，使小部分球状石墨溶入基体，提高了基体的含碳量；在随后冷却过程中，正值寒冬，车间气温很低，又加强力风扇，势必造成冷却速度过快，最终导致心部组织的牛眼状铁素体消失，变成全珠光体基体，因而材料脆性增加。再者，高铬层残余奥氏体的转变又会增大该层的压应力，相应地会增大芯部的拉应力。这样一来，在后来进行机加工的时候轧辊失稳发生脆断，其可能的原因在于：工件截面很大；芯部存在足够大的拉应力；材料组织使其性能偏于脆性；铸造宏观缺陷在所难免；隆冬季节，环境温度极低等。

3) 对疲劳强度的影响

对于轧辊、齿轮、轴承、弹簧、曲轴之类的零部件，主要考虑如何通过调整残余应力状态来提高零件的疲劳寿命。例如，现在已经普遍采用的喷丸强化、滚压强化等工艺，就其强化机理而言，表面和表面之下足够高的残余压应力、最大压应力所在的层深、压应力层总厚度等参量是决定疲劳寿命的主要因素，表面粗糙度、强化层的组织结构等因素也起着重要作用。汲取国内外专家多年研究成果，对于某些弹簧、齿轮类零件，已经在残余压应力和疲劳寿命之间建立起一定程度的数值对应关系。所以，目前在与国际接轨的情况下，对诸多机械产品制定了残余压应力标准，我国很多企业已经把残余应力当作必检项目，用以控制产品质量。

4) 对环境敏感开裂性能的影响

在工程实践中，因对环境的敏感而导致的开裂对生产的安全有重大威胁，应力腐蚀就是其中重要的一项。应力腐蚀有三要素：敏感的材料、特定的介质和拉伸应力，在同时具备这三要素的条件下应力腐蚀开裂才会发生。其实，产生应力腐蚀的拉应力通常很小，不处于特定介质中不会致使材料和零件发生破坏；而产生应力腐蚀的介质也未必具有很强的腐蚀性。假如没有拉应力的存在，在此介质中大多数材料被认为是耐蚀的。某种金属材料总是在特定的腐蚀环境中、在一定的拉应力作用下产生应力腐蚀开裂。应力腐蚀断裂的发展过程非常缓慢，断裂往往是在无明显宏观变形、无任何预兆的情况下突然发生，所以它的危害性极大。统计资料表明，应力腐蚀破坏事故已占 Ni-Cr 不锈钢整个湿态腐蚀事故的 40%～60%。与应力腐蚀同属环境敏感开裂的还有氢脆和腐蚀疲劳，虽然破坏机制不同，但都以这三要素为条件。

　　在应力腐蚀开裂的缓慢过程中,拉应力持续起先导和推进作用。它使钝化膜遭受破坏,又阻止裂纹尖端钝化膜的修复,并在裂纹尖端造成应力集中;拉应力还会加速金属从特定介质中吸附诸如氯离子、氢氧根离子等具有破坏性的组分,使材料的应力腐蚀敏感性提高。

　　另外,很多铁素体钢与腐蚀介质作用可以产生氢,这种氢是新生态的,可以很容易地扩散到基体中。假如钢采用析出强化或固溶强化,在没有氢存在时,钢可以保持高的强度水平;假如有氢存在,且处于高应力状态,氢会聚集在位错或者孪晶的内界面处,导致断裂强度降低。当高应力和氢的作用维持足够长的时间时,材料就会发生脆性破坏。

　　引起材料环境敏感开裂的拉应力既可能是外加应力,也可能是残余应力。令人吃惊的是,大量统计表明,由于残余拉应力而引起的不锈钢应力腐蚀事故占事故总数的 80%。

　　残余压应力不会引起应力腐蚀。大量实验研究表明,采用喷丸强化手段提高材料表面压应力,可以提高材料抗应力腐蚀能力。

　　5) 对于精密零部件的影响

　　对于精密零部件,则应当关注残余应力对零件形状尺寸稳定性的影响。宏观残余应力的释放必然会引起形状尺寸的变化。

　　此外,在机械工程中也有希望得到合理的拉应力的情况。例如制造圆盘锯片的时候,厂家会选取某个半径值,在圆盘面上滚压一周,其效果是被滚压的圆周线上产生压应力,而此线以外则会产生拉应力,把锯片绷紧,提高其平面度指标,以免在使用过程中因圆盘锯片过大的瓢动而浪费被切割材料,并且防止引发危险事故。

3. 残余应力的测定

　　残余应力直接影响工件(零件或构件)的疲劳强度、应力腐蚀、断裂和尺寸稳定性等。因而,应力的测定在寻求工件处理最佳工艺条件、检查强化效果、预测工件寿命和工件失效分析等工作中具有极为重要的应用意义。

　　测定残余应力的方法很多,一种是应力松弛法,即用钻孔、开槽或剥层等方法使应力松弛,再用电阻应变片测量变形以计算残余应力的破坏性应力测试方法;另一类是无损法,即利用超声、磁性、中子衍射、X 射线衍射等对应力敏感的特性,通过测量不同敏感参数的变化进而测量应变值。各种应力测定方法(电阻应变片法、磁测法、超声波法等)的共同点在于均为通过应变的测量(依据应力应变关系)达到应力测定的目的,主要差别则在于采用的"应变规"即表征应变的物理量不同,如电阻应变片法以电阻的变化值作为应变的量度,超声波法以声速的变化作为应变的量度,而 X 射线法则以衍射花样特征的变化作为应变的量度。

　　无损测定残余应力是改进强度设计、提高工艺效果、检验产品质量和进行设备安全分析的必要手段。在各种无损测定残余应力的方法中,X 射线衍射法被公认为是最可靠和最实用的。它原理成熟,方法完善,经历了八十余年的进程,在国内外广泛应用于机械工程和材料科学,取得了卓著成果。此外,利用 X 射线衍射法还可以准确测定材料经过喷丸强化工艺后残余应力沿层深的分布,同时观察应力测定过程中得到的衍射峰的半高宽的变化,便可以分析其组织结构强化的效果。因此 X 射线衍射分析是材料强化最恰当的研究手段和表征方法。

　　若材料中存在各类应力，在 X 射线测定工件的宏观应力时，其 X 射线衍射花样会发生哪些变化？按照苏联学者阿克先诺夫于 1929 年提出的思路，对于多晶体材料而言，宏观应力所对应的应变被认为是相应区域里晶格应变的统计结果；晶格应变实质上就是晶面间距 d 的相对变化；而晶面间距 d 的变化可以通过 X 射线衍射求出，晶面间距 d 的变化直接导致衍射峰的位移。但是在一定区域很多个晶粒范围内得到的衍射峰包含了它们变形的不协调性信息，可以看成是各个晶粒衍射线的叠加。因此，宏观应力在物体中较大范围内均匀分布产生的均匀应变表现为该范围内方位相同的各晶粒中同名(HKL)晶面间距变化相同，并从而导致了衍射线向某方向位移(2θ 角的变化)，这就是 X 射线测量宏观应力的基础。

　　第 II 类内应力即微观应力，可以归结为各个晶粒或晶粒区域之间变形的不协调性。在各晶粒间甚至一个晶粒内各部分间彼此不同，产生的不均匀应变表现为某些区域晶面间距增加，某些区域晶面间距压缩，结果使衍射线不像宏观应力所影响的那样单一地向某方向位移，而是向不同方向位移。如果第 II 类内应力比较大，即通常的 X 射线照射范围之内各个晶粒或晶粒区域之间变形的不协调性较强，从 X 射线衍射分析的角度来讲，它们的衍射线在接收角度上的分散度也较大，故而叠加而成的衍射峰就会宽化，这是 X 射线测量微观应力的基础。

　　第 III 类内应力即超微观应力，与晶格畸变和位错组态相联系。在应变区内超微观应力使原子偏离平衡位置(产生点阵畸变)，较大的晶格畸变和较高的位错密度势必导致晶体的周期性下降，导致衍射线强度的降低和宽化，故可通过 X 射线强度的变化测定超微观应力。

　　X 射线衍射法测定应力具有非破坏性(无损检测)，可测小范围局部应力(取决于入射 X 射线束直径)，可测表层应力，可区别应力类型等优点。但 X 射线测定应力精确度受组织结构的影响较大，X 射线也难于测定动态瞬时应力。

2.5.3.2　X 射线法测定宏观应力的基本原理

1. 概述

　　X 射线衍射法测定材料中的残余宏观应力是一种间接方法。先测量应变，再借助材料的弹性特征参量确定应力。不过它测量的应变不是宏观应变，而是晶格应变。在无应力的状态下，不同方位的同名(hkl)晶面面间距是相等的，当受到一定的宏观应力 σ_φ 时，不同晶粒的同名(hkl)晶面面间距随晶面方位及应力的大小发生有规律的变化，如图 2-51 所示。可以认为，某方位晶面面间距 $d_{\varphi\psi}$ 相对于无应力时的变化 $(d_{\varphi\psi} - d_0)/d_0 = \Delta d/d_0$，反映了由应力所造成的面法线方向上的弹性应变，即 $\varepsilon_{\varphi\psi} = \Delta d/d_0$。显然，在晶面间距随方位的变化率与作用应力之间存在一定函数关系。因此，建立待测残余应力 σ_φ 与空间某方位上的应变 $\varepsilon_{\varphi\psi}$ 之间的关系式，是解决应力测量问题的关键。

　　图 2-52 为利用 X 射线测定应力而建立的坐标系统。其中：S_1，S_2 为试样表面坐标轴；S_1 由操作者定义；S_3 为垂直于试样表面的坐标轴(试样表面法线)；O 为试样表面上的一个点；OP 为空间某一方向；S_ϕ 为 OP 在试样平面上的投影所在方向，亦即应力 σ_ϕ 的方向和

切应力 τ_ϕ 作用平面的法线方向。在 X 射线应力测定中，将 OP 选定为材料中衍射晶面 $\{hkl\}$ 的法线方向，亦即入射光束和衍射光束的角平分线。为测定试样表面 O 点 S_ϕ 方向的应力 σ_ϕ，容易想到的最直接的办法是求出 O 点 S_ϕ 方向的应变，然后根据胡克定律就可以计算应力 σ_ϕ。为此需要测定 O 点所在区域里垂直于试样表面、法线在 S_ϕ 方向的某 (hkl) 晶面面间距 d_{s_o}，并且需要确切得知该材料无应力状态的晶面间距 d_0。然而不难理解，要用 X 射线衍射法测定垂直于试样表面的那些晶面的面间距几乎无法做到；要确切得知该材料的无应力状态的晶面间距 d_0 也十分困难。于是我们的目光不得不转向那些与表面呈一定夹角的、X 射线衍射分析得以进行的晶面，可以想见它们的应变肯定和欲求的应力 σ_ϕ 存在一定的关系。所以我们选取试样表面 O 点以 OP 为法线的那些 $\{hkl\}$ 晶面，并以图中的 ϕ、ψ 角来表征 OP 的方向，OP 在试样表面的投影 OS_ϕ 便是待测应力方向。依据广义胡克定律，这些晶面的应变是由 O 点的应力张量决定的，并且与 ϕ、ψ 的正弦、余弦、材料的杨氏模量和泊松比等参量密切相关。因此有可能依据这样的关系求得 O 点的三维应力，包括应力 σ_ϕ。

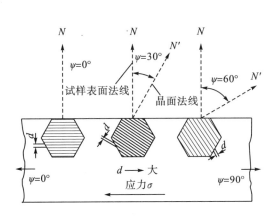

图 2-51　应力与不同方位同族晶面面间距的关系

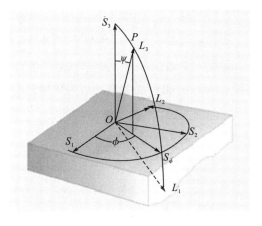

图 2-52　X 射线衍射应力测定的正交坐标系

　　根据弹性力学理论，在宏观各向同性多晶体材料的 O 点，由 ϕ 和 ψ（见图 2-52）确定的 OP 方向上的应变可以用如下公式表述：

$$\varepsilon_{\phi\psi} = S_1\left(\sigma_{11} + \sigma_{22} + \sigma_{33}\right) + \frac{1}{2}S_2\sigma_{33}\cos^2\psi + \frac{1}{2}S_2\left(\sigma_{11}\cos^2\phi + \sigma_{22}\sin^2\phi + \tau_{12}\sin 2\phi\right)\sin^2\psi$$

$$+ \frac{1}{2}S_2\left(\tau_{13}\cos\phi + \tau_{23}\sin\phi\right)\sin 2\psi \tag{2-130}$$

式中，$\varepsilon_{\phi\psi}$ 为材料的 O 点上由 ϕ 和 ψ 确定的 $\{hkl\}$ 晶面 OP 方向上的应变；S_1，$\frac{1}{2}S_2$ 为材料中 $\{hkl\}$ 晶面的 X 射线弹性常数；σ_{11}，σ_{22}，σ_{33} 为 O 点在坐标 S_1、S_2 和 S_3 方向上的正应力分量；τ_{12} 为 O 点以 S_1 为法线的平面上 S_2 方向的切应力；τ_{13} 为 O 点以 S_1 为法线的平面上 S_3 方向的切应力；τ_{23} 为 O 点以 S_2 为法线的平面上 S_3 方向的切应力。

式 (2-130) 中材料 $\{hkl\}$ 晶面的 X 射线弹性常数 S_1 和 $\frac{1}{2}S_2$ 由材料 $\{hkl\}$ 晶面的杨氏模量 E 和泊松比 ν 确定，一般表达为

$$S_1 = -\frac{\nu}{E} \tag{2-131}$$

$$\frac{1}{2}S_2 = \frac{1+\nu}{E} \tag{2-132}$$

设应力分量 σ_ϕ 为 S_ϕ 方向上的正应力 (图 2-52)，τ_ϕ 为 σ_ϕ 作用面上垂直于试样表面方向的切应力，则

$$\sigma_\phi = \sigma_{11}\cos^2\phi + \sigma_{22}\sin^2\phi + \tau_{12}\sin2\phi \tag{2-133}$$

$$\tau_\phi = \tau_{13}\cos\phi + \tau_{23}\sin\phi \tag{2-134}$$

故式 (2-130) 可以写作：

$$\varepsilon_{\phi\psi} = S_1\left(\sigma_{11}+\sigma_{22}+\sigma_{33}\right) + \frac{1}{2}S_2\sigma_{33}\cos^2\psi + \frac{1}{2}S_2\sigma_\phi\sin^2\psi + \frac{1}{2}S_2\tau_\phi\sin2\psi \tag{2-135}$$

对于大多数材料和零部件来说，X 射线穿透深度只有几微米至几十微米，因此通常假定 $\sigma_{33}=0$，所以式 (2-135) 又可以简化为

$$\varepsilon_{\phi\psi} = S_1\left(\sigma_{11}+\sigma_{22}\right) + \frac{1}{2}S_2\sigma_\phi\sin^2\psi + \frac{1}{2}S_2\tau_\phi\sin2\psi \tag{2-136}$$

根据力学知识可知，式 (2-136) 中的 $\left(\sigma_{11}+\sigma_{22}\right)$ 为常量；式 (2-136) 简明表达了应变 $\varepsilon_{\phi\psi}$ 与待测应力 σ_ϕ 和 τ_ϕ 的关系，成为采用测得的应变计算待测应力的依据。

按照新版国标，应力测定中的 $\varepsilon_{\phi\psi}$ 应该采用真应变。如图 2-53 所示，工程上的应变规定为

$$\varepsilon = \frac{l_1 - l_0}{l_0} \tag{2-137}$$

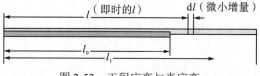

图 2-53　工程应变与真应变

由 l_0 变到 l_1 是一个过程，在此过程中瞬时的微应变 $\mathrm{d}\varepsilon = \dfrac{\mathrm{d}l}{l}$，对 $\mathrm{d}\varepsilon$ 进行积分便可得真应变：

$$\varepsilon_{真} = \int_{l_0}^{l_1}\frac{\mathrm{d}l}{l} = \ln\frac{l_1}{l_0} \tag{2-138}$$

应用到晶面间距的应变，联合布拉格方程，得

$$\varepsilon_{\phi\psi} = \ln\frac{d_{\phi\psi}}{d_0} = \ln\frac{\sin\theta_0}{\sin\theta_{\phi\psi}} \tag{2-139}$$

式 (2-139) 为真应变表达式。此前多采用如下近似公式：

$$\varepsilon_{\phi\psi} \cong \frac{d_{\phi\psi} - d_0}{d_0} \tag{2-140}$$

$$\varepsilon_{\phi\psi} \cong -\left(\theta_{\phi\psi} - \theta_0\right) \cdot \frac{\pi}{180} \cdot \cot\theta_0 \tag{2-141}$$

使用真应变计算应力时不需要 d_0 和 θ_0 的精确值，值得推广。

2. 平面应力分析

由于 X 射线只能照射深度为 $10\sim30\mu m$ 的表层，且假定材料内应力沿垂直于表面方向变化的梯度极小，因此，我们可以认为 X 射线法测定的是表面二维的平面应力状态。

对于一个连续、均质、各向同性的物体来说，根据弹性力学原理，在平面应力条件下，$\tau_{13} = \tau_{23} = \sigma_{33} = 0$，则式 (2-135) 可写为

$$\varepsilon_{\phi\psi} = S_1\left(\sigma_{11} + \sigma_{22}\right) + \frac{1}{2}S_2\sigma_\phi\sin^2\psi \tag{2-142}$$

式 (2-142) 表明试样 O 点 ϕ 方向的正应力 σ_ϕ 与晶格应变 $\varepsilon_{\phi\psi}$ 呈正比关系。将式 (2-142) 对 $\sin^2\psi$ 求偏导数，可得

$$\sigma_\phi = \frac{1}{(1/2)S_2} \cdot \frac{\partial \varepsilon_{\phi\psi}}{\partial \sin^2\psi} \tag{2-143}$$

使用测得的一系列对应不同 ψ 角的 $\varepsilon_{\phi\psi}$，采用最小二乘法求得斜率 $\dfrac{\partial \varepsilon_{\phi\psi}}{\partial \sin^2\psi}$，然后按照式 (2-143) 可计算应力 σ_φ。图 2-54 为采用真应变计算应力的示例。

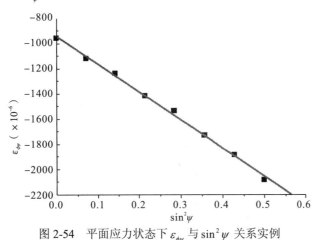

图 2-54　平面应力状态下 $\varepsilon_{\phi\psi}$ 与 $\sin^2\psi$ 关系实例

平面应力状态下使用式 (2-143) 时，

$$\sigma_\phi = K \cdot \frac{\partial 2\theta_{\phi\psi}}{\partial \sin^2\psi} \tag{2-144}$$

式中，K 为应力常数。

$$K = -\frac{E}{2(1+\nu)} \cdot \frac{\pi}{180} \cdot \cot\theta_0 \tag{2-145}$$

斜率 $\dfrac{\partial 2\theta_{\phi\psi}}{\partial \sin^2\psi}$ 由实验数据采用最小二乘法求出。图 2-55 为直接使用衍射角 $2\theta_{\phi\psi}$ 计算应力的示例。

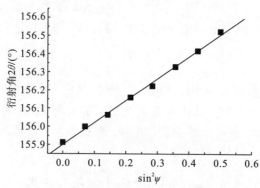

图 2-55　平面应力状态下 $2\theta - \sin^2\psi$ 关系实例

若 $M=\dfrac{\partial 2\theta_{\phi\psi}}{\partial \sin^2\psi}$，则 $\sigma_\phi = K\cdot M$。

在平面应力状态下，确定了指定的 ϕ 角和各个 ψ 角的衍射峰位角 $2\theta_{\phi\psi}$ 后，依据式（2-139）、式（2-140）或式（2-141）计算应变 $\varepsilon_{\phi\psi}$，然后采用最小二乘法计算式（2-143）中的斜率 $\dfrac{\partial \varepsilon_{\phi\psi}}{\partial \sin^2\psi}$ 或式（2-144）中的斜率 $\dfrac{\partial 2\theta_{\phi\psi}}{\partial \sin^2\psi}$，最后计算指定的 ϕ 角方向上的应力 σ_ϕ。采用最小二乘法计算斜率的公式如下：

$$M^\varepsilon = \frac{\theta\varepsilon_{\phi\psi}}{\theta\sin^2\psi} = \frac{\sum\limits_{i=1}^{n}\varepsilon_{\phi\psi i}\cdot\sum\limits_{i=1}^{n}\sin^2\psi_i - n\sum\limits_{i=1}^{n}\left(\varepsilon_{\phi\psi i}\cdot\sin^2\psi_i\right)}{\left(\sum\limits_{i=1}^{n}\sin^2\psi_i\right)^2 - n\sum\limits_{i=1}^{n}\sin^4\psi_i} \tag{2-146}$$

$$M^{2\theta} = \frac{\theta 2\theta_{\phi\psi}}{\theta\sin^2\psi} = \frac{\sum\limits_{i=1}^{n}2\theta_{\phi\psi i}\cdot\sum\limits_{i=1}^{n}\sin^2\psi_i - n\sum\limits_{i=1}^{n}\left(2\theta_i\cdot\sin^2\psi_i\right)}{\left(\sum\limits_{i=1}^{n}\sin^2\psi_i\right)^2 - n\sum\limits_{i=1}^{n}\sin^4\psi_i} \tag{2-147}$$

$$\sigma_\phi = \frac{1}{\frac{1}{2}S_2}\cdot M^\varepsilon \tag{2-148}$$

$$\sigma_\phi = K\cdot M^{2\theta} \tag{2-149}$$

式（2-146）~式（2-149）中，M^ε 为应变 $\varepsilon_{\phi\psi}$ 对 $\sin^2\psi$ 的斜率；$M^{2\theta}$ 为衍射角 $2\theta_{\phi\psi}$ 对 $\sin^2\psi$ 的斜率；$\dfrac{1}{2}S_2$ 为 X 射线弹性常数；K 为应力常数。

3. 三维应力分析

在垂直于样品表面的平面上存在切应力（$\tau_{13}\neq 0$ 或 $\tau_{23}\neq 0$ 或二者均不等于零）的情况

下，应变 $\varepsilon_{\phi\psi}$ 与 $\sin^2\psi$ 的函数关系呈现为椭圆曲线，即在 $\psi>0$ 和 $\psi<0$ 时图形显示为 θ "分叉"。图 2-56 为轴承钢强力磨削状态的残余应力分析实例。对于给定 ϕ 角，用测得的一系列 $\pm\psi$ 角上的应变 $\varepsilon_{+\psi}$ 和 $\varepsilon_{-\psi}$，通过式 (2-136) 推演可以得到 σ_ϕ 和 τ_ϕ 的计算公式：

$$\sigma_\phi = \frac{1}{1/2 S_2}\cdot\frac{\partial\left(\varepsilon_{+\psi}+\varepsilon_{-\psi}\right)/2}{\partial\sin^2\psi} \tag{2-150}$$

$$\tau_\phi = \frac{1}{1/2 S_2}\cdot\frac{\partial\left(\varepsilon_{+\psi}-\varepsilon_{-\psi}\right)/2}{\partial\sin2\psi} \tag{2-151}$$

若 $\sigma_{33}\neq0$，变换式 (2-135)，则

$$\varepsilon_{\phi\psi}=S_1\left(\sigma_{11}+\sigma_{22}+\sigma_{33}\right)+\frac{1}{2}S_2\sigma_{33}+\frac{1}{2}S_2\left(\sigma_\phi-\sigma_{33}\right)\sin^2\psi+\frac{1}{2}S_2\tau_\phi\sin2\psi \tag{2-152}$$

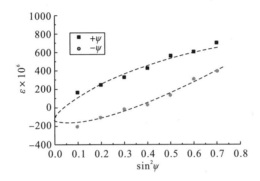

图 2-56 三维应力状态正负 Ψ 角的曲线分叉示例

注：示例材料为轴承钢，使用 CrK_α 辐射；{211}晶面的 X 射线弹性常数：$\frac{1}{2}S_2=5.81\times10^{-6}MPa^{-1}$，

表面经强力磨削；测试计算结果：$\sigma_\phi=163.6\,MPa$，$\tau_\phi=33.1\,MPa$

在三个或三个以上不同的 ϕ 下，分别设置若干 $\pm\psi$ 角进行测量，可以计算出应力张量。

应力常数 K 取决于被测材料的弹性性质（弹性模量 E、泊松比 ν）及所选衍射面的衍射角（亦即衍射面间距及光源的波长 λ）。例如，对钢铁材料，若以基体铁素体相应的应力代表构件承受的残余应力，用 CrK_α 辐射做光源（$\lambda_k=0.2291\,nm$），取铁素体{211}面测定，其应力常数 $K=-318MPa/(°)$。晶体是各向异性的，不同{hkl}面的 E、ν 有不同的数值，所以不能用机械方法测定的多晶平均弹性常数计算 K 值，而需用无残余应力试样加已知外应力的方法测算。若 $2\theta_{\phi\psi}-\sin^2\psi$ 关系失去线性，说明材料的状态偏离推导应力公式的假定条件，如在 X 射线穿透深度范围内有明显的应力梯度、非平面应力状态（三维应力状态）或材料内存在织构（择优取向），在这些情况下，均需用特殊方法测定残余应力。

2.5.3.3 X 射线宏观应力测定方法

由宏观应力测定原理可知，欲求试样表面某确定方向上的残余应力（$\sigma_\phi=K\cdot M$），必须在测定方向平面内测出至少两个不同 Ψ 方位的衍射角 $2\theta_{\phi\psi}$，求出 $2\theta_{\phi\psi}-\sin^2\psi$ 直线的斜率 M，根据测试条件取相应的应力常数 K，即得应力值。为此，需利用一定的衍射几何条

件来确定和改变衍射面的方位 ψ（ψ 为衍射面的法线，即 $\varepsilon_{\phi\psi}$ 的方向与试样表面法线 ON 的夹角）。目前残余应力多在衍射仪或应力仪上测量，常选用的衍射几何方式有同倾法和侧倾法两种，如图 2-57 所示。

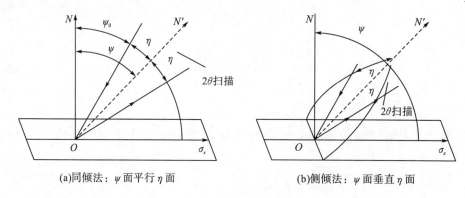

(a)同倾法：ψ 面平行 η 面   (b)侧倾法：ψ 面垂直 η 面

图 2-57   同倾法与侧倾法

1. 同倾法

同倾法的衍射几何特点是测量方向平面和扫描平面重合，如图 2-57(a)所示。其中，测量方向平面即 ON、ON' 和 $O\sigma_x$ 所在的平面，简称 ψ 面；扫描平面或称衍射平面是指入射线、衍射面法线（ON'，$\varepsilon_{\phi\psi}$ 方向）及衍射线所在平面，其夹角为 $\eta = 90° - \theta$，简称 η 面。此法中确定 ψ 方位的方式有以下两种。

1）固定 ψ 法

在衍射仪上对试样进行常规的对称衍射时，入射线与计数管轴线对称布置在试样表面法线的两侧，计数管与试样以 2：1 的角速度转动，在此条件下记录的衍射峰所对应的衍射晶面必平行于试样表面，即 $\psi = 0°$；从 $\psi = 0°$ 位置起使试样绕衍射仪轴单独转动 ψ 角后，再进行 $2\theta - \theta$ 扫描测量，衍射面法线与试样表面法线的夹角就等于所转过的 ψ 角。这种通过衍射几何条件的设置直接确定和改变衍射面 ψ 方位的方法称为固定 ψ 法。

固定 ψ 法扫描中，探测器和 X 射线管同步等量相向作 θ-θ 扫描或 θ-2θ 扫描，使得在获得一条衍射曲线数据的过程中 ψ 角保持不变，亦即参与衍射的晶粒群固定不变。就应力分析的原理而言，固定 ψ 法具有更加明晰的物理意义，对于具有轻微织构或晶粒稍微粗大的材料，此方法可以显示其优势，因为该方法可以在一定程度上避免因参加衍射晶粒群的改变和参加衍射晶粒数目的变化而产生衍射峰畸变。

固定 ψ 法适用于尺寸较小的试样在衍射仪上测定残余应力。衍射仪的光源在垂直于衍射仪轴的方向上有一发散度，在对称衍射的条件下可视为聚焦形式。然而当进行 $\psi \neq 0°$ 的测试时，该几何布置偏离了衍射仪聚焦条件，使衍射线宽化和不对称，影响衍射角的测量精度。为了减小这种散焦的影响，可采用小的发散狭缝，或采用平行光束法。

严格地讲，在采用线阵探测器的情况下是无法实现固定 ψ 法的。但是不妨采用先行确定若干个 ψ 角，并将入射线和探测器中心反射线以正负 η_0 角的偏置关系，对称分布于每个固定的晶面法线两侧的几何布置实施同倾法进行测试，并注意对衍射曲线合理进行吸收因子校正，这样的方法亦具有同倾固定 ψ 法的几何特征，亦可称为同倾准固定 ψ 法或固定 $2\eta_0$ 同倾法。其中 η_0 角是根据名义衍射角 $2\theta_0$ 计算而得

$$\eta_0 = \frac{180 - 2\theta_0}{2} \tag{2-153}$$

名义衍射角 $2\theta_0$ 则取决于所用辐射和材料的衍射晶面。例如下表 2-7 所列数据。

表 2-7　不同辐射和材料衍射晶面的 $2\theta_0$ 与 η_0

晶面	辐射	$2\theta_0$	η_0
α-Fe(211)	CrK_α	156.1°	12°
Al(311)	CrK_α	139°	20.5°
α-Ti(213)	CuK_α	142°	19°
奥氏体钢(311)	MnK_α	152°	14°

θ-θ 扫描即入射线和接收线同步相向(向背)改变一个相同的微动角度 $\delta\theta$，二者合成一个 $\delta 2\theta$-2θ 扫描步距。

θ-2θ 扫描是针对以固定 ψ_0 法测角仪而设计的，扫描起始时，使入射线和探测器的接收线二者关于选定的晶面法线对称；在扫描的每一步接收 X 射线时，使 X 射线管和探测器一起沿一个方向改变一个步距 $\delta\theta$ 之后，探测器再向反方向改变一个 2 倍的 $\delta\theta$(步距角为 $\delta 2\theta$)，以保证在接收衍射线的时刻，上述二者一直处在关于选定的晶面法线对称的状态。

2)固定 ψ_0 法(ω 法)

固定 ψ_0 法是为大型构件上的应力测定而建立的，多在专用的立式应力测定仪上使用。固定 ψ_0 法是指探测器工作时入射角 ψ_0 保持不变的应力测定方法；同倾固定 ψ_0 法是同倾法与固定 ψ_0 法相结合的测试方法。ψ_0 为入射线与试件表面法线的夹角，待测工件不动，通过改变 X 射线的入射方向而获得不同的 ψ 方位。不同的 ψ_0 入射方向，计数管可单独扫描测出 θ，按图 2-58 所示的几何条件可由 ψ_0 及测得的衍射角 θ 计算 ψ：

$$\psi = \psi_0 + \eta = \psi_0 + (90° - \theta) \tag{2-154}$$

最早的应力仪采用的便是同倾固定 ψ_0 法。该方法的仪器结构比较简单，对标定距离设置误差的宽容度较大，使用它容易得到比较好的测量重复性。近年来固态线阵探测器已广泛应用于应力仪。图 2-59 描述了利用两个线阵探测器对称分布在入射线两侧接收反射线的固定 ψ_0 法(典型仪器如加拿大 PROTOiXRD)。对应于每一个 ψ_0 角均可以同时得到对应于不同 ψ 角(ψ_1 和 ψ_2)的两个衍射峰，采用这样的方法在同样的曝光时间里成倍地增加衍射信息量，不但提高了工作效率，而且可能有一定的自校作用。

$$\psi_1 = \psi_0 - \eta \tag{2-155}$$
$$\psi_2 = \psi_0 + \eta \tag{2-156}$$

无论固定 ψ 法还是固定 ψ_0 法，选取晶面方位角的方式都有如下两种。

(1) $0° - 45°$ 法(两点法)。

ψ 或 ψ_0 选取 $0°$ 和 $45°$ (或两个其他适当的角度)进行测定，由两个数据点求 $2\theta_{\phi\psi}$ - $\sin^2\psi$

关系曲线斜率 M。此法适用于已确认 $2\theta_{\phi\psi}$ - $\sin^2\psi$ 关系曲线有良好线性或测量精度要求不高的情况。为了减小偶然误差，可在每个方位上测量两次或更多次，取其平均值。在固定 ψ 法的 $0°$ - $45°$ 法中，$\Delta\sin^2\psi = \sin^2 45° - \sin^2 0° = 0.5$，则应力计算公式可简化为

$$\sigma_\phi = 2K\Delta 2\theta_{\phi\psi} \tag{2-157}$$

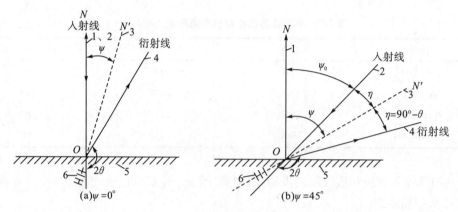

图 2-58　固定 ψ_0 法

1-样品表面法线；2-入射线；3-应力 ε_ϕ（衍射晶面法线）；4-衍射线（记数器接受）；5-样品；6-衍射晶面

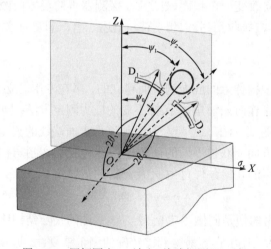

图 2-59　同倾固定 ψ_0 法（双线阵探测器 ω 法）

OZ—O 点试样表面法线；OX—应力方向；ψ_0—X 射线入射角；D_1—左线阵探测器；$2\theta_1$—左线阵探测器测得的衍射角；ψ_1—$2\theta_1$ 对应的衍射晶面方位角；D_2—右线阵探测器；$2\theta_2$—右线阵探测器测得的衍射角；ψ_2—$2\theta_2$ 对应的衍射晶面方位角

（2）$\sin^2\psi$ 法。

$2\theta_{\phi\psi}$ 测量中必然存在偶然误差，故用两点法会影响测量精度。为此，可取几个 ψ 方位进行测量（一般 $n \geqslant 4$），然后用作图法或最小二乘法求出 $2\theta_{\phi\psi}$ - $\sin^2\psi$ 关系直线的最佳斜率 M，根据 $M = \dfrac{\Delta 2\theta_{\phi\psi}}{\Delta\sin^2\psi}$ 得出 $2\theta_{\phi\psi} - \sin^2\psi$ 关系的直线方程：

$$2\theta_{\phi\psi} = 2\theta_{\psi=0^\circ} + M \sin^2 \psi \qquad (2\text{-}158)$$

按最小二乘法原则，其 M 值为

$$M = \frac{\sum_{i=1}^{n}(2\theta_{\phi\psi})_i \sum_{i=1}^{n} \sin^2 \psi_i - n \sum_{i=1}^{n}\left[(2\theta_{\phi\psi})_i \cdot \sin^2 \psi_i\right]}{\left(\sum_{i=1}^{n} \sin^2 \psi_i\right)^2 - n \sum_{i=1}^{n} \sin^4 \psi_i} \qquad (2\text{-}159)$$

$\sin^2 \psi$ 法中，ψ_i 或 ψ_{0i} 过去一般取 0°、15°、30° 和 45°，但这种取法其 $\sin^2 \psi$ 的分布不均匀，现在固定 ψ 法中 ψ_i 常取 0°、25°、35° 和 45°；固定 ψ_0 法可按 θ_0 估算合适的 ψ_{0i} 取值。在用计算机处理数据时，还可取更多的测点以提高 M 的精确度。

2. 侧倾法

同倾法也存在一定的缺点。第一，其 2θ 角与 ψ 角共面，互占空间，对于衍射角稍低的材料，测试中的 ψ 角会受到一定的限制。第二，由于在同倾固定 ψ_0 法的几何条件下，衍射线在物质中的穿越路程变化较大，吸收因子的影响显著，衍射峰明显倾斜，而且吸收因子与 ψ 角密切相关，故必须进行背底校正和吸收校正。第三，测定衍射峰的全形需一定的扫描范围（决定峰宽），且计数管不可能接收与试样表面平行的衍射线，故实际允许的变化范围还要小些。当待测件形状复杂，如需测定转角处的切向应力时，如图 2-60，方位角的变化还受到工件形状的限制，当 ψ 角较大时，衍射线被试样吸收，以致无法用同倾法测量应力。加之在衍射峰漫散射的情况下，背底校正和吸收校正难以准确。1959 年德国学者沃尔夫斯提克发明了侧倾法，在欧洲通常称为 ψ 法。

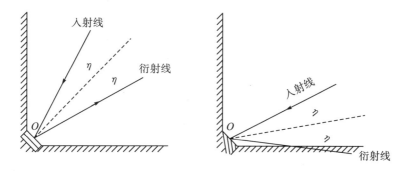

图 2-60　工件转角处的应力测定

侧倾法的特点是测量方向（应力方向 ψ 平面）与扫描平面（2θ 平面）垂直。在测定过程中，2θ 平面绕 χ 轴相对转动（图 2-61），它与试样表面法线之间形成的倾角即 ψ 角。需注意，为了保证衍射晶面法线居于垂直于试样表面的平面内，相对于 ψ 平面而言，入射线应偏置一个负 η_0 角，而探测器的中心接收线则应当偏置一个正 η_0 角，这就是说对于不同的名义衍射角，仪器测角仪上的 X 射线管和线阵探测器必须正确地分别设置正负 η_0 角，入射线与中心接收线的夹角为 $2\eta_0$。所以这种方法又可称为固定 $2\eta_0$ 侧倾法。国产新仪器的软硬件正是按照这样的原理设计的。

侧倾法中，计数管在垂直于测量方向的平面上扫描，ψ 的变化不受衍射角大小的限制，而只决定于待测试件的形状空间；对平整表面试件，其 ψ 的变化范围理论上可接近 90°。显然，侧倾法确定 ψ 方位的方式属于固定 ψ 法，选取方位角的方式亦可为两点法及 $\sin^2\psi$ 法，其应力计算公式与同倾法完全相同。

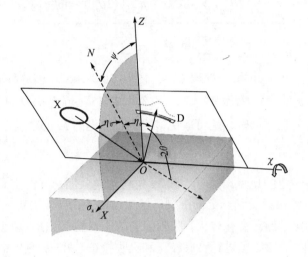

图 2-61　设置负 η_0 角的侧倾法

OZ—O 点试样表面法线；ON—衍射晶面法线；OX—应力方向；X—X 射线管；D—线阵探测器；
η_0—参考无应力状态的 η 角；2θ—衍射角；χ—2θ 平面转轴；ψ—衍射晶面方位角

1）侧倾法（χ 法）

该法的特点是衍射峰的吸收因子作用很小，有利于提高测定精度；2θ 范围与 ψ 范围可以根据需要充分展开；对于某些材料，需要时可以使用峰位较低的衍射线（例如峰位在 145° 之下）测定应力；对于某些形状的工件或特殊的测试部位具有更好的适应性。但是由于该方法的 2θ 平面与 ψ 平面相垂直，测试需要一个立体的空间，因此难以适应某些空间狭小部位的测试。

若在具有水平测角仪的衍射仪上用侧倾法，则需有可绕水平轴转动的试样架，以完成 ψ 转动，在一定的 ψ 倾角下，计数管与试样架（置于衍射仪轴上）作 $2\theta-\theta$ 扫描，以测定衍射角。由于侧倾法具有可测量复杂形状工件的表面残余应力、可利用较低角度衍射线进行应力测定（在高角度区无精度衍射的情况下）以及测量精度高（属于固定 ψ 法）等优点，在专用的 X 射线应力仪上对复杂的工程零件或构件实现侧倾法测定的设备已很普遍。这种设备要求测角头（安装 X 射线管及计数管）能做 ψ 转动。

2）双探测器侧倾法

图 2-62 为双探测器侧倾法几何布置示意图（典型仪器如芬兰 XSTRESS3000）。在 2θ 平面里入射线在垂直于试样表面的 OXZ 平面内，而两个线阵探测器 D_L 和 D_R 对称地分布于入射线 NO 两侧。值得注意的是，在此情况下衍射晶面法线 ON_L 和 ON_R 并不在 OXZ 平面内，入射线以及 2θ 平面与试样表面法线的夹角为 ψ_0 角（或称 χ 角）而非 ψ 角。在绕 χ 轴改变 ψ_0 角的过程中，对应于左右两个探测器的衍射晶面法线的轨迹分别构成圆锥面。

在图 2-62 的几何条件下：

$$\psi = \arccos(\cos\psi_0 \sin\theta) \tag{2-160}$$

取两个探测器测得的应变的平均值，用于计算其对于 $\sin^2\psi_0$ 的斜率，修正后方可得到正确的应力值。设两个探测器测得的应变分别为 ε_l 和 ε_r，则图 2-62 中 O 点 X 方向正应力为

$$\sigma_x = \frac{1}{\cos^2\eta_0}\cdot\frac{1}{1/2\,S_2}\cdot\frac{\partial(\varepsilon_l+\varepsilon_r)/2}{\partial\sin^2\psi_0} \tag{2-161}$$

而 σ_x 作用面的 Y 方向切应力为

$$\tau_{xy} = -\frac{1}{\sin 2\eta_0}\cdot\frac{1}{1/2\,S_2}\cdot\frac{\partial(\varepsilon_l-\varepsilon_r)/2}{\partial\sin^2\psi_0} \tag{2-162}$$

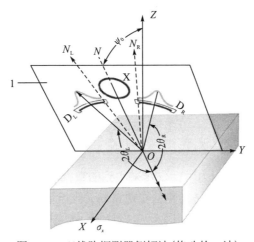

图 2-62　双线阵探测器侧倾法（修改的 x 法）

OZ—O 点试样表面法线；OX—应力方向；1—2θ 平面；X—X 射线管；D_L—左探测器；D_R—右探测器；

NO—入射线；$2\theta_L$—左探测器测得的衍射角；$2\theta_R$—右探测器测得的衍射角；

ON_L—左衍射晶面法线（对应于 $2\theta_L$）；ON_R—右衍射晶面法线（对应于 $2\theta_R$）

3）侧倾固定 ψ 法

该法是侧倾法与固定 ψ 法的结合（典型仪器为国产 X-35A 型）。如图 2-63 所示，其几何特征是 2θ 平面与 ψ 平面保持垂直；在 2θ 平面里，X 射线管与探测器对称分布于 ψ 平面两侧并指向被测点 O，二者作同步相向扫描（即 θ-θ 扫描）。这样，在扫寻峰过程中衍射晶面法线始终固定且处于 ψ 平面内。该方法除兼备上述侧倾法和固定 ψ 法的特征之外，还有吸收因子恒等于 1，因而衍射峰的峰形对称，背底不会倾斜，在无织构的情况下衍射强度和峰形不随 ψ 角的改变而变化，有利于提高定峰精度。

4）摆动法

该法是在探测器接收衍射线的过程中，以每一个设定的 ψ 角（或 ψ_0 角）为中心，使 X 射线管和探测器在 ψ 平面内左右回摆一定角度（$\pm\Delta\psi$ 或 $\pm\Delta\psi_0$）的应力测定方法。这种方法客观上增加了材料中参加衍射的晶粒数，是解决粗晶材料应力测定问题的近似处理方法。在上述所有方法的基础上均可增设摆动法，摆角 $\Delta\psi$ 或 $\Delta\psi_0$ 一般不超过 6°，另外也可采取样品平面摆动法以及沿德拜环摆动法。

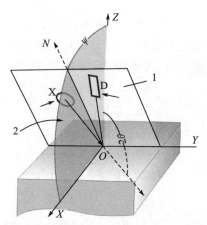

图 2-63　侧倾固定 ψ 法(θ-θ 扫描 ψ 法)

OZ—试样表面法线；*OX*—应力方向；*ON*—衍射晶面法线；X—X 射线管；D—探测器；1—2θ 平面；2θ—衍射角；2—ψ 平面(应力方向平面)；*OY*—2θ 平面转轴。注：在 2θ 平面里，X 射线管与探测器对称分布于 ψ 平面两侧并指向被测点 *O*，二者作同步、等步距相向或相反扫描(即 θ-θ 扫描)

2.5.3.4　宏观应力测定中的几个问题

在利用衍射仪测定残余应力时，仪器采集到的数据是衍射强度 I(或计数)沿一定范围的反射角 2θ 的分布曲线，需要进行包括扣除背底、强度因子校正、$K_{\alpha 1}$ 与 $K_{\alpha 2}$ 分峰、定峰等数据处理，还需进行应力值计算和不确定度计算。也可先将衍射曲线进行二次三项式拟合，然后进行上述数据处理。

1. 背底校正

衍射峰的背底是一些与测量所用的布拉格衍射无关的因素造成的，其中包括康普顿散射、漫散射、荧光辐射等，这些因素都受吸收的影响，其中某些因子的数值还随 $\sin\theta / \lambda$ 值的增大而增大。扣除背底是提高定峰和应力测量准确性的必要步骤之一。

研究表明，背底是一条起伏平缓的曲线，可以用一个三元一次方程描述。通常都倾向于把它当作一条直线对待，实验证明这样的近似处理对于现行的测量准确度要求来说是可行的。为了扣除背底，首先要合理选取扫描起始角和终止角，使衍射曲线两端都出现一段背底。一般扣除背底的做法为：在曲线的前后尾部，从两个端点开始，分别连续地取若干个(一般不少于 5 个)点，然后将这些点按最小二乘法拟合成一条直线作为整条衍射曲线背底；接着将所测得的衍射峰各点的计数减去该点对应的背底数值，即得到一条无背底的衍射曲线。

如果衍射曲线不是一个孤立的衍射峰，所选用的衍射峰的背底与其他衍射峰有一定程度的重叠，则不宜轻易扣除背底，否则会造成大的偏差。

2. 强度因子校正

根据 X 射线衍射强度理论，与接收角 2θ 及 ψ 角有关的强度因子包括洛伦兹偏振因子 $LP(2\theta)$、吸收因子 $A(2\theta,\psi)$ 以及原子散射因数 $f(\sin\theta / \lambda)$、温度因子 e^{-2M} 等。为了正确求得仅与晶面间距有关的衍射角 2θ，应当进行强度因子校正，这也是提高定峰和应力测定准确性的必要步骤。计算表明，在应力测量用到的 2θ 范围以内，原子散射因数和温度因子随 2θ 变化很微小，可以忽略不计；而洛伦兹偏振因子 $LP(2\theta)$ 尽管影响峰位，却与 ψ 无关，所以在应力测定中也可以不加考虑；这样，最主要的就是吸收因子 $A(2\theta,\psi)$。所以在实行同倾法时，计算程序中必须加入吸收因子校正。侧倾固定 ψ 法吸收因子恒等于 1，无需校正。

3. 衍射峰位置的确定

衍射线位移是测定宏观应力的依据，因而衍射峰位置（2θ）的准确测定直接决定应力测量的精度。

早期采用比较多的是半高宽法、抛物线法和重心法等，后来有一种确定峰位差的方法——交相关法，逐渐引起用户的广泛关注。还有人主张把衍射曲线人为拟合成某种钟罩型函数曲线，然后再确定峰位。其实从物理本质上来讲，衍射曲线未必符合人们创造的某种钟罩型函数；我们认为以衍射所得的数据为样本，对其进行滚动的二次三项式拟合，相当于进行一定程度的平滑处理，部分地消除随机波动，由此得到的曲线应该更加接近衍射曲线的本来面貌，在此之后再采用不同的方法定峰更加合理。

各种方法都是人为制定的，不能肯定哪一种方法更正确，但可以说在各种不同情况下哪一种方法更合适。

1）半高宽法

在衍射曲线（计数 I—接收角度 2θ）上，将扣除背底并进行强度因子校正之后的净衍射峰最大强度 1/2 处的峰宽中点所对应的横坐标（角度）作为峰位。日本材料学会颁布的 X 射线应力测定法标准最早把半高宽法规定为标准的定峰方法。这种方法带有人为因素，但是它的优点是定峰重复性好，见图 2-64。

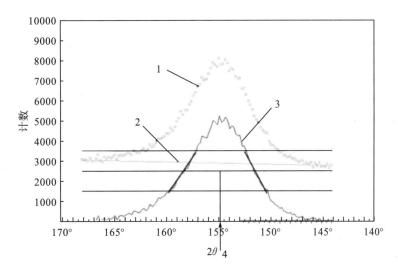

图 2-64　半高宽法定峰示意图

1-原始衍射曲线；2-背底线；3-扣除背底的净衍射峰；4-峰位

2) 抛物线法

把净衍射峰顶部(峰值强度 80% 以上部分)的点，用最小二乘法拟合成一条抛物线，以抛物线顶点的横坐标值作为峰位，见图 2-65。

如果不对衍射曲线进行 $K_{\alpha1}$、$K_{\alpha2}$ 分峰处理，由于不同 ψ 角的衍射曲线 $K_{\alpha1}$、$K_{\alpha2}$ 衍射峰的融合程度有所区别，采用抛物线法定峰会带来系统误差。仅在材料衍射峰有所宽化，$K_{\alpha1}$、$K_{\alpha2}$ 衍射峰不发生分裂，并且进行背底校正、吸收因子校正之后，采用抛物线法才是比较适用的。

3) 重心法

截取净衍射峰峰值的 20%～80% 之间部分，将之视为一以封闭几何图形为轮廓的厚度均匀的板形物体，求出这个物体的重心，将其所对应的横坐标作为峰位，见图 2-66。

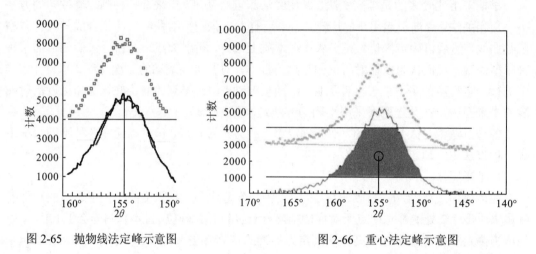

图 2-65　抛物线法定峰示意图　　　　　　　图 2-66　重心法定峰示意图

选取净衍射峰峰值的 20%～80% 之间的部分进行计算，对于提高重心法定峰精度具有明显效果。这是因为峰顶和靠近背底的峰基部分往往存在较为明显的计数波动；峰基部分虽然数值较低，但是距离重心比较远，相当于杠杆臂较长，放大了计数波动对定峰精度的负面影响。

4) 交相关法

交相关法是一种计算属于不同 ψ 角的衍射峰的峰位之差的方法。设 ψ_1 衍射曲线为 $f_1(2\theta)$，ψ_2 的衍射曲线为 $f_2(2\theta)$，构造一个交相关函数 $F(\Delta 2\theta)$，见图 2-67。

$$F(2\theta) = \sum_{i=1}^{n} f_1(2\theta) \cdot f_2(2\theta + \Delta 2\theta) \qquad (2\text{-}163)$$

式中，n 为步进扫描总步数；$\Delta 2\theta = k \cdot \delta$，$k = 0, \pm 1, \pm 2, \cdots$，$\delta$ 为 2θ 扫描步距。

利用最小二乘法将 $F(\Delta 2\theta)$ 分布曲线的顶部作二次三项式拟合，求得该曲线极大值所对应的横坐标值 $\Delta 2\theta$，此即 $f_2(2\theta)$ 对 $f_1(2\theta)$ 的峰位之差。

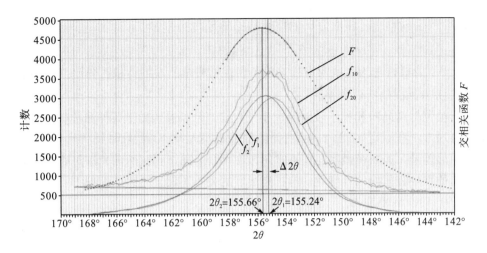

图 2-67　交相关法定峰示意图

f_{10}—对应于 ψ_1 的原始衍射峰；f_1—对应于 ψ_1 经过扣除背底、吸收校正、平滑处理衍射峰；f_{20}—对应于 ψ_2 的原始衍射峰；

f_2—对应于 ψ_2 经过扣除背底、吸收校正、平滑处理衍射峰；F—交相关函数分布曲线；$2\theta_1$—对应于 ψ_1 的衍射峰位角；

$2\theta_2$—对应于 ψ_2 的衍射峰位角；$\Delta 2\theta$—ψ_1 与 ψ_2 衍射峰的峰位差

4. 试样及其表面处理

1）试样及其材料特性

X 射线应力测定是基于 X 射线衍射学和弹性力学。X 射线衍射学要求研究对象是晶体材料，而弹性力学对所研究介质的基本假设是均匀、连续和各向同性。所以本方法原则上只适用于具有足够结晶度，在特定波长的 X 射线照射下能得到连续德拜环的晶粒细小、无织构的各向同性的多晶体材料。在下列条件下本方法存在局限性：试样表面或沿层深方向存在强烈的应力梯度；材料存在强织构；材料晶粒粗大；材料为多相材料；衍射峰重叠；衍射强度过低；衍射峰过分宽化。

为测量和计算残余应力，需要获得试样材料的如下参数：材料中主要相的晶体类型和衍射晶面指数，X 射线弹性常数或应力常数，试样材料的成分和微观组织结构，材料或零部件的工艺历程，特别是其表面最后的工艺状态。

使用 X 射线应力测试仪器原则上可对各种形状、尺寸和重量的零部件或试样进行测试。但是依据实际情况有如下规定：所选择的测试位置应具备测试所需的空间和角度范围；截取的试样最小尺寸，应以不导致所测应力的释放为原则；零件的最小尺寸，应以能获得具有一定衍射强度和一定峰背比的衍射曲线为原则；一个测试点的区域宜为平面；如遇曲面，针对测试点处的曲率半径，宜选择适当的 X 射线照射面积，以能将被照射区域近似为平面为原则；在需要将试样夹紧在工作台上的情况下，应保证不因夹持而在测试部位产生附加应力。

根据应力测定基本原理，要求在 X 射线照射区域以内的材料是均匀的，故应尽量选取成分和组织结构同质性较高的区域作为测试点，并注意不同的 ψ 角下 X 射线的穿透深度不同，考虑成分和组织结构沿层深的变化。

对于多相材料，在各相的衍射峰互不叠加的前提下，分别测定各相应力 σ_i，则总的残

余应力 $\sigma^{overall}$ 由材料中各相应力 σ_i 的贡献共同确定：

$$\sigma^{overall} = \sum_{phases} x_i \sigma_i \qquad (2\text{-}164)$$

式中，$\sigma^{overall}$ 为材料总的残余应力；x_i 为 i 相在材料中所占的体积百分比；σ_i 为 i 相的应力，由其 $\{hkl\}$ 晶面的衍射测得。

关于被测材料晶粒和相干散射区大小的判定，可以参考如下条件和数据：①选定测试所需光斑尺寸，在固定 ψ 或 ψ_0 的条件下，任意改变几次 X 射线照射位置，所得衍射线形不宜有明显差异，其净峰强度之差不宜超过 20%。②选定测试所需光斑尺寸，使用专用相机拍摄的德拜环宜呈均匀连续状。③在测试点的大小不属于微区的情况下，材料的晶粒尺寸宜在 $10\sim100\mu m$ 范围内。

关于被测材料的织构度，判断的依据是：如对应于各个 ψ 角的衍射峰积分强度，其最大值和最小值之比大于 3，则可判定材料的织构较强。

测定涂层的残余应力，应以涂层材料和基体材料的衍射峰不相互重叠为前提条件，并注意涂层材料的弹性常数值与块状材料未必相同。

2）试样的表面状态及处理方法

试样测试点的表面状态，对于实验目的而言应具有代表性。X 射线衍射测试应力时必须避开无关的磕碰、划伤痕迹和异物。试样粗糙度 Ra 宜不大于 $10\mu m$。

表面处理的基本原则为应尽量避免施加任何作用，以维持与测试目的相一致的原有应力状态。在被测点有氧化层、脱碳层或油污、油漆等物质的情况下，可采用电解抛光的方法或使用某种有机溶剂、化学试剂加以清除。在此应注意防止因某种化学反应腐蚀晶界或者优先腐蚀材料中的某一相而导致局部应力松弛。当在所选择的测试部位表面粗糙度过大或者存在无关的损伤及异物，需要使用砂轮或砂布打磨的情况下，应在打磨之后采用电解或化学抛光的手段去除打磨影响层；然而需知此时测得的应力可能与原始表面有所不同。

3）测定应力沿层深分布的试样处理方法

研究喷丸强化、各种表面处理问题时，通常都十分关注残余应力沿层深的分布。应力沿层深分布的函数关系可通过若干次交替进行电解（或化学）剥层和应力测定的办法求得。在某些情况下利用 X 射线穿透深度的变化，例如使用不同波长的 X 射线或使试样倾斜不同的角度，也可以得到应力沿深度方向分布的参考数据。

剥层应当采用电解抛光或化学腐蚀的方法。如果需要进行深度剥层，也可使用机械（包括手工研磨）或电火花加工的方法，但是在此之后还应经过电解抛光或化学腐蚀的方法去除因这些加工而引入的附加残余应力。严格考虑，电解抛光或化学腐蚀也有可能引起应力松弛，其原因包括原表面应力层的去除，表面粗糙度的变化，表面曲率的变化或者晶界腐蚀等。

如果是试样整体剥层，或者相对于整个试样体积而言去除材料的体积比较大，在计算原有应力场时需要考虑应力重新分布的因素。如果只对试样进行局部剥层，并对剥层面积加以合理限制（如规定剥层面积与整个试样表面积之比、剥层面积与 X 射线照射面积之比、限制剥层深度等），特别是在有行业规定的情况下，允许不考虑电解或化学剥层引起的应力松弛。

　　剥层的厚度应使用相应的量具测定。对于非平面和粗糙度较大的测试区域，如果剥层改变了原来的曲率和粗糙度，建议记载实际状况以备参考。

　　4) 大型或复杂形状工件的测试及表面处理方法

　　对于大型和形状复杂的工件，可使用合适的大型支架或专用工装将测角仪对准指定的待测部位进行测试，尽量避免切割工件。如果必须切割工件，则应尽量避免改变被测部位原有的应力状态。切割工作可遵循如下规定。

　　(1) 不宜使用火焰切割。

　　(2) 使用电火花线切割或机械切割时，应尽量加强冷却条件，减少切割所导致的温升。

　　(3) 测量部位应尽量远离切割边缘，以减小垂直于切割边缘方向上应力松弛的影响，建议测量部位至切割边缘的距离大于工件该处的厚度。

5. 测量条件的选择

　　1) 测定方法的选择

　　参考前述各种测量方法的要义和特点，依据被测点所处的空间条件和待测应力方向，选择的测定方法应保证测角仪的动作不受干涉。

　　在空间条件允许的情况下，可以选择 X 射线吸收因子影响较小的侧倾法，甚至是吸收因子恒等于 1 的侧倾固定 ψ 法，这样有利于提高定峰精度。需要指出的是，采用双探测器侧倾法，吸收因子校正是必需的，而且应注意吸收因子的计算与同倾法并不相同。

　　在衍射角较高、允许的 ψ 角范围足以满足测定精确度要求的前提下，也可选择对标定距离设置误差的宽容度较大的同倾法，可以获得较好的测量重复性；特别是对于某些零件类似沟槽的部位，若要测沿沟槽方向的应力，只能采用同倾法。

　　对于晶粒粗大的材料可选择摆动法。

　　2) 定峰方法的选择

　　选择定峰方法的原则是：在能够得到完整的钟罩型衍射曲线的条件下，可选择交相关法、半高宽法、重心法、抛物线法或者其他函数拟合法。尽量选择利用原始衍射曲线数据较多的方法有利于提高定峰精度。

　　在采用侧倾固定 ψ 法或使用线阵探测器的固定 $2\eta_0$ 侧倾法的前提下，如果因为某种原因无法得到完整衍射曲线而只能得到衍射峰的主体部分，或者衍射峰的背底受到材料中其他相衍射线的干扰，则作为近似处理，可不扣背底，而采用抛物线法或"有限交相关法"定峰，同时注意合理选择取点范围，尽量避免背底的干扰。

　　需注意，在一次应力测试中，对应于各 ψ 角衍射曲线的定峰方法应是一致的。

　　3) 照射面积的选择

　　照射面(X 射线光斑)的形状和面积大小取决于所选用的入射准直管的直径或入射光阑狭缝的长宽尺寸。

　　选择 X 射线光斑大小应当根据测试目的、应力分布梯度和试样测试部位的曲率半径而定。

　　如果指定测试试样上某一小区域的应力，那么照射面积就应该不大于这个小区域。如果需要测试某一区域的应力分布云图，可以根据期望的云图分辨率来确定光斑大小。

对于表面应力分布梯度较为平缓且曲率半径较大的试样，可选用适当的、较大的照射面积，这样容易得到稳定可靠的测量结果；如果在某一方向(例如焊缝的横向)上应力分布梯度较大，可以采用矩形光斑，缩小这个方向上的光斑尺寸，而另一方向上适当放宽，以保证获得足够的衍射强度。

对于曲率半径比较小的试样，应采用较小的光斑，保证在设定的 ψ 和 2θ 范围内入射和反射的 X 射线不被弧形测试面本身部分遮挡，并且以能将被照射区域近似为平面为原则。一般认为，光斑直径宜不大于测试点曲率半径的 0.4 倍。

4) 辐射、衍射晶面和应力常数的选择

依据布拉格定律，针对试样材料的晶体结构，合理确定辐射和衍射晶面，力求在测试设备允许的范围内得到孤立的、完整的，强度较高、峰位较高、峰背比较好的衍射峰，这是正确进行 X 射线应力测定的第一要务。

由 $k = -\dfrac{E}{2(1+\nu)} \cdot \dfrac{\pi}{180} \cot\theta_0$ 可知，当反射晶面 (hkl) 与 λ 一定，则 k 值取决于 E 和 ν 值，其反映的是多晶体材料的宏观(平均)性能，而多晶体中各晶粒的性能是各向异性的。以 $\alpha - Fe$ 为例，工程用钢的 $E = 210\text{GPa}$；但 $\alpha - Fe$ 单晶 [111] 方向 [(111) 面法线方向] 和 [100] 方向的弹性常数则分别为 $E_{111} = 290\text{GPa}$ 和 $E_{100} = 135\text{GPa}$。X 射线测定应力时测量的是选定晶面 (hkl) 法线方向上的应变，因而计算 σ_ϕ 时采用工程用 E 和 ν 值原则上说不恰当。

X 射线应力测定所用 k 值可事先通过实验测定，基本原理是在已知应力情况下(如制作与待测工件或样品材料及处理状态相同的等强度梁，通过加载产生已知数值的应力)，用 X 射线测量应变并求得 M 值，然后由 $k = \sigma_\phi / M$ 可得相应 (hkl) 面法线方向的 k 值。当无数据可查或当无条件进行实验测定时，特别是对各向异性不强烈的材料或者只对应力变化感兴趣时，也可考虑用工程 E 和 ν 值计算 k 值，对于碳钢，日本材料学会推荐使用弹性常数： $(1+\nu)/E = 5.731 \times 10^{-12}\text{m}^2/\text{N}$ 。

表 2-8 给出常用材料的晶体结构、推荐使用的辐射和衍射晶面，并给出相应的衍射角 2θ、X 射线弹性常数 $\dfrac{1}{2}S_2$ 和 S_1 及应力常数 K，以供参考。对于某些不同成分的合金、陶瓷以及表中未列出的材料，其 X 射线弹性常数或应力常数可以查阅资料进行计算，也可通过实验求出。

表 2-8　常用材料晶体结构、辐射、滤波片、晶面、衍射角与应力常数表

材料	晶体结构	辐射	滤波片	衍射晶面	重复因子	2θ	$\dfrac{1}{2}S_2$ $/10^{-6}\text{mm}^2\text{N}^{-1}$	S_1 $/10^{-6}\text{mm}^2\text{N}^{-1}$	K/MPa	$Z_0/\mu\text{m}$
铁素体钢及铸铁	体心立方	CrK_α	V	{211}	24	156°	5.81	-1.27	-318	5.8
奥氏体钢	面心立方	MnK_α	Cr	{311}	24	152°	7.52	-1.80	-289	7.2
		CrK_β				149°			-366	

续表

材料	晶体结构	辐射	滤波片	衍射晶面	重复因子	2θ	$\frac{1}{2}S_2$ /10^{-6}mm^{2}N^{-1}	S_1 /10^{-6}mm^{2}N^{-1}	K/MPa	Z_0/μm
铝合金	面心立方	CrK$_\alpha$	V	{222}	8	156°	18.56	−4.79	−97	11.5
				{311}	24	139°	19.54	−5.11	−166	11.0
		CuK$_\alpha$	Ni	{422}	24	137°	19.02	−4.94	−179	34.4
		CoK$_\alpha$	Fe	{420}	24	162°	19.52	−5.11	−71	23.6
				{331}	24	148.6°	18.89	−4.9	−130	23.0
镍合金	面心立方	MnK$_\alpha$	Cr	{311}	24	152°~162°	6.50	−1.56	−181	4.9
		CrK$_\beta$				149°~157°			−322	
		CuK$_\alpha$	Ni	{420}	24	157°	6.47	−1.55	−280	2.5
钛合金	六方	CuK$_\alpha$	Ni	{213}	24	142°	11.68	−2.83	−277	5.1
铜	面心立方	CrK$_\beta$		{311}	24	146°	11.79	−3.13	−225	
		MnK$_\alpha$	Cr			150°			−198	4.2
		CoK$_\alpha$	Fe	{400}		164°	15.24	−4.28	−82	7.1
α-黄铜	面心立方	CrK$_\beta$		{311}	24	139°	11.49	−3.62	−285	
		MnK$_\alpha$	Cr			142°			−261	
		CoK$_\alpha$	Fe	{400}		151°	18.01	−5.13	−124	7.0
β-黄铜	体心立方	CrK$_\alpha$	V	{211}	24	145°	15.10	−4.03	−180	3.5
镁	六方	CrK$_\alpha$	V	{104}	12	152°	27.83	−6.09	−78	21.3
钴	六方	CrK$_\alpha$	V	{103}	24	165°	5.83	−1.35	−192	4.5
钴合金	面心立方	MnK$_\alpha$	Cr	{311}	24	153°~159°	6.87	−1.69	−270	5.7
钼合金	立方体	FeK$_\alpha$	Mn	{310}	24	153°				1.6
锆合金	六方	FeK$_\alpha$	Mn	{213}	24	147°				2.8
钨合金	体心立方	CoK$_\alpha$	Fe	{222}	8	156°	3.20	−0.71	−569	1.0
		CuK$_\alpha$	Ni	{400}		154°	3.21	−0.71	−640	1.5
α-氧化铝	密排六方	CuK$_\alpha$	Ni	{146} {4.0.10}	12 6	136° 145°	3.57 3.70	−0.76 −0.79	−986 −739	37.4 38.5
		FeK$_\alpha$	Mn	{2.1.10}	12	152°	3.42	−0.68	−637	19.6
γ-氧化铝	立方体	CuK$_\alpha$	Ni	{844}	24	146°				38.5
		VK$_\alpha$	Ti	{440}	12	128°				8.8

注 1：表中的 X 射线弹性常数是由单晶系数按 Voigt 假设和 Reuss 假设计算获得的值的算术平均值。

注 2：表中 2θ 和 Z_0 为参考值。平均信息深度 Z_0 是指 67%的衍射强度被吸收的深度，即沿深度方向应力梯度假定为线性时的应力测量深度。

　　如果选取的 X 射线弹性常数或应力常数不正确，势必给测定结果带来系统误差。但是在对比性试验中这种系统误差一般不影响对实验结果的分析和评判。

在辐射、晶面选择方面还应当关注如下要素。

(1)一般说来，衍射峰位越高，则应力测定误差越小。在采用侧倾法的前提下，对于某些材料来说，在较高角度范围(140°以上)找不到合适的衍射峰的情况下，也可以使用角度较低的衍射峰(如在139°～124°之间)，但是不建议使用低于120°的衍射线。

(2)选择的衍射峰不宜太靠近仪器的2θ极限。应力仪的2θ范围最高限一般在170°左右，因而高于167°的衍射峰很难保证得到完整的衍射曲线。

(3)在选择辐射和晶面的时候，宜选择多重性因数较大的晶面，以避免或减弱织构的影响。以铝合金为例，使用$CrK\alpha$辐射，其(222)晶面的衍射峰在156.6°，而(311)晶面的衍射峰在139°；但是前者的多重性因数为8，而后者的多重性因数为24，所以一般选用后者进行应力测定。

(4)选择辐射宜尽可能避免试样材料产生荧光辐射，可遵循的原则是：

$$Z_{靶} \leqslant Z_{样} + 1 \tag{2-165}$$

或

$$Z_{靶} \gg Z_{样} \tag{2-126}$$

式中，$Z_{靶}$为靶材的原子序数；$Z_{样}$为试样材料的原子序数。

也可采用衍射光束单色器或使用电子式能量识别探测器消除荧光辐射。

5)ϕ角、ψ角、2θ范围和分辨率的选择

ϕ角的选择根据待测应力方向，让待测应力方向含于仪器测角仪的ψ平面之内。

ψ角的选择范围宜在0°～45°之间。更大的ψ角会导致X射线照射面积和穿透深度的较大变化。但是如果遇到原子序数较低的金属材料，或者薄膜材料，在较大的ψ角范围内进行测试是必要的。

ψ角的个数一般可以选择4个或更多。在确认材料晶粒细小无织构的情况下，可采用0°和45°或其他相差尽量大的基本上能够满足测试精度要求的两个ψ角。对于晶粒较为粗大或有一定织构度的材料，选择较多的ψ角进行测试可以提高应力测试的可信度。选择若干个ψ角的数值时，以使它们的$\sin^2\psi$值间距近似相等为宜。

对于某种状态(例如经过强力磨削)的材料，有可能发生垂直于试样表面的切应力$\tau_{13} \neq 0$或$\tau_{23} \neq 0$，或者二者均不等于零的情况；为了测定其正应力σ_ϕ和切应力τ_ϕ，除了$\psi = 0°$之外，还应对称设置3～4对或更多对正负ψ角。在ω法的情况下，建议负ψ角的设置通过ϕ角旋转180°来实现。

在应力张量分析中应至少设定3个独立的ϕ方向。如果测量前主应力方向已知，一般ϕ角取0°、45°和90°；最好在更大的范围内选择更多的独立ϕ角。在每一个ϕ角，应至少取7个ψ角，包括正值和负值。

针对选定的衍射峰，宜选择能够保证得到完整峰型的2θ范围。参考的原则是2θ范围大于衍射峰半高宽的4～5倍。所谓完整的峰型，其特征是衍射峰的前后尾部与背底线具有相切的趋势并有一定区间的重合。如果在所选2θ范围之内还有其他晶面、其他相的衍射峰，则应当重新选择，合理避开其他衍射峰的干扰。

扫描步距的选择，以能够在经过二次三项式拟合之后得到比较平滑的衍射曲线而又不

至于过分消耗测试时间为目标。一般最小步距宜不大于 0.1°。

对于使用线阵探测器的仪器而言，一般探测器所在的测角仪圆半径是固定的；但是某些型号的仪器允许调整探测器至测角仪回转中心的距离。在后一种情况下，需注意距离越大，探测器的角度分辨率越高，但是覆盖的 2θ 范围越小。在保证所测的衍射曲线完整的前提下，适当提高探测器至测角仪回转中心的距离对提高测角精度有利。但是距离变大衍射强度会有所降低是值得注意的问题。

单点探测器每步的采集时间或线阵探测器曝光时间的选择以能够得到计数足够高、起伏波动相对较小的衍射峰，而又不至于过分消耗测试时间为目标。所谓计数，即探测器在规定的时间内接收到的 X 光子数目；计数越高则随机误差越小。

6. 测试点定位

作为一台 X 射线应力测试设备，仪器指示的测试点中心、X 射线光斑中心、测角仪回转中心三者必须相重合。用户经常关注设备这三者的重合精度是保证测试结果可靠性的关键。测试点的中心应准确置于这三者重合的位置，这是 X 射线应力测定的要务之一。

测试点定位包括以下三项任务：

应力方向：试样待测应力方向应平行于仪器的应力方向平面（Ψ 平面）。

标定距离：按照仪器操作手册规定的方法，对准测角仪上指定点至测试点的规定距离。带有激光测距仪的设备能够非常准确地确定标定距离。采用双激光三角定位法也可以直观地调整标定距离。

测角仪主轴线与试样表面的垂直度：按照仪器规定的方法，或借助于垂直验具、水平仪等，调整测角仪主轴线与测试点表面法线的重合度，以保证实际的 Ψ 角或 ψ_0 角的准确度。所谓测角仪主轴线即测角仪本身 $\psi = 0$ 或 $\psi_0 = 0$ 的标志线。

某些情况下为了保持不同 Ψ 角下的照射面积不变，可使用能够阻挡入射 X 射线、其本身不产生衍射的某种薄膜材料覆盖测试小区域以外的部分。但是应保证 X 射线光斑中心与曝光面中心重合。

7. 应力值不确定度的计算

采用 $\sin^2\psi$ 测定应力时用到两个参量——ψ 和 2θ。计算中依据设定的 ψ 和测量值 2θ 采用最小二乘法求出 $\sin^2\psi$ 与 2θ 的理想直线斜率，那么各个测量值 $2\theta_i$ 与理想直线的拟合残差就是应力测定不确定度的主要来源。为此参考日本材料学会颁布的 X 射线应力测定法标准中关于误差的规定，新版国标 GB/T 7704—2017 制定了应力值不确定度的计算方法。

设 $X_i = \sin^2\psi_i$，Y_i 代表 ε_{ψ_i} 或 $2\theta_i$，M 代表 M^ε 或 $M^{2\theta}$，则应变 ε_ψ 或衍射角 $2\theta_\psi$ 对 $\sin^2\psi$ 的拟合直线关系可表达为 $A + MX_i$，A 为直线在纵坐标的截距，则有

$$A = \bar{Y} - M\bar{X} \tag{2-167}$$

式中，A 为应变 ε_ψ 或衍射角 $2\theta_\psi$ 对 $\sin^2\psi$ 的拟合直线在纵坐标的截距；$\bar{X}$ 为 $\sin^2\psi_i$ 的平均值；$\bar{Y}$ 为应变 ε_ψ 或衍射角 $2\theta_\psi$ 的平均值。

$$\overline{X} = \frac{\sum\limits_{i=1}^{n} \sin^2 \psi_i}{n} \tag{2-168}$$

$$\overline{Y} = \frac{\sum\limits_{i=1}^{n} \varepsilon_{\psi_i}}{n} \ \text{或} \ \overline{Y} = \frac{\sum\limits_{i=1}^{n} 2\theta_i}{n} \tag{2-169}$$

应变 ε_ψ 或衍射角 $2\theta_\psi$ 对 $\sin^2 \psi$ 的拟合直线斜率 M 的不确定度定义为

$$\Delta M = t(n-2,\alpha) \sqrt{\frac{\sum\limits_{i=1}^{n} [Y_i - (A + MX_i)]^2}{(n-2)\sum\limits_{i=1}^{n} (X_i - \overline{X})^2}} \tag{2-170}$$

式中，ΔM 为拟合直线斜率（M^ε 或 $M^{2\theta}$）的不确定度；$t(n-2,\alpha)$ 为自由度为 $n-2$、置信度为 $(1-\alpha)$ 的 t 分布值；n 为测试所设定 ψ 角的个数；α 为置信水平；$(1-\alpha)$ 为置信度或置信概率；X_i 为 $\sin^2 \psi_i$；Y_i 为对应于每个 ψ_i 的衍射角 $2\theta_{\psi_i}$ 测量值或计算出的应变 ε_{ψ_i}。

例如指定 $(1-\alpha)=0.75$，设定 4 个 ψ 角，查表可以得到 $t=0.8165$；进一步计算：

$$\Delta\sigma = \frac{1}{1/2 S_2} \cdot \Delta M \tag{2-171}$$

或

$$\Delta\sigma = K \cdot \Delta M \tag{2-172}$$

在这样的条件下，应力测定的不确定度应表述为：在置信概率为 0.75 的条件下，应力值置信区间的半宽度为 $\Delta\sigma$。

8. 测量结果评估

1）概略性评估

对测定结果进行概略性评估时，如因所得应力值的正负性和数量级迥然超乎人们的预期而令人质疑，则应从以下几方面进行复查。

(1) 仪器是否经过检定。

(2) 材料的相、晶面、辐射、应力常数（或 X 射线弹性常数）的匹配是否有误。

(3) 测试点的表面处理是否正确，应注意到任何不经意地磕碰、划伤或砂纸轻磨都会导致应力状态的显著变化。

(4) 照射面积是否合适。

(5) 衍射峰是否完整，是否有足够的强度和峰背比，是否孤立无叠加。

(6) 是否因为粗晶或织构问题致使 2θ - $\sin^2 \psi$ 严重偏离直线关系。

2）测定不确定度评估

如前所述，不确定度主要来源于实验数据点 $(2\theta$ - $\sin^2 \psi)$ 或 $(\varepsilon$ - $\sin^2 \psi)$ 相对于拟合直线的残差，实际上这里包含由试样材料问题引入的不确定度、由系统效应引入的不确定度和由随机效应引入的不确定度三个分量，应当进行具体分析。一般说来，在具有足够的衍射强度和可以接受的峰背比、对应于不同 ψ 角的衍射峰积分强度相差不甚明显的条件下，

如果 $\Delta\sigma$ 不超过相关规定，或者 2θ-$\sin^2\psi$ 图（或 ε-$\sin^2\psi$ 图）上的实验数据点顺序递增或递减，则不确定度的主要分量可能是由随机效应引入的，一般通过改善测试条件可减小随机效应的影响；如果改善测试条件对降低不确定度无明显效果，2θ-$\sin^2\psi$ 图上的实验数据点呈现无规则跳动或有规则震荡，则应主要考虑材料本身的因素。

(1) 由试样材料问题引入的不确定度分量。

试样材料引入的不确定度可从以下几方面分析，并采取相应手段降低置信区间半宽值。

如衍射曲线出现异常的起伏或畸形，2θ-$\sin^2\psi$ 图（或 ε-$\sin^2\psi$ 图）上的数据点呈现较大的跳动，可能是由于晶粒粗大造成的；建议采用摆动法重新测量。

如 2θ-$\sin^2\psi$ 图（或 ε-$\sin^2\psi$ 图）呈现明显的震荡曲线，但是重复测量所得各 ψ 角的衍射角 2θ 重复性尚好，震荡曲线形态基本一致，则可以确认材料存在明显织构；增加测试所选取的 ψ 角个数或许能够对测量结果的可信度有一定的作用。

观察衍射曲线是否孤立而完整，如有衍射峰大面积重叠的情况，测试结果是不可取的；在材料垂直于表面的方向有较大应力梯度，或材料中存在三维应力的情况下，如仍然按照平面应力状态进行测定和计算也会导致显著的测定不确定度。

(2) 由测定仪器系统问题引入的不确定度分量。

观测测试仪器系统引入的不确定度应从下列因素考虑：仪器指示的测试点中心、X 射线光斑中心、测角仪回转中心三者是否严格重合；衍射角 2θ 角、ψ 角的精度也会直接影响测定不确定度和应力值准确性；零应力和实验室间认证的 (ILQ) 高应力样品试验结果应能满足要求；选用光斑的大小和形状与试样表面的应力梯度、测试点处的曲率半径不相匹配，也会使测定结果产生偏差，亦属系统问题。

(3) 由随机效应引入的不确定度分量。

在衍射曲线计数较低、衍射峰宽化、峰背比较差的情况下，由随机效应引入的不确定度分量就会比较大。为减小此分量，建议选用如下措施：提高入射 X 射线强度；在测试要求和条件允许的前提下适当增大照射面积；缩小扫描步距，增加参与曲线拟合和定峰的数据点；延长采集时间，增大计数；采用摆动法。

3) 测定不确定度定量评估

针对不同行业、不同材料和不同产品的技术要求，应力值不确定度的定量评估应该是各不相同的。对于某些材料，受其晶体类型和组织结构的制约，即使产品需要达到较高的不确定度水平，而实际上也无法达到。可以想象在欧盟标准的制定过程中，关于不确定度定量评估问题会有多少意见纷争，最后给出的结论如下：

正应力不确定度的评判标准：

如果 $|\sigma| \geq \dfrac{1}{400 \cdot \frac{1}{2}S_2}$，则宜有 $\Delta\sigma \leq \dfrac{1}{1600 \cdot \frac{1}{2}S_2}$；

如果 $|\sigma| < \dfrac{1}{400 \cdot \frac{1}{2}S_2}$，则宜有 $\Delta\sigma < \dfrac{1}{5000 \frac{1}{2}S_2}$ 或者 $\Delta\sigma \leq \dfrac{1}{4}|\sigma|$（小于两者中较大者）。

切应力不确定度评判标准：

$$\Delta\tau < \frac{1}{10000 \cdot \frac{1}{2}S_2} \tag{2-173}$$

$\Delta\sigma$ 和 $\Delta\tau$ 分别为在指定置信概率之下的置信区间半宽。

以 CrK_α 辐射 $\alpha-Fe(211)$ 晶面为例，$\frac{1}{2}S_2 = 5.81\times10^{-6}\,mm^2N^{-1}$，如果 $|\sigma| \geqslant 430MPa$，则 $\Delta\sigma$ 宜 $\leqslant 107.6MPa$；如果 $|\sigma| < 430MPa$，则 $\Delta\sigma$ 宜 $\leqslant 34.4MPa$ 或 $\frac{1}{4}|\sigma|$（小于两者中较大者）。可见，这个规定应该是比较宽松的。

9. 对于应力测试设备的要求

1) 基本要求

依据 $\sin^2\psi$ 法测定应力的仪器，应配置 X 射线管和探测器；应具备确定 ϕ 角、改变 ψ 角和在一定的 2θ 范围自动获得衍射曲线的功能；应能实现标准所列测定方法之一，或兼容多种方法，满足相关的角度范围要求和整机测试精度；软件具有按照本标准规定进行数据处理、确定衍射峰位和计算应力值的功能；还应配备零应力粉末试样和观察 X 射线光斑的荧光屏。

2) X 射线管和高压系统

仪器宜配备各种常用靶材的 X 射线管以供用户选择。常用靶材包括 Cr、Cu、Mn、Co 等。

X 射线管高压系统，管压一般为 20～30kV，使用铜靶最好能达到 35kV；至于管流，以往的设备大多在 6～10mA，近年来各国的应力仪趋向低能耗和低辐射的理念，采用较小的管流，例如 1mA 乃至 0.1mA 以下。实验证明，在低功率的情况下，使用灵敏的硅探测器，适当延长曝光时间，也能得到满足要求的测试结果。当然还有另一发展方向——高功率应力仪，例如 $40kV\times40mA$，适用于衍射本领较低的材料（例如钛合金）和要求测试点非常小的情况。

根据其辐射剂量的大小，仪器应具备合适的 X 射线防护设施。

3) X 射线探测器

时至当代，X 射线探测器可分为单点接收的探测器（通过机械扫描获得衍射强度沿反射角的分布曲线）、线阵探测器（可一次获得整条衍射曲线）和面探测器（可一次获得整个或部分德拜环）。

单点探测器具有独到的优点：通过 $\theta-\theta$ 扫描或 $\theta-2\theta$ 扫描可实现固定 ψ 法，且允许采用稍宽的接收窗口实现卷积扫描，以便获得较高的衍射强度。

线阵探测器能显著节省采集衍射曲线的时间，提高测试工作效率，使多 ψ 角/正负 ψ 角测试、摆动法以及多点连续测试成为比较容易实现的实用手段。这样一来，对于有一定织构，或者晶粒较为粗大，或者可能存在三维应力的材料，应力测试的效果会有较为明显的提升。选用线阵探测器，最重要的是其适合的射线能量范围。目前所掌握的信息和实验结果表明，硅微带探测器灵敏度很高，而且具有低噪声、免维护、长寿命的特点。

4)测角仪

测角仪是应力测定仪器的测量执行机构，包括 X 射线管和探测器，具备确定 ϕ 角、改变 ψ 角和在一定的 2θ 范围自动获得衍射曲线的功能。作为用户，应当关注测角仪的如下指标和性能。

(1)2θ 回转中心、ψ 回转中心、X 射线光斑中心、仪器指示的测试点中心四者应重合。

(2)接收反射线的 2θ 总范围，一般高角不小于 $167°$，低角宜不大于 $143°$；某些专用测试装置不受此角度范围的限制。

(3)线阵探测器本身覆盖的 2θ 宽度取决于线阵的长度和接收面至测试点的距离。距离小，则覆盖角度范围大，但是分辨率会比较低(数据点的角度间隔较大)；反之距离大则范围小，而分辨率会比较高。有些仪器允许用户自行调节探测器至测试点的距离，需要注意的要点是：距离不可太大，要保证获得完整衍射峰，使探测器覆盖的角度范围大于衍射峰半高宽的 4 倍或 5 倍；距离亦不可太小，2θ 最小分辨率宜不大于 $0.05°$，适当增大距离，提高分辨率，有利于提升测试精度。

(4)ψ_0 角或 ψ 角的范围一般宜设为 $0°\sim45°$，一般大于 $45°$ 并不可取，因为那样 X 射线照射面积和穿透深度的变化会比较明显。针对特定条件的专用装置允许采用特定的 ψ 角。

(5)应具备用以指示测试点和应力方向的标志。

(6)应有明确的标定距离——测角仪回转中心至测角仪上指定位置的径向距离，并应具备调整距离的装置和手段。

(7)应有 ψ_0 角或 ψ 角的指示，并应具备校准 ψ_0 角或 ψ 角的装置和手段，ψ_0 角或 ψ 角的设置精度应在 $\pm0.5°$ 范围内。

(8)X 射线管窗口宜装备用以选择光斑形状和尺寸的不同规格的狭缝或准直器。

(9)应配备 K_β 辐射滤波片。

5)设备的检定

设备应定期检定。设备的机械或者电子器件有重要变化之后，也必须对设备重新进行检定。设备的检定宜使用无应力试样，以 LQ(一个实验室内)或 ILQ(多个实验室之间)应力参考样品进行。一个 ILQ 应力参考样品的获得需要通过至少五个实验室的循环测试比对才能确认。

参考 ASTM E915-2010 和 BS-EN-15305-2008，对于无应力铁粉，使用 CrK_α 辐射和 (211)晶面，仪器连续测试不少于 5 遍，所得应力平均值应在 $\pm14MPa$ 以内，其标准差宜不大于 7MPa；如果标准差超过 14MPa，则应调整仪器或测量参数。

等强度梁试验可作为检验仪器测定准确度的另一手段。依据仪器对等强度梁加载状态测试所得的应力值 σ_x，和载荷应力 σ_p 与其残余应力 σ_r 的代数和 $(\sigma_p + \sigma_r)$ 的偏差 $\left|\sigma_x - \left(\sigma_p + \sigma_r\right)\right|$ 的大小，可判定仪器是否合格；评判标准可参考对无应力铁粉试验结果的要求。建议采用 40Cr 钢制作梁体，试验应满足如下条件。

(1)CrK_α 辐射，(211)晶面，$\frac{1}{2}S_2 = 5.81\times10^{-6}$ mm^2/N，或 $K=-318MPa/(°)$。

(2)加载用砝码质量符合计量标准。

(3)执行本标准规定的方法进行测定。

(4)梁体的装卡位置方向应正确且稳固牢靠。

(5)梁体经过调质、矫直和充分的去应力退火，然后采用电解或化学抛光去除表面氧化层。

(6)测试点应确定在梁体的中心线上，离装卡线的距离大于梁体厚度的 3 倍。

(7)应力方向与中心线一致。

(8)梁体中心线为主应力方向。

(9)采用与待测应力工件的材质工艺完全相同的材料制作等强度梁。

等强度梁的尺寸和安装方式如图 2-68 所示。

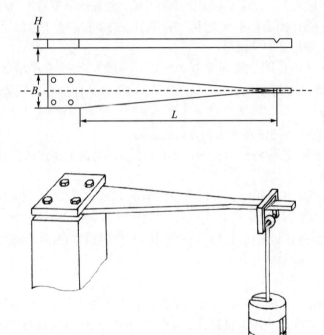

图 2-68　等强度梁的尺寸和加载方式

如果载荷为 P，则等强度梁上的载荷应力 σ_p 按下式计算：

$$\sigma_p = \frac{6L}{B_0 H^2} P = GP \tag{2-174}$$

例如，假定梁体尺寸为：$L=300\text{mm}$，$B_0=50\text{mm}$，$H=6\text{mm}$，计算得 $G=1/\text{mm}^2$。

加载用的砝码应校准。测试点应当确定在梁体的中心线上远离边界条件的某一点，应力方向与中心线一致，并事先通过检测确认梁体中心线为主应力方向。

假定测试点的残余应力为 σ_r，则载荷应力与残余应力的代数和 $\sigma_{P_i} + \sigma_r$ 与 X 射线应力测定所得的斜率 M_j 成正比，即

$$\sigma_{P_i} + \sigma_{\mathrm{r}} = K M_j \tag{2-175}$$

一般表述为

$$\sigma_{P_i} = K M_j - \sigma_{\mathrm{r}} \tag{2-176}$$

式中，σ_{r} 和 K 为未知数。这是个直线方程，K 为直线的斜率。对此式求导，得

$$K = \frac{\partial \sigma_p}{\partial M_j} \tag{2-177}$$

施加一系列不同的载荷 P_i，计算出相应的载荷应力 σ_{P_i}，使用合格的 X 射线应力测定仪，按照本标准规定的的方法，分别测定斜率 $M_i^{2\theta}$ 和 M_i^{ε}。

$$M_i^{2\theta} = \frac{\partial 2\theta_{\phi\psi}}{\partial \sin^2 \psi} \tag{2-178}$$

$$M_i^{\varepsilon} = \frac{\partial \varepsilon_{\phi\psi}}{\partial \sin^2 \psi} \tag{2-179}$$

则应力常数为

$$K = \frac{\sum\limits_{i=1}^{n} \sigma_{P_i} \cdot \sum\limits_{i=1}^{n} M_i^{2\theta} - n \sum\limits_{i=1}^{n} \left(\sigma_{P_i} \cdot M_i^{2\theta} \right)}{\left(\sum\limits_{i=1}^{n} M_i^{2\theta} \right)^2 - n \sum\limits_{i=1}^{n} \left(M_i^{2\theta} \right)^2} \tag{2-180}$$

X 射线弹性常数为

$$\frac{1}{2} S_2 = \frac{\left(\sum\limits_{i=1}^{n} M_i^{\theta} \right)^2 - n \sum\limits_{i=1}^{n} \left(M_i^{\theta} \right)^2}{\sum\limits_{i=1}^{n} \sigma_{P_i} \cdot \sum\limits_{i=1}^{n} M_i^{\theta} - n \sum\limits_{i=1}^{n} \left(\sigma_{P_i} \cdot M_i^{\theta} \right)} \tag{2-181}$$

2.5.4 X 射线衍射分析在其他方面的应用

1. 晶体结构分析

我们知道，单晶体的形状和大小决定了衍射线条的位置，即 $\theta(2\theta)$ 角的大小；晶体中原子的排列及数量，则决定了该衍射线条的相对强度。因此，晶体的结构决定了该晶体的衍射花样，故而我们可以由晶体的衍射花样，采用尝试法来推断晶体的结构。从目前 X 射线衍射实验手段来看，测定晶体结构可采用多晶法和单晶法两种。多晶法样品制备、衍射实验设备和数据处理简单，但只能测定简单或复杂结构的部分内容；单晶衍射法的样品制备、衍射实验设备和数据处理复杂，但可测定复杂结构。

所谓 X 射线衍射晶体结构测定，首先就是要通过 X 射线衍射实验获得数据，根据衍射线的位置（θ 角），对每一条衍射线或衍射花样进行指标化，以确定晶体所属晶系，推算出单位晶胞的形状和大小；其次，根据单位晶胞的形状和大小，晶体材料的化学成分及其体积密度，计算每个单位晶胞的原子数；最后，根据衍射线或衍射花样的强度，推断出各原子在单位晶胞中的位置。

2. 晶胞中原子数及原子坐标的测定

在测定单位晶胞的形状和大小后，需进一步确定单位晶胞中的原子数（或分子数）n：

$$n = \frac{\text{单位晶胞中所有原子的总质量（或分子总重量）}}{\dfrac{\text{待测物质的原子量（分子量）}}{\text{阿伏伽德罗常量}}} = \frac{\rho V}{\dfrac{M}{N}} \tag{2-182}$$

式中，ρ 为待测物质的密度，g/cm^3；V 为单位晶胞体积，$Å^3$；N 为阿伏伽德罗常量；M 为待测物质的原子量。

为测定原子在晶胞中的位置，即原子的空间坐标，必须对所测得的衍射强度进行分析，通常采用尝试法，即先假设一套原子坐标，理论计算出对应的衍射线相对强度 I_p：

$$I_p \doteq I_0 \frac{\lambda^3 e^4}{32\pi R^3 m^2 c^4} \cdot \frac{V}{V_{\text{胞}}^2} P_{HKL} |F_{HKL}|^2 \cdot \frac{1 + \cos^2 2\theta}{\sin^2 \theta \cdot \cos \theta} \cdot e^{-2M} \tag{2-183}$$

利用数学处理手段，将计算强度 I_p 与实测的衍射线强度进行比较，反复进行修正，直到理论计算值与实测值达到满意的一致为止；此时所设定的原子在晶胞中的坐标值即为该原子在晶胞中的位置。

3. 晶体取向度的测定

多晶材料是由许多晶粒组成的，当这些晶粒的晶体学取向无规则时，那么由多晶粒组成的多晶材料性能各向同性。但是，一般材料经过加工工序后，特别是经过轧制、拉伸、挤压、旋压、拔丝等变形过程后，材料内各晶粒会出现取向规律性，从而使多晶材料呈现出一定程度的各向异性。材料在生产或加工过程中，晶粒的取向呈现出某种程度的规则分布，我们称这种现象为择优取向，具有择优取向的组织结构称为织构。由于织构程度直接影响材料的宏观性能，因此，研究材料中织构状况，并通过一定的手段控制晶粒的取向程度是材料研究工作的重要方向和手段。

测定晶体取向方法有多种，常用的是腐蚀性法、激光定向法和 X 射线衍射法。就 X 射线衍射法而言，由于其为非破坏性的测定，因此应用面最广。晶体的取向度，在 X 射线衍射定向法中通常可采用极图、反极图及三维取向分布函数来表征。X 射线衍射定向法，就是采用劳厄法或衍射定向仪法来测定晶体的极图、反极图或晶体三维取向分布函数。当利用 X 射线衍射测量晶体的择优取向时，可将试样 X 射线衍射谱图中各衍射线的强度除以 JCPDS 卡片中所刊该物质对应衍射线的相对强度（I/I_1），就可得到折合的最强线强度。如果试样的折合最强线强度都相同，则说明该试样无择优取向；反之则证明有，再从它们的差异来判断某晶面择优取向程度的高低。

4. 晶粒尺寸的测定

许多固体物质经常以小颗粒状态存在，小颗粒往往是由许多细小的单晶体聚集而成的。通常所说的平均晶粒度是指小晶体的平均大小。

晶粒大小可以通过电子显微镜和金相显微镜观察，但形貌的观察有可能失真，而 X 射线衍射宽化法测量的是为同一点阵所贯穿的小单晶的大小，它是一种与晶粒度含义最贴切的测试方法，也是统计性最好的方法。

当晶粒尺度在 $10^{-5} \sim 10^{-7}$cm 的相干散射区时，将引起可观测的衍射线宽化。利用小晶体衍射峰宽化效应的原理，Scherre 导出了小晶体宽化表达式及其使用条件：

$$D_{hkl} = \frac{0.89\lambda}{\beta_{hkl}\cos\theta} \tag{2-184}$$

式中，β_{hkl} 为衍射线的半高宽，$\beta_{hkl} = 4\varepsilon_{1/2}$。其中，

$$\varepsilon_{1/2} = \frac{1.40\lambda}{2\pi N d_{HKL}\cos\theta} \tag{2-185}$$

上式 (2-185) 中的 N 为某一小晶体 (hkl) 面列的层数，d_{hkl} 为面间距，那么 $D_{hkl} = N d_{hkl}$。所获得的 D_{hkl} 为垂直于反射面 (hkl) 的晶粒平均尺度。Scherrer 公式的适用范围为 D_{hkl} 在 $30 \sim$ 2000Å 之间。

5. X 射线微观应力测定

材料受外力作用发生形变，而材料内部相结构变化时，会在滑移层、形变带、孪晶以及夹杂、晶界、亚晶界、裂纹、空位和缺陷等附近产生不均匀的塑性流动，从而使材料内部存在着微区应力，这种应力也会由多相物质中不同取向晶粒的各向异性收缩或相邻相的收缩不一致或共格畸变引起，这种应力会使晶面的面间距发生改变，表现在 X 射线衍射中使衍射线宽化。根据微观应力是 X 射线衍射线宽化的原因，经过数学推导，可得到关于微观应力与 X 射线线型的公式：

$$\sigma_{微} = E \cdot \frac{\pi\beta\cot\theta}{180° \times 4} \tag{2-186}$$

式中，β 为 X 射线线型的半高宽；E 为材料的弹性模量。

6. X 射线小角度散射

X 射线小角度散射作为一种实验研究方法，在许多方面获得了广泛的应用。X 射线小角度散射是发生在原光束附近从零到几十埃范围内的相干散射现象，物质内部数十至数千埃尺度范围内电子密度的起伏是产生这种散射效应的根本原因。随着 X 射线小角度散射实验技术及理论的不断完善，以及实验数据处理的不断进步，特别是高强度辐射源、位敏检测器和锥形狭缝系统的使用，小角度散射在金属和合金、无机非金属材料、有机高分材料、非晶体材料以及生物结构的分析研究等方面均获得了更进一步的应用。

长周期结构的 X 射线小角度散射原理概同于晶体结构分析。X 射线小角度散射主要是测量微颗粒形状、大小及分布和测量样品长周期，并通过衍射强度分布，进行有关的结构分析。小角度散射实验技术主要有照相法和测角仪法，而任何小角度散射装置的设计都必须兼顾到强度和分辨率两个方面。为改善分辨率，必须采用优良的光路准直系统，并尽可能地增大样品至接收器的距离，此外，也有采用长波长光源以增大衍射角。而为提高强度或散射衬度，常采用高强度大功率 X 射线源，并改进狭缝设计，使光路置于真空系统中，严格采用单色辐射，有时还采用样品染色技术。

思　考　题

衍射面指数(HKL)	θ
532	72.68°
620	77.93°
443	81.11°
541	87.44°

(第 3 题)

1. 简述当进行物相定性分析和定量分析时，应分别注意哪些问题？

2. 试比较物相定量分析中内标法、K 值法、任意内标法及直接对比法的应用特点。

3. 用 CoK_α 辐射($\lambda = 0.154\,nm$)作为入射线，获得某立方晶系晶体德拜花样中部分高角度线条数据如右表所列，试用"$a - \cos^2\theta$"的图解外推法求其点阵常数(保留四位有效数字)。

4. 按上题数据，应用最小二乘法(以 $\cos^2\theta$ 为外推函数)计算点阵常数(精确到四位有效数字)。

5. 在 α–Fe_2O_3 及 Fe_3O_4 混合物的衍射花样中，其参比强度值分别为 2.40 和 4.90，两相最强线的强度比 $I_{\alpha\text{-}Fe_2O_3} / I_{Fe_3O_4} = 1.3$，试计算 α–Fe_2O_3 的相对含量。

6. 某淬火后低温回火的碳钢样品，经金相检验不含碳化物。A(奥氏体)中含碳 1%，M(马氏体)中含碳量极低。经衍射后测得 A_{220} 峰积分强度为 2.33，M_{211} 峰积分强度为 16.33。试计算该钢中残留奥氏体的体积分数(实验条件：FeK_α 辐射，滤波，室温20℃，α–Fe 点阵参数 a=0.2866nm，奥氏体点阵参数 a=0.3571+0.0044w_c，w_c 为碳的质量分数)。

7. CoK_α 辐射($\lambda = 0.179\,nm$)照射黄铜零件焊缝与母材相交部位的应力时，选定试样的 (400) 晶面，测得 $2\theta_{\psi=0°} = 150.4°$，$2\theta_{\psi=45°} = 150.9°$，求其表面宏观应力。(已知：$a$=0.3695nm，$E$=8.83 × 10⁴MPa，$\nu$ =0.35)

8. 用 X 射线衍射方法测量宏观应力的基本原理是什么？对于试样制备有何要求？

9. 欲在应力仪(测角仪为立式)上分经　别测量圆柱型工件的轴向、径向及切向应力，工件应如何放置。

主要参考文献

常铁军. 1999. 近代分析测试方法[M]. 哈尔滨：哈尔滨工业大学出版社.

陈梦谪. 1981. 金属物理研究方法[M]. 北京：冶金工业出版社.

范雄. 1989. X 射线金属学[M]. 北京：机械工业出版社.

何崇智，郗秀荣，孟庆恩，等. 1988. X 射线衍射实验技术[M]. 上海：上海科学技术出版社.

赫什，等. 1992. 晶体电子显微学[M]. 刘安生，等译. 北京：科学出版社.

洪班德，崔约贤. 1990. 材料电子显微分析实验技术[M]. 哈尔滨：哈尔滨工业大学出版社.

梁敬魁. 2003. 粉末衍射法测定晶体结构(上、下册)[M]. 北京：科学出版社.

陆家和，陈长彦. 1995. 现代分析技术[M]. 北京：清华大学出版社.

马礼敦. 2004. 近代 X 射线多晶体衍射--实验技术与数据分析[M]. 北京：化学工业出版社.

马如璋. 1997. 材料物理现代研究方法[M]. 北京：冶金工业出版社.

孟庆昌. 2002. 透射电子显微学[M]. 哈尔滨：哈尔滨工业大学出版社.

漆璿，戎永华. 1992. X 射线衍射与电子显微分析[M]. 上海：上海交通大学出版社.

孙业英，陈南平. 1997. 光学显微分析[M]. 上海：东华大学出版社.

谈育煦. 1989. 金属电子显微分析[M]. 北京：机械工业出版社.

滕凤恩，王煜明，姜小龙. 1997. X 射线结构分析与材料性能表征[M]. 北京：科学出版社.

王其武，刘文汉. 1994. X 射线吸收精细结构及其应用[M]. 北京：科学出版社.

王乾铭，许乾慰. 2005. 材料研究方法[M]. 北京：科学出版社.

魏全金. 1990. 材料电子显微分析[M]. 北京：冶金工业出版社.

吴刚. 2002. 材料结构表征及应用[M]. 北京：化学工业出版社.

杨南如. 1993. 无机非金属材料测试方法[M]. 武汉：武汉理工大学出版社.

张清敏，徐濮. 1988. 扫描电子显微镜和 X 射线微区分析[M]. 天津：南开大学出版社.

周玉，武高辉. 1998. 材料分析测试技术--材料 X 射线衍射与电子显微分析[M]. 哈尔滨：哈尔滨工业大学出版社.

周志朝，等. 1993. 无机材料显微结构分析[M]. 杭州：浙江大学出版社.

左演声，陈文哲，梁伟. 2000. 材料现代分析方法[M]. 北京：北京工业大学出版社.

E. 利弗森. 1998. 料科学与技术丛书(第 2A 卷)--材料的特征检测(第 1 部分)[M]. 北京：科学出版社.

Fultz B. 2002. Transmission Electron Microscopy and Diffractometry of Materials[M]. Berlin: Springer.

Ladd M F C. 1994. Structure Determination by X-ray Crystallography[M]. New York: Plenum Press.

Thompson A C, Attwood D T, et al. 2001. X-ray Data Booklet(Second Edition)[M]. California, University of California.

W.L.布喇格. 1988. X 射线分析的发展[M]. 北京：科学出版社.

Warren B E. 1990. X-ray Diffraction[M]. Dover, Addison-Wesley Publishing Company.

第 3 章　电子显微分析

本章导读　材料的结构决定材料的性能。在材料的结构因素构成中，物相的形貌、大小及其分布由于尺度的问题，必须借助微观表征设备来分析；对材料在微观层次上的表征技术，构成了材料科学的一个重要组成部分。用电子光学仪器对物质组织、结构、成分进行研究的技术构成电子显微技术，电子显微分析是材料科学的重要分析方法之一。本章学习主要要求熟悉扫描及透射电子显微镜的分析原理及设备构成，掌握其试样制备要求及分析方法，掌握能谱分析基础知识，能够利用电镜及能谱进行材料的结构表征分析。

电子显微分析是利用聚焦电子束与试样物质相互作用产生的各种物理信号，分析试样物质的微区形貌、晶体结构和化学组成。电子显微分析具有以下特点：①可以在极高分辨率下直接观察试样的形貌、结构，选择分析区域；②是一种微区分析方法，具有高的分辨率，成像分辨率可达到 0.2～0.3nm，可以直接分辨原子，能在纳米尺度上对晶体结构及化学组成进行分析；③各种电子显微分析仪器日益向多功能、综合性方向发展，可以进行形貌、物相、晶体结构和化学组成等综合分析。

电子显微分析的主要仪器是电子显微镜(electron microscope，EM)，一般是指利用电磁场偏折、聚焦电子及电子与物质作用所产生散射的原理来研究物质构造及微细结构的精密仪器。近年来，随着电子光学理论的迅速发展，重新定义其为一种利用电子与物质作用所产生的信号来鉴定微区域晶体结构(crystal structure，CS)、微细组织(microstructure，MS)、化学成分(chemical composition，CC)、化学键结(chemical bonding，CB)和电子分布情况(electronic structure，ES)的电子光学装置。

目前使用的电子显微分析仪器种类很多，常见的电子显微分析仪器有：透射电子显微镜(TEM)、扫描电子显微镜(SEM)和电子探针(electron probe microanalysis，EPMA)。

3.1　电子显微分析的发展

由于材料的微观结构与缺陷，对材料物理、化学和力学性能有重要影响，因此，在微观尺度上对材料的结构和缺陷及其与性能之间的关系进行研究，一直是材料科学领域的重大理论与实验研究课题。半个多世纪以来，晶体结构的测定是以 X 射线衍射为主要手段。从 X 射线衍射的资料虽然可以比较精确地间接推导出晶体中的原子配置，但这仅反映了晶体中亿万个单胞平均了的原子位置。由于电子波的波长非常短，人们曾希望有朝一日能用电子显微镜观察物质中的原子，这就促成了电子显微分析技术的发展。

3.1.1　电子显微技术的发展

自 1897 年英国人 J.J. Thomson 发现"电子"后，科学界便开始了对电子及其应用技术的研究。1912 年 von Laue 发现了 X 光衍射现象，后 Bragg 父子发现利用电磁波衍射决定晶体结构的方法。1924 年 de Broglie 在光有波粒二相性的启示下，提出了运动着的微观粒子(如电子、中子、离子等)也具有波粒二相性的假说，他认为运动着的微观粒子也伴随着一个波，他把这个波称为物质波或德布罗意波。1926 年，Busch 提出了用轴对称的电场和磁场对电子束进行聚集，并发展成为电子透镜的初级理论。同一年，Schroedinger 及 Heisenberg 等发展了量子力学，树立了电子波质二元论的理论基础。1927 年美国 Davisson 和 Germer 两人以电子衍射实验证实了电子的波性，为电子显微技术的发展与应用奠定了基础。

3.1.2　电子显微镜的发展

J.J. Thomson 在做阴极射线管实验时，观察到电场及磁场可偏折电子束的现象，此后人们在此基础上进一步研究发现了电磁场聚焦电子的放大作用，发展出了电磁透镜。1931 年，Ruska 及 Knoll 在实验室制作了第一部穿透式电子显微镜(transmission electron microscope，TEM)，为利用电子显微镜观察物质结构开辟了一条新的途径。1938 年，Ruska 用一台 Siemes 电镜拍摄电子显微相时，其分辨率只有 10nm。1956 年，Menter 在拍摄钛菁铂晶体条纹像时，使用的电镜的分辨率已达 0.8nm。近几十年来，由于电子显微镜的分辨率不断提高，人们已经可以在 0.1～0.3nm 水平上拍摄晶体结构在电子束方向上的二维投影高分辨电子显微像。从生产出第一部商业性超高压透射电镜(HVTEM)以来，全世界已经有加速电压在 0.5～3.5MV 的超高压电镜 50 多台。表 3-1 列出了分析材料所用的主要分析仪器。

表 3-1　材料各种主要分析仪器比较表

仪器特性	光学显微镜	X 射线衍射仪	电子显微镜
质波	可见光	X 射线	电子
波长	约 500nm	约 0.1nm	0.0037nm(100kV)
介质	空气	空气	真空($<10^{-4}$mmHg)
分辨率	约 200nm	X 射线衍射：10^{-5}nm	衍射：10^{-11}nm 直接成像：点分辨率 0.18nm；线分辨率 0.14nm
聚焦镜	光学镜片	无	电磁透镜
试片要求	不限厚度	反射：不限厚度	扫描式：受试样基座大小影响；穿透式：约 100nm
信号类	表面区域	统计平均	局部微区域
可获资料	表面微细结构	主要为晶体结构，化学组成	晶体结构，微细组织，化学组成，电子分布情况等

3.2　电子光学基础

本节导读　与 X 射线衍射分析一样，电子衍射分析同样是利用电子与物质相互作用产生的各种电信号与结构的关系，进而研究其结构。本节学习必须掌握电子与物质相互作用产生的各种电信号及其用途。

电子光学是研究带电粒子(电子、离子)在电场和磁场中运动的规律，特别是在电场和磁场中偏转、聚焦和成像规律的一门科学。

3.2.1　光学显微镜的分辨率与局限性

显微镜的"分辨本领"是表示一个光学系统能分开两个物点的能力，它在数值上是刚能清楚地分开两个物点的最小距离，此距离越小，则光学系统的分辨本领越高。光学透镜成像的原理如图 3-1 所示。样品上的两个物点 S_1、S_2 经过物镜在像平面形成像 S_1'、S_2' 的光路，由于衍射效应的作用，点光源在像平面上得到的不是一个点，而是一个中心最亮，周围带有明暗相间同心圆环的圆斑，S_1'、S_2' 就是 Ariy 斑。

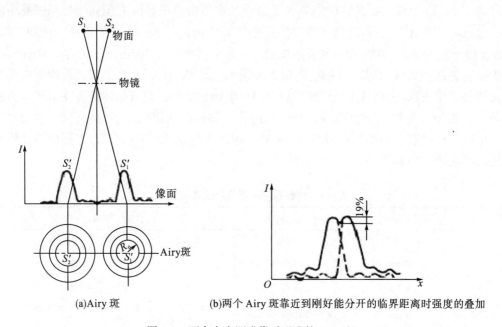

(a)Airy 斑　　　　　　　　　　(b)两个 Airy 斑靠近到刚好能分开的临界距离时强度的叠加

图 3-1　两个点光源成像时形成的 Airy 斑

阿贝(Abbe)根据衍射理论推导出了光学透镜分辨本领的公式，如式(3-1)所示。

$$r = \frac{0.61\lambda}{n\sin\alpha} \tag{3-1}$$

式中，r 为分辨本领；λ 为照明光源的波长，nm；n 为上、下方介质的折射率；α 为透镜的孔径半角，(°)；习惯上把 $n\sin\alpha$ 称为数值孔径，用 N·A 表示。由式(3-1)可知，透镜的

分辨本领 r 与数值孔径 N·A 成反比，与照明光源波长 λ 成正比，r 值越小，分辨率越高。要提高透镜的分辨本领，即减小 r 值的途径有：

(1) 增加介质的折射率。

(2) 增大物镜孔径半角。

(3) 采用短波长的照明源。

当用可见光作为光源时，采用组合透镜、大的孔径角、高折射率介质浸没物镜，N·A 可以提高到 1.6。在最佳情况下，透镜的分辨本领极限为 200nm。要进一步提高显微镜的分辨本领，则必须采用波长更短的照明源。

由于电子束流具有波动性，而电子波的波长要比可见光的波长短得多，显然，用电子束作为照明光源制成的电子显微镜将具有更高的分辨率。

3.2.2　电子波长的特性

电子显微镜的照明光源是电子射线。与可见光相似，运动的电子也具有波粒二相性，根据德布罗意的观点，匀速直线运动着的电子必定和一个波动相对应，其波长决定于电子的质量和速率：

$$\lambda = \frac{h}{mv} \tag{3-2}$$

式中，$h = 6.626 \times 10^{-34} \text{J·S}$；$m$ 为电子质量；v 为电子速率。

一般电镜的光源是一个发射电子，使其加速的静电装置称为电子枪。加速电场的极间电压称为加速电压，是电子显微镜的一个重要指标。表 3-2 为不同加速电压下电子波的波长。加速电子的动能与电场加速电压的关系式为

$$\frac{1}{2}mv^2 = eU \qquad 即 \qquad v = \sqrt{\frac{2eU}{m}} \tag{3-3}$$

式中，$e = 1.6 \times 10^{-19} \text{C}$，为电子电荷；$m$ 为电子质量，电子静止质量 $m_e = 9.1 \times 10^{-31} \text{kg}$；$U$ 为加速电压。

表 3-2　不同加速电压下电子波的波长（经相对论修正）

加速电压 / kV	电子波波长 / nm	加速电压 / kV	电子波波长 / nm	加速电压 / kV	电子波波长 / nm
1	0.0338	20	0.00859	100	0.00370
2	0.0274	30	0.00698	200	0.00251
3	0.0224	40	0.00601	500	0.00087
4	0.0194	50	0.00536	1000	
5	0.0713	60	0.00487	–	–
10	0.0122	80	0.00418	–	–

由式 (3-2) 和式 (3-3) 可得

$$\lambda = \frac{h}{\sqrt{2emU}} \tag{3-4}$$

(1)若电子速度较低，则其质量和静止质量相近，即 $m \approx m_e$，则

$$\lambda = \frac{h}{\sqrt{2emU}} = \sqrt{\frac{1.50}{U}} = \frac{1.225}{\sqrt{U}}$$
(3-5)

(2)若加速电压很高，使电子具有极高速率，经过相对论修正，则

$$m = \frac{m_e}{\sqrt{1 - \left(\dfrac{U}{c}\right)^2}}$$
(3-6)

式中，$c = 3.0 \times 10^8 \mathrm{m/s}$，为光速，且 $ev = mc^2 - m_0 c^2$。

整理得

$$\lambda = \frac{h}{\sqrt{2em_e U\left(1 + \dfrac{eU}{2m_e C^2}\right)}} = \sqrt{\frac{1.5}{U(1 + 0.9788 \times 10^{-6} U)}}$$
(3-7)

3.3　粒子(束)与材料的相互作用

随着现代分析技术的成熟，加之扫描电子显微镜、透射电镜、电子探针、俄歇电子能谱、XPS 仪等现代分析仪器的发展，促进了人们对电子、X 光粒子等辐射粒子与物质相互作用的研究。本节就带电粒子(束)与物质相互作用的基本原理过程、带电粒子(束)与物质相互作用产生的各种信号，以及这些信号在电镜分析中的应用作简单介绍。

3.3.1　电子束与材料的相互作用

入射电子束(也称初始电子或一次电子)照射到固体试样时，与固体中的粒子相互作用，这些作用包括：散射；对固体的激发；受激发粒子在固体中的传播。

1. 电子散射

当一束聚焦电子束沿着一定方向射入试样内，在原子库仑力的作用下，入射电子的传播方向会发生改变，称为散射。固体中的原子对入射电子的散射可分为弹性散射和非弹性散射。在弹性散射过程中，电子只改变运动方向，基本上无能量变化。电子的方向和能量都发生改变的散射称为非弹性散射。在非弹性散射过程中，入射电子把部分能量转移给原子，引起原子内部结构变化，产生各种激发现象。由于这些激发现象都是由入射电子作用的结果，所以称为电子激发。

设原子的质量为 M，质量数为 A，碰撞前原子处于静止状态。电子质量与原子质量的比值为 $m_e / M = 1 / 1822A$。根据动量和能量守恒定理，入射电子与原子(核)碰撞后的最大能量损失表达式为

$$\Delta E_{\max} = 2.17 \times 10^{-3} \frac{E_0}{A} \sin^2 \theta$$
(3-8)

式中，θ 为散射半角；E_0 为入射的电子能量。

入射电子被原子散射时，散射角 2θ 的大小与瞄准距离(电子入射方向与原子核的距离) r_n、原子核电荷 Z_e 以及入射电子的加速电压 U 有关，如图 3-2 所示，其关系式为

$$2\theta = \frac{Z_e}{Ur_n} \text{ 或 } r_n = \frac{Z_e}{U(2\theta)} \tag{3-9}$$

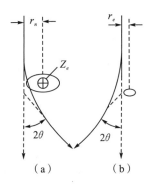

图 3-2　电子散射示意图
(a)与原子核作用；(b)与核外电子作用

由上式(3-9)可知，当入射电子作用在以原子核为中心、r_n 为半径的圆内时，将被散射到大于 2θ 的角度之外，故可用 πr_n^2 (以原子核为中心、r_n 为半径的圆的面积)来衡量一个孤立原子核把入射电子散射到 2θ 角度之外的能力。由于电子与原子核的作用表现为弹性散射，故将 πr_n^2 叫作弹性散射截面，用 σ_n 表示。

当入射电子与核外电子作用时，散射角为

$$2\theta = \frac{e}{Ur_e} \text{ 或 } r_e = \frac{e}{U(2\theta)} \tag{3-10}$$

同理，可用 πr_e^2 (r_e 是入射电子对核外电子的瞄准距离)来衡量一个孤立核外电子把入射电子散射到 2θ 角度之外的能力，并称 πr_e^2 为核外电子的非弹性散射截面，用 σ_e 表示。

对于一个原子序数为 Z 的孤立原子，弹性散射截面为 σ_n，非弹性散射截面则为所有核外电子非弹性散射截面之和 $Z\sigma_e$，由式(3-9)和式(3-10)可得 $\sigma_n/(Z\sigma_e) = Z$。因此，原子序数越高，产生弹性散射的比例就越大。

2. 入射电子在固体中的传播与对固体的激发

由于库仑电场作用，入射电子在固体中的散射比 X 射线强得多，同样固体对电子的吸收比对 X 射线的吸收快得多，入射电子的动能逐渐减小，最终被固体吸收(束缚)。电子吸收主要是指由于电子能量衰减而引起的强度(电子数)衰减。这种衰减不同于 X 射线的"真吸收"。电子被吸收时所能达到的深度称为最大穿入深度(R)。在不同固体中电子的激发过程有所差别，多数情况下激发二次电子(相对于一次电子即入射电子而言)。

单位入射深度电子能量变化(dE/dR)与入射深度(R)的关系如图 3-3 所示。曲线与横坐标的交点即为入射电子的最大穿入深度。

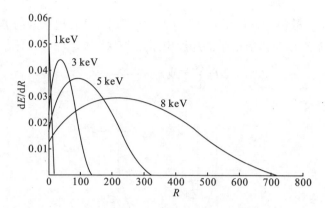

图 3-3　入射电子在固体中传播时的能量损失曲线

入射电子进入固体试样后，弹性散射和非弹性散射同时发生。前者使电子偏离原来的运动方向，引起电子在固体中的扩散；后者使电子的能量逐渐减小，直至被固体吸收，从而限制了电子在固体中的扩散范围，这个范围称为入射电子与固体的作用区。扫描电子显微镜等分析技术检测的信号和辐射正是来自这个作用区。

3.3.2　电子与固体作用产生的信号

1. 各种电子信号

电子与固体物质相互作用过程中产生的电子信号，除了二次电子、俄歇电子和特征能量损失电子外，还有背散射电子、透射电子和吸收电子等初次电子。

入射电子与固体作用区及其与固体作用产生的信号可以用图 3-4 简单描述。图 3-4 中，I_0 是入射电子流，单位为 A。描述入射电子的另一个物理量是电子束流密度，单位为 A / cm^2。在强聚焦的情况下电子束流密度很高，而总的电子流往往很小。

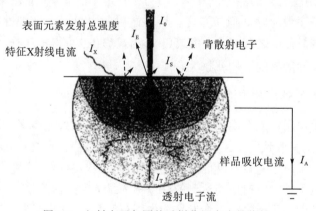

图 3-4　入射电子与固体试样作用产生的信号

I_R 是背散射电子流，它是入射电子与固体作用后离开固体的总电子流。背散射电子主要由两部分组成，一部分是被样品表面原子反射回来的入射电子，另一部分是入射电子进入固体后通过散射连续改变前进方向，最后又从样品表面发射出去的入射电子。前者一般没有能量损失，称为弹性背散射电子；后者通常有能量损失，称为非弹性背散射电子。背散射电子的最大信息深度约为电子最大穿入深度的一半。

I_S 表示二次电子流，它包括入射电子从固体中直接击出的原子核外电子和激发态原子退回基态时产生的电子发射(如俄歇电子)。前者称(真)二次电子，它们的能量较低，强度按能量连续分布；后者称特征二次电子，它们的能量取决于原子本身的电子结构，取一些分立的能量值。当背散射电子返回到样品表面层，并有足够的能量继续产生电子激发时，对二次电子的发射也有贡献。从表面发射出的二次电子与入射电子流的比值(I_S / I_0)称为二次电子产额，用 δ 表示。在某一能量范围内($E_{c1} < E < E_{c2}$)，二次电子产额大于1，随着 α 的增大，二次电子产额曲线的极大值增大，并向高能方向推移，如图 3-5 所示。

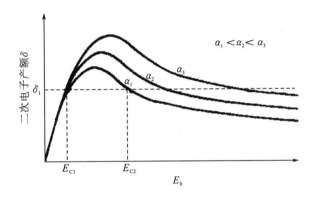

图 3-5　二次电子产额与入射电子能量和入射角的普遍关系

I_E 表示表面元素发射的总强度。尽管在材料的分析中，入射电子的能量不足以把固体的原子直接击出，但电子激发可能引起一些固体的表面原子电离，使表面原子活化乃至吸收，这种现象称为电子的辐射分解。

I_A 为样品吸收电流。入射电子在固体中传播时，能量逐渐减小，直至最后失去全部动能，被样品"吸收"。

I_T 为透射电子流。当样品的厚度小于入射电子的平均穿入深度时，就会有一部分电子穿过样品，在样品背面被接收或检测。

所有这些发射信号的强度均与固体材料的结构、成分、表面状态等性质有关，同时受到入射电子的能量和入射角的影响。对导电样品(接地)，如果忽略透射方向的二次电子发射和表面元素脱附对样品总电荷量的影响，上述电子信号之间满足：

$$I_0 = I_R + I_S + I_A + I_T \tag{3-11}$$

其中，入射电子、二次电子和背散射电子在固体中传播时不断经受非弹性散射，相继两次非弹性散射之间电子经过的平均路程称为电子非弹性散射平均自由程，用 λ_e 表示。非弹性散射平均自由程是反映电子与固体相互作用的一个重要物理量，它与材料的组成、结构以及入射电子的能量有关。

$$\lambda_e = \frac{538}{E^2} + 0.41\sqrt{aE} \tag{3-12}$$

式中，E 为电子的能量，keV；a 为固体的单电子层厚度，nm。

在各向同性的固体中，在没有外场的条件下，二次电子从它产生处向各个方向传播的概率相同。由于散射作用，二次电子在传播过程中能量不断减小，而且运动方向也不断改变，强度按指数规律衰减。因此从固体表面发射出去的二次电子仅是二次电子的一部分。

2. 电子能谱

和光电子一样，当二次电子沿表面法向方向向外传播时，逸出深度近似等于非弹性散射平均自由程。收集背散射电子和二次电子可得到如图 3-6 所示的电子能谱。

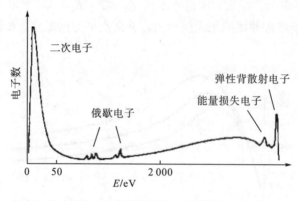

图 3-6   电子发射的强度能谱

(1) 能谱的低能端隆起的峰由真二次电子(能量≤50eV)构成。用扫描电子显微镜做表面形貌观测时就是采集这部分电子来成像。

(2) 在中间平滑背底上叠加着一些小峰，它们是俄歇电子或者是入射电子的特征能量损失峰。前者对应俄歇电子能谱(Auger electron spectroscope，AES)，后者则构成电子能量损失谱(electron energy loss spectroscopy，EELS)，它们都是常规的表面分析方法。

(3) 能量谱中等于入射能量的电子是弹性散射电子。当入射电子照射晶体样品时，由于电子的波动性，受不同原子弹性散射电子(弹性散射电子或投射电子)干涉产生的衍射现象是材料电子衍射分析方法的基础。

3.3.3   电子束与材料的其他相互作用

1. 等离子体振荡

按照晶体结构理论，金属晶体中的正离子(原子核)处于晶体点阵的平衡位置，而价电子(原子最外层电子)为整个晶体共有，构成自由流动的电子云。在没有外界扰动的情况下，整个金属点阵空间正离子与电子云保持电中性，即构成所谓的等离子体。

当入射电子通过金属晶体时，入射电子轨迹周围的电子中性被破坏，迫使电子云背离入射电子轨迹做径向运动，结果在入射电子轨迹近旁形成正电荷区域，而在较远处形成负电荷区域。入射电子通过后，电子云受到正电荷的吸引，试图恢复到电中性状态。当电子云径向扩散运动超过平衡位置时，就形成连续的往复运动，造成电子云的集体振荡，称为等离子体振荡。伴随着等离子体振荡激发，入射电子损失能量。由于等离子体振荡的能量是量子化的，取一定的特征值，因此，在等离子体振荡的过程中，入射电子的能量损失也具有一定的特征值，并随着样品成分的不同而不同。

2. 电声效应

在固体中，电子能量损失的 40%～80% 最终转化为热。在实际工作中，入射电子束采用扫描方式工作，样品的升温并不严重。当用周期性脉冲电子束照射样品时，样品会产生周期性衰减声波(晶格振动)，这种现象称为电声效应。用压电器件和成像技术可将电声效应信息用于成像。

3. 电子感生电导

电子在半导体中的非弹性散射产生电子—空穴对。通过外加电压(电场)可以分离正负电荷，产生附加电导，称为电子感生电导(ENIC)；而 P-N 结对这些自由载流子的收集作用可以产生附加电动势，称为电子感生伏特。载流子可以在整个样品中扩散，其中少数载流子的浓度随扩散距离呈指数衰减。利用这种效应可以测量少数载流子的扩散长度和寿命。

4. 阴极荧光

在本征和掺杂半导体中，电子—空穴对可以通过杂质原子能级复合发光，即所谓的阴极荧光(CL)。阴极荧光同样可以在一些有机荧光化合物中产生。对于不同种类固体，产生阴极荧光的物理过程不同，而且对杂质和缺陷的特征十分敏感。因此，阴极荧光是检测杂质和缺陷的有效方法，常用作鉴定物相、分析杂质或缺陷的分布。

离子是电离态的原子。因为离子是荷电粒子，所以用离子轰击固体表面时发生类似于电子与固体作用的过程。但是，由于离子的质量和半径与被轰击固体的原子的质量和半径相当，入射离子与原子(原子核)的碰撞概率很大，由此引起的能量损失比入射电子与原子碰撞损失的能量大得多。因此动量和能量转移是离子与固体相互作用的重要特征。

5. 散射

和入射电子相似，对于能量为数千电子伏特的入射离子，也会出现散射。离子与固体中原子相互作用的时间低于 1ps。一般情况下，离子枪的输出离子束流密度远小于 $10^3 A/cm^2$ $\approx 10^{22}$ 离子 $/(cm^2 \cdot s) = 10^{10}$ 离子 $/(cm^2 \cdot ps)$，而固体表面原子的密度约为 3×10^{14} 原子 $/cm^2$，在作用时间内，可以认为各个离子对表面原子的作用不会重叠。因此，离子与固体原子的碰撞可以用台球间的碰撞来描述。离子的能量取决于碰撞过程和碰撞之间所经历的路程。

考虑两粒子 1 和 2，质量和原子序数分别为 M_1、Z_1 和 M_2、Z_2。粒子 1 以速度 v_0 和能量 E_0 向静止的粒子 2 运动并与粒子 2 发生碰撞，如图 3-7 所示。

弹性碰撞过程中两粒子的总能量和总动量守恒。设粒子 1 出现在散射方向 2θ 的概率为 p，则有

$$p \propto \frac{Z_1^2 Z_2^2 e^4}{16 E_0^2 \sin^4 \theta} \tag{3-13}$$

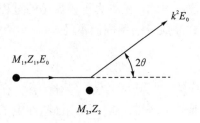

图 3-7　粒子碰撞示意图

上式(3-13)表明粒子弹性散射的两大特点：①散射概率正比于 Z_1 和 Z_2 的平方，因此，当入射离子由 H^+ 变为 He^+ 时，散射概率增加 4 倍。②散射概率正比于 $1/\sin^4\theta$，强烈地依赖于散射角 2θ，$2\theta = 90°$ 的散射概率是 $2\theta = 180°$ 的 4 倍。

散射后的离子的能量为

$$E = k^2 \cdot E_0 \tag{3-14}$$

其中，

$$k^2 = \frac{\left[\left(M_2^2 - M_1^2 \sin^2 2\theta \right)^{\frac{1}{2}} + M_1 \cos^2 2\theta \right]^2}{\left(M_1 + M_2 \right)^2} \tag{3-15}$$

由上式(3-15)可知，当 $2\theta = 90°$ 时，$k^2 = | M_2 - M_1 | / (M_1 + M_2)$。显然碰撞后离子的能量损失与靶原子的质量有关，离子与轻元素靶原子碰撞的能量损失比与重元素靶原子碰撞的能量损失大。

离子在固体中传播时，把由于被电子非弹性散射产生的能量损失率称为固体对离子的阻止功率。它与离子的种类、能量以及样品的成分有关。如果离子在固体中运动时能量连续减少，用 dE/dZ 表示从表面垂直向体内单位长度上离子的能量损失。

3.3.4　离子与固体作用产生的信号——溅射与二次离子

入射离子与固体相互作用也会产生电信号，能量为 E_0 的入射离子轰击固体时，直接或间接地迫使固体表面许多原子运动，这个过程叫级联碰撞。当表面原子获得足够的动量和能量背离表面运动时，就引起表面粒子(原子、离子、原子团等)的发射，这种现象称为溅射。离子溅射可以用于去除样品表面微观尺度的材料。通过严格控制溅射过程，可以一层一层地剥蚀样品。用离子溅射配合其他表面分析方法，如俄歇电子能谱，可以确定样品的成分随深度的变化，这就是材料的纵深剖析。

为了描述入射离子对样品的剥蚀快慢，我们引入溅射产额，它与入射离子束的参数和样品性质有关。只有在整个分析层内的溅射产额已知的情况下，才能通过纵深剖析精确标定分析层中的成分。溅射产额 (Y) 定义为溅射产额出的粒子数 (N_s) 与入射离子数 (N_0) 的比值，即

$$Y = \frac{N_s}{N_0} \tag{3-16}$$

假设入射离子强度 I 在溅射区均匀一致，I、Y 和剥蚀速率 v_z（单位时间内剥蚀深度）以及靶样品原子浓度 N 之间满足关系：

$$v_z = \frac{YI}{N} \tag{3-17}$$

对溅射产额可以作如下理论估计：设一个入射离子在它的动能消耗尽之前通过直接或级联碰撞使 N_d 个粒子（原子或离子）发生位移，N_d 可以表示为

$$N_d = \xi \frac{E_n}{2E_d} \tag{3-18}$$

式中，$E_n \approx 0.75E_0$，是能量为 E_0(eV) 的入射离子与固体中原子碰撞并产生粒子位移的总能量损失；E_d 为固体中粒子受到碰撞离开其位置时的能量，典型值为 $E_d = 15\mathrm{eV}$；常数 $\xi = 0.8$。

一个 5keV 的入射离子可以使约 100 个固体粒子发生位移。然而，由于产生位移的大部分粒子能量很低，因此实际上从固体表面溅射出去的粒子数约为 2、3 个。

固体表面以离子态发射的原子叫二次离子。收集分析二次离子得到二次离子质谱，它可以用以分析所有元素。二次离子质谱的背底信号很小，它的分析极限可以得到 $10^{-6} \sim 10^{-9}\mathrm{g}$ 的元素含量，所以可有效地用于半导体材料的痕迹分析。二次离子质谱目前包括微区分析、纵深剖析、三维实时成像、同位素分析等。

3.4　电　磁　透　镜

与一定形状的光学介质界面可以使光线聚焦成像相似，一定形状的等电位曲面簇也可以使电子束聚焦成像。使电子束聚焦的装置是电子透镜。电子透镜分为静电透镜和磁透镜。

3.4.1　电磁透镜的聚焦原理

透射电子显微镜中用磁场来使电子波聚焦成像的装置是电磁透镜。电磁透镜实质是一个通电的短线圈，它能形成一种轴对称的不均匀分布磁场。正电荷在磁场中运动时，受到磁场的作用力，即洛伦兹力。图 3-8 为磁场内电子运动轨迹示意图。

$$\boldsymbol{F} = q\boldsymbol{v} \times \boldsymbol{B} = qvB\sin(\boldsymbol{v}, \boldsymbol{B}) \tag{3-19}$$

式中，q 为运动正电荷；$\boldsymbol{v}$ 为正电荷运动速度；$\boldsymbol{B}$ 为正电荷所在位置磁感应强度，与磁场强度 H 的关系为 $B=\mu H$。

$\boldsymbol{F}$ 的方向垂直于电荷运动和磁感应强度所决定的平面，按矢量外积 $\boldsymbol{v} \times \boldsymbol{B}$ 的右手法则来确定。

对电子而言，其带负电荷，$\boldsymbol{F}$ 的方向由 $\boldsymbol{B} \times \boldsymbol{v}$ 决定，其运动方式有如下情形。

(1) $\boldsymbol{v} \parallel \boldsymbol{B}$，$F=0$，电子在磁场中不受磁力，运动速度大小和方向不变。

(2) $\boldsymbol{v} \perp \boldsymbol{B}$，$F=F_{max}$，电子在与磁场垂直的平面内作匀速圆周运动。

(3) $\boldsymbol{v}$ 与 $\boldsymbol{B}$ 成 θ 角，电子在磁场内做螺旋运动。

(4) 在轴对称的磁场中，电子在磁场中做螺旋近轴运动。

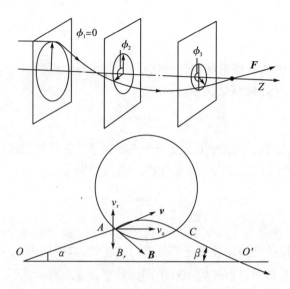

图 3-8　磁场内电子运动轨迹示意图

A－*A* 点位置的 ***B*** 和 ***v*** 分解情况；***B***－轴对称磁场中任一点的磁感应强度；v_r－电子在垂直于磁力线所在平面做圆柱螺旋运动的速度；v_z－电子在主轴向磁场 B_z 作用下向轴偏转的速度；***v***－圆柱螺旋运动的速度；B_r－磁感应强度的径向分量

3.4.2　电磁透镜的结构

1. 带有软磁铁壳的磁透镜

　　导线外围的磁力线都在铁壳中通过，在铁壳内侧开一环状狭缝，可以减小磁场的广延度，使大量磁力线集中在狭缝附近的狭小区域，增强磁场强度。其磁场的等磁位面的形状类似于光学透镜的形状，如图 3-9 所示。

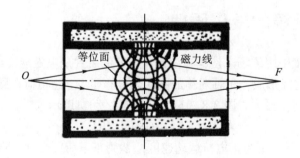

图 3-9　带有软磁铁壳的电磁透镜示意图

2. 带有极靴的磁透镜

　　为了进一步缩小磁场的轴向宽度，在环状间隙两边加上一对呈圆锥状的极靴，其目的是将电磁线圈的磁场在轴向的广延度降低，可达到 3mm。极靴是由铁钴合金等高磁导率材料组成，连接筒由铜等非导磁材料组成。在上、下极靴附近有很强的磁场，对电子的折射能力大，透镜焦距短。

图 3-10 给出了短线圈(无铁壳)、包壳磁透镜和极靴磁透镜的轴向磁场强度分布曲线，从图中可以看出，极靴磁透镜的磁场强度比短线圈(无铁壳)或包壳磁透镜更为集中，相比之下，极靴磁透镜的焦距更短，对物点的分辨本领更高。

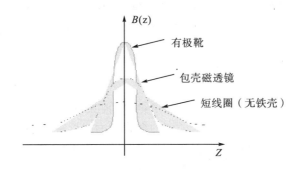

图 3-10　几种透镜的轴向磁场强度分布

(通过线圈的电流相同)

3.4.3　磁透镜与光学透镜的比较

与光学玻璃透镜相似，电磁透镜也有物距 L_1、像距 L_2 和焦距 f，三者之间的关系和放大倍数 M 分别为

$$\frac{1}{f} = \frac{1}{L_1} + \frac{1}{L_2} \tag{3-20}$$

$$M = \frac{L_2}{L_1} = \frac{L_2 - f}{f} \tag{3-21}$$

由上式(3-21)可以知道，当 L_2 一定时，M 与 f 成反比。

电磁透镜的焦距常用下式计算：

$$f = K\frac{VD}{(IN)^2}F \tag{3-22}$$

式中，K 为正比例常数；D 为极靴孔径；I 为通过线圈的电流；N 为线圈在每厘米长度上的圈数；F 为透镜的结构系数，与极靴间隙 S 有关。

我们从式(3-22)可以看出，电磁透镜的焦距与安匝数(IN)平方成反比，无论激磁方向如何，焦距总是正的，这表明电磁透镜总是会聚透镜。当改变激磁电流的大小时，电磁透镜的焦距、放大倍数都将发生相应的变化。因此，电磁透镜是一种可变焦距，也可以说是可变倍数的会聚透镜，这是电磁透镜有别于玻璃透镜的一个特点。

3.4.4　电磁透镜的像差

旋转对称的磁场可以使电子束聚焦成像，但是要得到既清晰又与物体的几何形状相似的图像，必须具备以下前提。

(1)磁场分布严格对称。

(2)满足旁轴条件,即物点离轴很近,电子射线与轴之间夹角很小。

(3)电子波的波长(速度)相同。

实际的电磁透镜并不能完全满足上述条件,因此从物面上一点散射出的电子束,不一定全部会聚在一点,或物面上各点不按比例成像于同一平面内,而使结果图像模糊不清,或者与原物的几何形状分布不相似,从而导致像差。电磁透镜的主要像差有球差、色差、轴上像散、畸变等。下面分别讨论球差、色差、轴上像散产生的原因。

1. 球差

球差即球面像差,是由于电磁透镜中心区域(近轴区)和边沿区域(远轴区)对电子的会聚能力不同而造成的,其中远轴区对电子束的会聚能力比近轴区大,此类球差也叫正球差。如图 3-11 所示,物点 P 通过透镜成像时,电子就不会会聚到同一焦点上,而是形成一个弥散圆斑,像平面在远轴电子的焦点和近轴电子的焦点之间移动,就可以得到一个最小的散焦圆斑。

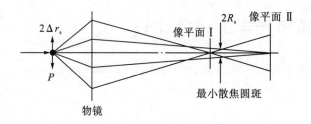

图 3-11 球差形成示意图

设最小散焦圆斑的半径为 R_s,电磁透镜的放大倍数为 M,折算到物平面上,其大小 Δr_s 为

$$\Delta r_s = \frac{R_s}{M} \tag{3-23}$$

显然,物平面上两点的距离小于 $2\Delta r_s$ 时,电磁透镜不能分辨,即在像平面上得到一个点,因此, Δr_s 表示球差的大小。

$$\Delta r_s = \frac{1}{4} c_s \alpha^3 \tag{3-24}$$

式中, c_s 为透镜的球差系数,相当于焦距,1～3mm; α 为孔径半角。由上式(3-24)可知,减小球差可以通过减小 c_s 和 α 来实现,所以采用小孔径成像时,可使球差明显减小。

2. 色差

色差是由于入射电子的波长或能量的非单一性造成的。入射电子的能量出现一定差别时,能量大的电子在距透镜光心比较远的地方聚焦,而能量低的在距光心比较近的地方聚焦,由此产生焦距差。像平面在远焦点和近焦点之间移动时存在一最小散焦圆斑 R_c,如图 3-12 所示。

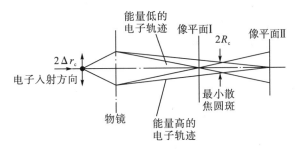

图 3-12　色差形成示意图

把最小散焦圆斑的半径折算到原物面的半径 Δr_c 有

$$\Delta r_c = \frac{R_c}{M} = c_c \alpha \left| \frac{\Delta E}{E} \right| \tag{3-25}$$

式中，c_c 为透镜的色差系数，随激磁电流的增大而减小；α 为透镜孔径半角；$\Delta E / E$ 为成像电子束能量变化率。

引起成像电子束能量变化的主要原因有：电子加速电压的稳定性和电子穿过样品时发生非弹性散射的程度；单一能量的电子束照射试样时，电子与物质相互作用，入射电子受到一次或多次非弹性散射，致使电子能量受损。由此可知，通过稳定电压和透镜激磁电流可以减小色差，使用较薄的试样有利于减小色差，提高图像清晰度。

3. 像散

像散是由于电磁透镜不是理想的旋转对称磁场而造成的。产生像散的主要原因有：极靴内孔不圆，上下极靴不同轴，极靴材质磁性不均匀，极靴污染等，图 3-13 为像散形成示意图。

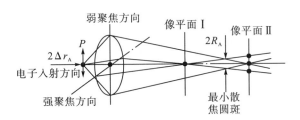

图 3-13　像散形成示意图

透镜磁场的非旋转性对称使它在不同方向上的聚焦能力出现差别，物点 P 通过透镜后不能在像平面上聚焦成一点，而是形成一散焦圆斑，如图 3-13 所示。与球差的处理情况相似，设最小散焦圆斑的半径为 R_A，透镜的放大倍数为 M，折算到物平面上，其大小 Δr_A 为

$$\Delta r_A = \frac{R_A}{M} \tag{3-26}$$

$$\Delta r_A = \Delta f_A \cdot \alpha \tag{3-27}$$

式中，Δf_A 为像散焦距。

3.4.5　电磁透镜的分辨本领

1. 分辨率

分辨率是电磁透镜的重要性能指标。它受到衍射效应、球差、色差和轴向像散等因素的影响，其中衍射效应和球差的影响是最主要的。仅考虑衍射效应和球差的影响时，电磁透镜的理论分辨率 r_{th} 为

$$r_{th} = A \cdot c_s^{1/4} \cdot \lambda^{3/4} \tag{3-28}$$

式中，A 为常数，约为 $0.4 \sim 0.5$；c_s 为透镜的球差系数。由计算得到的电磁透镜理论分辨率为 $0.2nm$。

2. 景深

景深是指在不影响透镜成像分辨本领的前提下，物平面可以沿透镜轴移动的距离。图 3-14 为电磁透镜景深示意图。电磁透镜景深与电磁透镜分辨率 Δr_0、孔径半角 α 之间的关系式为

$$D_f = \frac{2\Delta r_0}{\tan\alpha} \approx \frac{2\Delta r_0}{\alpha} \tag{3-29}$$

式中，D_f 为电磁透镜景深。

取 $\Delta r_0 = 1nm$，$\alpha = 10^{-2} \sim 10^{-5} rad$，则 $D_f = 200 \sim 300nm$。试样（薄膜）厚度一般为 $200 \sim 300nm$，上述景深范围可以保证样品整个厚度范围内各个结构细节都清晰可见。

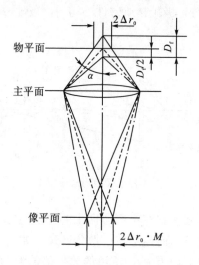

图 3-14　电磁透镜景深示意图

3. 焦深

在样品固定的条件下（物距不变），像平面沿透镜主轴移动时能保持物像清晰的距离称为焦深，也称焦长，用 D_L 表示。图 3-15 为电磁透镜焦深示意图。

透镜焦深 D_L 与分辨率 Δr_0、像点所张的孔径半角 β 之间的关系式为

$$D_L = \frac{2\Delta r_0 \cdot M}{\tan\beta} \approx \frac{2\Delta r_0 M}{\beta} \tag{3-30}$$

由于 $\beta = \dfrac{\alpha}{M}$，所以有

$$D_L = \frac{2\Delta r_0}{\alpha} M^2 \tag{3-31}$$

取 $\Delta r_0 = 1\text{nm}$，$\alpha = 10^{-2}\text{rad}$，若 $M=200$，则 $D_L=8\text{mm}$；若 $M=2000$，则 $D_L=80\text{mm}$。

电磁透镜的这一特点给电磁显微镜图像的照相记录带来了很大的方便，只要在荧光屏上图像聚焦清晰，在荧光屏上或下十多厘米放置照相底片，所拍的图像也是清晰的。

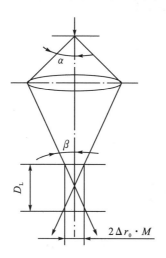

图 3-15　电磁透镜焦深示意图

3.5　透射电子显微镜

1932～1933 年，鲁斯卡(Ruska)等在研究高压阴极射线示波管的基础上制成了一台透射式电子显微镜。1940 年第一批商品电子显微镜问世，使电子显微镜进入实用阶段。

目前，世界上主流大型电镜的分辨本领为 2～3Å，电压为 100～500kV，放大倍数为 50～1 200 000 倍。图 3-16～图 3-19 为不同时期比较有代表性的产品。

透射电子显微镜的种类有很多，日立公司 H-700 透射电子显微镜是 20 世纪 70 年代的产品，其分辨率为 0.34nm，加速电压为 75～200kV，放大倍数是 25 万倍。它带有双倾台、旋转台、S700 扫描附件、EDAX9100 能谱；适合于医学、化学、微生物等方面的研究，更适合于金属材料、矿物及高分子材料的观察与结构分析，配合能谱进行微区成分分析。

Philips CM12 透射电子显微镜是 20 世纪 80 年代荷兰菲利普公司推出的产品，它的晶格分辨率为 2.04nm，点分辨率为 3.4nm，由微机控制，能进行衍射衬度分析、电子衍射、会聚电子束衍射、生物样品的冷冻电子显微分析。

Philips CM200-FEG 场发射枪透射电子显微镜是 20 世纪 90 年代的产品，晶格分辨率为

0.14nm，点分辨率为 0.24nm，加速电压约 200kV，可以连续设置加速电压，能在纳米尺度上进行微分析，具有电子束亮度高、束斑尺寸小、相干性好等特点。

图 3-16　H-700 透射电子显微镜

图 3-17　Philips CM12 透射电子显微镜

图 3-18　Philips CM200-FEG 场发射枪透射电子显微镜　图 3-19　Tecnai F20-twin 场发射枪透射电子显微镜

荷兰 FEI 公司在 2002 年推出的 Tecnai F20-twin 场发射枪透射电子显微镜比 Philips CM200－FEG 在信号处理上更胜一筹，也是一种性能优异的产品。

3.5.1　透射电子显微镜的工作原理与构造

透射电子显微镜(TEM)是一种具有原子尺度分辨能力,能同时提供物理分析和化学分析所需全部功能的仪器。它以聚焦电子束为照明源,以透射电子为成像信号。选区电子衍射技术的应用,使得微区形貌与微区晶体结构分析相结合,再配以能谱或波谱进行微区成分分析,从而得到全面的信息。其工作原理是:电子枪产生的电子束经 1~2 级聚光镜会聚后照射到试样某一待观察微小区域上,入射电子与试样物质相互作用,由于试样很薄,绝大部分电子能穿透试样,其强度分布与所观察试样区的形貌、组织、结构一一对应。透射出的电子经过放大后投射到荧光屏上,于是荧光屏上就显示出与试样形貌、组织、结构相对应的图像。

1. 透射电子显微镜的构造

透射电子显微镜主要由电子光学系统、真空系统和供电系统三大部分组成。

图 3-20 和图 3-21 分别为透射电子显微镜及其镜体剖面示意图。

电子光学系统的组成有照明部分、成像放大部分、显像部分。其中照明部分主要由电子枪、聚光镜组成，其作用主要是提供一束高亮度、小孔角、相干性好、束流稳定的照明源。电子枪的电子源有热电子源和场发射源，如图 3-22 所示。

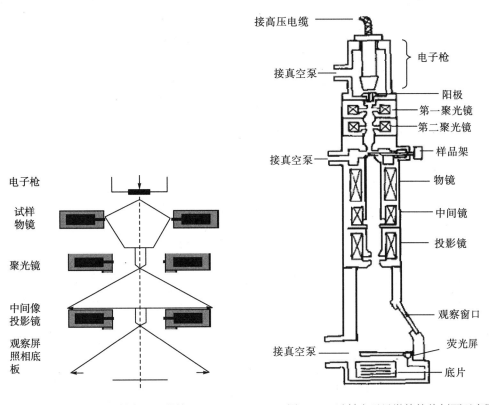

图 3-20　透射电子显微镜　　　　　　　图 3-21　透射电子显微镜镜体剖面示意图

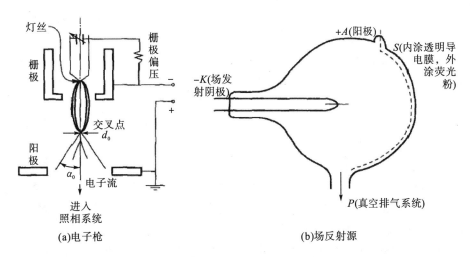

(a)电子枪　　　　　　　　　　　(b)场反射源

图 3-22　热电子源和场发射源示意图

聚光镜：电镜要求近百万倍的放大倍率，这就要求电子束的强度要高、直径要小、相干性要好。由于电子之间的斥力和阳极小孔的发散作用，电子束穿过阳极小孔后，又逐渐变粗，射到试样上仍然过大。聚光镜起会聚电子束，调节照明强度、孔径角和束斑大小的作用。聚光镜有第一聚光镜和第二聚光镜，第一聚光镜是使电子束斑缩小；第二聚光镜使束斑放大，以增大焦距，设置样品，如图 3-23 所示。

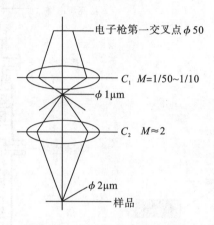

图 3-23　双聚光镜照明系统光路图

在图 3-23 中 C_1 和 C_2 分别表示第一聚光镜和第二聚光镜。C_1 通常保持不变，其作用是将电子枪的交叉点成一缩小的像，使其尺度缩小一个数量级以上。照明电子束的束斑尺寸及相干性的调整是通过改变 C_2 的激磁电流和 C_2 聚光镜光阑孔径实现的。为获得尽可能平行的电子束，通常适当地减弱 C_2 的激磁电流。例如在拍摄衍射像时，总是要适当地减弱 C_2 的激磁电流，以便使衍射斑更加明锐。采用小孔径聚光镜光阑，可以降低电子束的会聚角度，即增强其相干性或平行度，但同时却使得电子束流减小，使图像亮度降低，通过 C_1、C_2 可以获得直径为几微米的近似平行电子束，相应的放大倍数范围为几千或几十万倍。

2. 成像放大系统

成像放大系统由物镜、1～2 个中间镜和 1～2 个投影镜组成。

物镜是电镜中最关键的部分。其作用是将来自不同点、同方向、同相位的弹性散射束会聚于后焦面上，构成含有试样结构信息的散射花样或衍射花样；将来自同一点不同方向的弹性散射束会聚于像平面上，构成与试样组织相对应的显微像。物镜的任何缺陷都会被系统中其他部分放大，所以透射电镜的好坏，很大程度上取决于物镜的好坏。物镜的高分辨率依靠低像差，采用强激磁、短焦距(1.5～3mm)的物镜，此外还借助于物镜光阑和消像器进一步降低球差，消除像散，提高分辨能力。为了提高物镜的能力，减小物镜的球差和提高像的衬度，常在物镜的极靴进口表面和物镜的后焦面分别放置一个物镜光阑(防止物镜污染)和一个衬度光阑(提高衬度)。

中间镜是一个弱磁激、长焦距、可变放大倍数的弱磁透镜。其放大倍数在 0～20 之间。

投影镜是一个短焦距、高放大倍数的强磁透镜。其作用是把中间镜放大或缩小的像进一步放大，并投影到荧光屏上。其景深和焦长都很大。改变中间镜的放大倍数不影响图像的清晰度。

通过三级成像放大系统，可以进行高放大倍数、中放大倍数和低放大倍数成像，其成像光路示意图如图 3-24 所示。高放大倍数成像时，物经物镜放大后在物镜和中间镜之间成第一级实像，中间镜再以物镜的像为物进行放大，在投影镜上方成第二级放大像，投影镜以中间镜的像为物进行放大在荧光屏或底片上成终像。三级透镜高放大倍数成像可以获得高达 20 万倍的电子图像。

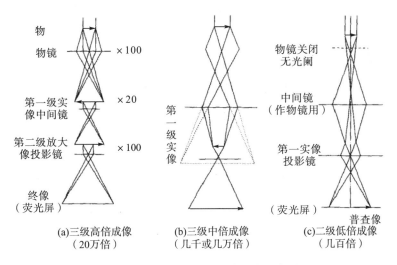

图 3-24　三级成像系统成像光路示意图

中放大倍数成像时调节物镜的激磁电流，使物镜成像于中间镜之下，中间镜以物镜像（虚像）为"虚物"，在投影镜上方成缩小的实像，经投影镜放大后在荧光屏或底片上成终像。中放大倍数成像可以获得几千或几万倍的电子图像。

低放大倍数成像的最简便方法就是减少透镜的使用数目和减小透镜的放大倍数。低放大倍数成像可以获得 100~300 倍的电子图像。

3. 真空系统

为了保证入射电子束在整个孔道中只与试样发生相互作用，而不与空气分子发生碰撞，整个电子通道从电子枪至照相底板盒都必须置于真空系统之内，一般真空度为 10^{-4}~10^{-7}mmHg。真空系统就是用来把镜筒内的空气抽走，以达到电镜安全工作的真空度。

4. 供电系统

透射电镜的电源由两部分组成。一部分是供给电子枪的高压部分；另外一部分是供给电子透镜的低压稳流部分。电源的稳定性是电镜性能好坏的一个重要标志。所以，对供电系统的主要要求是产生高稳定的加速电压和低压稳定的激磁电流。

近代的仪器除了上述系统外，还有自动操作程序控制系统和数据处理计算机系统。

3.5.2　透射电子显微镜样品的制备

透射电镜的出现极大地促进了材料科学的发展，但是应用透射电镜对材料的组织、结构进行深入研究需要两个前提：一是要制备出适合透射电镜观察用的试样，即要制备出厚度仅为 100~200nm，甚至几十纳米的对电子束"透明"的试样；二是建立相应的能够阐明各种电子像的衬度理论。

制备符合电镜观测的试样的制备方式有：复型、电解双喷、离子减薄等。由于复型适应面较广，下面就复型方法进行简介。

1. 复型样品的制备

复型即样品表面的复制，其复制出来的样品是真实样品表面形貌组织结构细节的薄膜复制品。

制备复型所用的材料应具备以下条件。

(1)无结构非晶态材料。这样可以避免因晶体衍射产生的衬度干扰复型表面形貌的分析。

(2)复型材料的粒子尺寸必须很小。粒子越小分辨率就越高，碳复型的分辨率可达 2nm，塑料复型的分辨率只有 10~20nm。

(3)复型材料应具备足够的强度和刚度，良好的导热、导电和耐电子轰击能力。

制备复型一般有三种方法：一级复型、二级复型和萃取复型(图 3-25、图 3-26、图 3-27、图 3-28)。

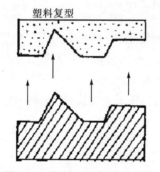

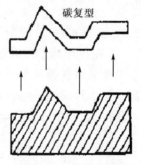

图 3-25　塑料一级复型示意图　　　　　　　图 3-26　碳一级复型

塑料一级复型：在已制备好的金相样品或断口样品上滴几滴体积分数为 1%的火棉胶醋酸戊酯溶液或醋酸纤维素丙酮溶液，溶液在样品表面展平，多余的溶液用滤纸吸掉，待溶剂蒸发后，样品表面即留下一层 100nm 左右的塑料薄膜。把这层塑料薄膜小心地从样品表面揭下来，剪成对角线小于 3mm 的小方块后，就可以放在直径为 3mm 的专用铜网上，进行透射电子显微分析。

塑料复型膜的优点是制作简便，不破坏样品表面；但是衬度差，容易被电子束烧蚀和分解，且因粒子大于碳，其分辨率较低。在复型前，样品表面必须充分清洗，否则会使复型的图像失真。

碳一级复型：直接把表面清洁的金相样品放入真空镀膜装置中，在试样表面垂直方向上蒸镀一层厚度为数十纳米的碳膜。蒸发沉积层的厚度可用放在金相样品旁边的乳白瓷片的颜色变化来估计。在瓷片上事先滴一滴油，喷碳时油滴部分的瓷片不沉积碳基本保持本色，其他部分随着碳膜变厚渐渐变成浅棕色和深棕色。一般情况下，瓷片呈浅棕色时，碳膜的厚度正好符合要求。把喷有碳膜的样品用小刀划成对角线小于 3mm 的小方块，放入配制好的分离液内进行电解或化学分离，电离分解时，样品通正电作阳极，用不锈钢平板作阴极。分离开的碳膜在丙酮或酒精中清洗后，便可置于铜网上放入电镜观察。化学分离时，最常用的溶液是氢氟酸双氧水溶液。碳膜剥离后必须清洗，然后才能进行观察分析。

　　塑料—碳二级复型：这是无机非金属材料形貌与断口观察中最常用的一种制样方法。塑料—碳二级复型的制作过程分为以下几个步骤：①在试样表面滴一滴丙酮，将 AC 纸（醋酸纤维素薄膜）覆盖其上，适当按压形成不夹气泡的一级复型，如图 3-27（a）。②用灯光烘干一级复型后，小心将其剥离，并将复制面向上平整固定在玻璃片上，如图 3-27（b）。③将固定好复型的玻璃片连同一白瓷片置于真空镀膜室中，先以倾斜方向"投影"重金属，再以垂直方向喷碳，以制备由塑料和碳膜构成的"复合复型"，如图 3-27（c）。碳膜厚度以白色瓷片表面变为浅棕色为宜。④将要分析的区域剪成略小于样品铜网（φ3mm）的小方块，使碳膜面朝里，贴在事先熔在干净玻璃片上的低熔点石蜡层上，石蜡液层冷凝后即把复合膜块固定在玻璃片上，将该玻璃片放入丙酮液中，复合型的 AC 纸（即一级复型）在丙酮中将逐渐被溶解，同时适当加热以溶解石蜡，如图 3-27（d）。⑤待 AC 纸和石蜡溶解后，碳膜（即二级复型）将漂在丙酮中，将铜网勺移至清洁的丙酮液中清洗，再转至蒸馏水中，由于水的表面张力使碳膜舒展漂起，捞出，干燥即可，如图 3-27（e）。

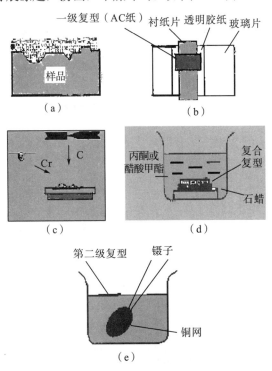

图 3-27　塑料—碳二级复型制作过程示意图

(a)(b)一级塑膜复型；(c)二级喷碳复型；(d)(e)复型膜分离

萃取复型：制作方法类似于碳一级复型，在使复型膜与样品表面分离时，将样品表面欲分析的颗粒相抽取下来并黏附在复型膜上，见图3-28。萃取复型既复制了试样表面的形貌，同时又把第二相粒子黏附下来保持原来的分布状态。

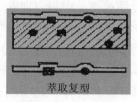

图3-28　萃取复型

2. 直接样品的制备

对于粉末样品，常见试样制备方法有两种：胶粉混合法、支持膜分散粉末法。

胶粉混合法：在干净玻璃上滴火棉胶溶液，在胶液上放少许粉末并搅匀，再用另一块玻璃对研后突然抽开，膜干后划成小方块，在水面上下空插，膜片逐渐脱落，用铜网捞出待用。图3-29为利用胶粉混合法制备的 Y_2O_3 及 Fe_2O_3 超细陶瓷粉末的透射电镜照片。

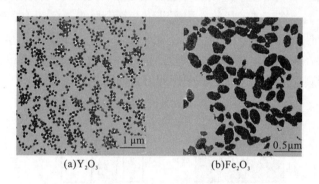

(a)Y_2O_3　　　　　　　　　　　(b)Fe_2O_3

图3-29　超细陶瓷粉末的透射电镜照片

支持膜分散粉末法：将火棉胶或碳膜放在铜网上，再将粉末均匀地分布在膜上送入电镜观察。

对于金属样品，可采用直接制备法，具体步骤如下。

(1) 初减薄：初减薄用来制备厚度约为 100～200μm 的薄片，其制作过程为：①延性金属采用电火花或线切割法，亦可轧薄再退火；②脆性材料用刀片沿解理面解理；③薄片不与解理面平行可用金刚锯。

(2) 圆片切取：如果材料的塑性较好且对机械损伤的要求不严格，可采用特制的小型冲床从薄片上直接取 ϕ3mm 的圆片。对于脆性材料可以采用电火花切割、超声波钻和研磨钻。

(3) 预减薄：从圆片的一侧或两侧将圆片中心区域减薄至数微米。其目的是使圆片中心区域减薄，确保最终中心部位穿孔。预减薄通常采用专用的机械研磨机，使中心区域减薄至约 10μm 厚，借助于微处理器控制的精密研磨有时可以获得使电子束透明的厚度，也可以采用化学方法进行预减薄。

(4)终减薄：常用的终减薄方法有两种，即电子轰击和离子轰击。其中电子减薄快捷且无机械损伤，但只适用于导电样品；离子减薄适用于难熔金属、硬质合金及不导电样品，离子减薄设备复杂，减薄时间长，后期阶段难掌握。

对高分子材料，其样品直接制备方法可归纳为表 3-3 所示方法。

表 3-3　高分子材料样品的制备方法

形状	结构		预处理	方法	注意	试样举例
悬浊液	单晶，固—液胶体		稀释到肉眼看是白色浑浊态	悬浊法	分散剂用水时，用碳补强火棉胶作支持膜	聚乙烯、聚甲醛等
细粉末			分散在稳定的分散剂里	悬浊法		
				直接撒上法		
			加凡士林，表面活性剂，火棉胶混合	糊状法	试样可施加机械力	
颗粒尺度微米数量级	无定形(非晶)	内部	染色、包埋	包埋切片	在 T_g 以下切片	橡胶，PMMA,HIPS
		表面	自制膜	二级复型		
	结晶	内部	冷冻、粉碎	粉末		
		表面	制膜或简易制膜自制膜	一级复型二级复型		
超薄膜	非结晶及结晶			直接固定		SBS
薄膜	非晶体	内部		切片	在 T_g 以下	橡胶中的填料
			染色	切片		共混聚合物
	单晶	内部	化学刻蚀	悬浊法		
			染色	切片	注意取相变化	
			包埋后断口刻蚀	复型		
		表面	无自由表面时进行表面刻蚀	一级复型二级复型		结晶性高分子薄膜
纤维	结晶性	内部	把纤维束包埋，切断表面进行刻蚀	复型		
				切片	注意取向变化	
			除表面刻蚀外再自制膜或简易制膜	复型		
		表面	制膜或简易制膜	一级复型		
			自制膜或把纤维绕到玻璃棒上，把表面弄平	二级复型		
本体聚合物	同薄膜		同薄膜	同薄膜	在 T_g 以下可避开观察	

3.5.3　透射电子显微镜在材料研究中的应用

有了电子显微镜，必须建立相应的能够阐明各种电子像的衬度理论，才能对得到的电子显微像做出满意的解释。一般把电子图像的光强度差别称为衬度。电子图像的衬度按其形成机制分为：质厚衬度、衍射衬度和相位衬度，它们分别适用于不同类型的试样、成像方法和研究内容。质厚衬度理论比较简单，适用于一般成像方法，非晶态薄膜和复型膜试样所成图像的解释；衍射衬度和相位衬度理论适用于晶体薄膜试样所成图像的解释，属于薄晶体电子显微分析范畴。电子衍射是薄晶体衍射的基础。

1. 晶体缺陷的衍衬分析

衍衬分析适用于从约 1.5nm 到微米数量级尺度的微观组织结构特征的分析。

广义地讲，一切破坏正常点阵周期的结构均可称为晶体缺陷。晶体缺陷的出现破坏了点阵周期性结构，都将导致其所在区域的衍射条件发生变化，使得缺陷所在区域的衍射条件不同于正常区域的衍射条件，从而显示出相应的衬度。

(1)位错。位错是线缺陷，位错在明场像中通常显示为暗线，在暗场像中显示为明线，且并不与位错所处的实际位置完全对应，总是出现在实际位置的一侧，如图 3-30 所示。

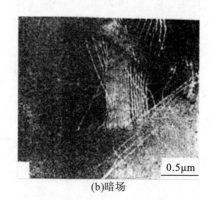

(a)明场   (b)暗场

图 3-30   不锈钢中的位错线

(2)层错。层错是平面缺陷，它与完整晶体间的边界是不完全位错，层错两侧的晶体具有相同的位向，但彼此间有一恒定的不等于点阵平移矢量的位移，如图 3-31 和图 3-32 所示。

图 3-31   不锈钢中层错形态图   图 3-32   单斜晶体中的孪晶形态

2. 透射电镜在高分子材料中的应用

在电子射线的轰击下，高分子受到电子损伤、降解、污染，分辨率由 0.1nm 降到 1～1.5nm。但透射电镜在以下方面的研究中卓有成效：

(1) 研究结晶结构及形态。

(2) 研究高分子结晶的聚集态，如图 3-33 和图 3-34 所示。

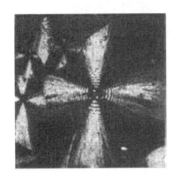

图 3-33　聚乙烯球晶　　　　　　　图 3-34　聚乙烯球晶表面复型照片

(3) 研究聚合物和共混物。

将高分子乳液滴到带有支持膜的铜网上，经染色后可以观察乳液的颗粒，并计算粒径的大小及分布，同时还可清晰看到种子聚合得到的核—壳结构，如图 3-35 所示。

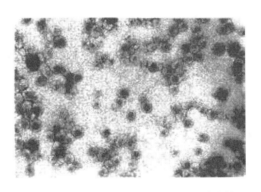

图 3-35　种子聚合乳液颗粒的核－壳结构

3.6　扫描电子显微镜

扫描电子显微镜(SEM)是继透射电镜之后发展起来的一种电镜。1935 年克诺尔(Knoll)提出了扫描电子显微镜的工作原理，并设计了简单的实验装置，1938 年阿登纳(Ardenne)制成第一台扫描电子显微镜。经数十年的发展，扫描电子显微镜在数量和普及程度上均已超过了透射电子显微镜，如图 3-36 所示。

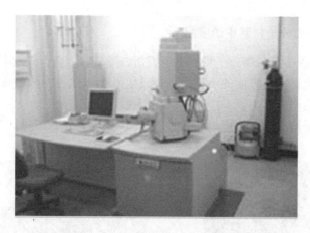

图 3-36　SL30 S-FEG 场发射扫描电子显微镜图

3.6.1　扫描电子显微镜的工作原理、特点及构造

1. 工作原理

扫描电子显微镜(SEM)是继透射电镜之后发展起来的一种电镜,解释试样成像及制作试样较容易。它具有较高的分辨率(3.5nm)和很大的景深,能清晰地显示粗糙样品的表面形貌,辅以多种方式给出微区成分等信息,用来观察断口表面微观形态,分析研究断裂的原因和机理等,是研究物体表面结构及成分的利器。扫描电子显微镜由于其自身优越的特点,在近数十年来得到迅速的发展,在数量与普及程度上都超过了透射电镜。扫描电子显微镜是用聚焦电子束在试样表面逐点扫描成像。其工作原理是:由热阴极电子枪发射能量为 5～35keV 的电子,经过电磁透镜的作用使其缩小为具有一定能量、一定束流强度和束斑直径的微细电子束,在扫描线圈的驱动下,在试样表面以一定时间、空间顺序做栅网式扫描。聚焦电子束与试样相互作用,在试样上激发出各种物理信号,其强度随试样表面特征而变,试样表面不同的特征信号被探测器收集转换成电信号,经视频放大后输入到显像管栅极,调制入射电子束同步扫描显像管,便得到试样表面形貌的扫描电子显微镜图像。图 3-37 为扫描电子显微镜工作原理示意图。

2. 扫描电子显微镜的特点

(1)可以观察直径为 0～30mm 的大块试样(在半导体工业可以观察更大直径),制样方法简单。

(2)景深大,三百倍于光学显微镜,适用于粗糙表面和断口的分析观察;图像富有立体感、真实感,易于识别和解释。

(3)放大倍数变化范围大,一般为 15～200000 倍,最大可达 1000000 倍,对于多相、多组成的非均匀材料便于低倍下的普查和高倍下的观察分析。

(4)具有相当的分辨率,一般为 2～6nm,最高可达 0.5nm。

(5)对试样的电子损伤小,扫描电子显微镜的电子束流为 10^{-10}～10^{-12}A,直径小(三至几十纳米),能量小,且在试样上扫描并不固定照射,损伤小,对高分子材料有利。

(6)保真性高,相对于透射电子显微镜的复型试样,扫描电子显微镜可以直接观察,无假象。

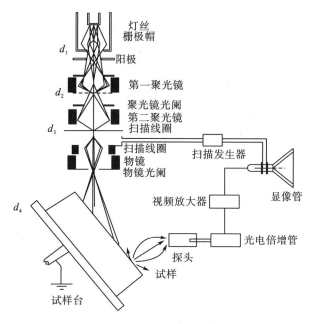

图 3-37 扫描电子显微镜工作原理示意图

(7)可以通过电子学方法有效地控制和改善图像的质量。如通过调制可改善图像反差的宽容度,使图像各部分亮暗适中。采用双放大倍数装置或图像选择器,可在荧光屏上同时观察不同放大倍数的图像或不同形式的图像。

(8)可进行多种功能的分析,与 X 射线谱仪配接,可在观察形貌的同时进行微区成分分析;配有光学显微镜和单色仪等附件时,可观察阴极荧光图像和进行阴极荧光光谱分析等。

(9)可使用加热、冷却和拉伸等样品台进行动态试验,观察在不同环境条件下的相变及形态变化等。

3. 扫描电子显微镜的结构

扫描电子显微镜主要由电子光学系统、扫描系统、信号探测放大系统、图像显示记录系统、真空系统和电源系统组成。

电子光学系统:扫描电子显微镜的电子光学系统由电子枪、电磁聚光镜、光阑、样品室等部件组成。为了获得信号强度和扫描像(尤其是二次电子像)分辨率,要求扫描电子束应具有较高的亮度和尽可能小的束斑直径。扫描电子显微镜使用的电子枪通常是发夹式热阴极三极式电子枪,20 世纪 60 年代末相继发展了六硼化镧阴极电子枪和场发射电子枪。表 3-4 列出了几种类型电子枪性能的比较。

表 3-4　几种类型电子枪性能的比较

电子枪类型	电子源直径	能量分散度 / eV	总束流 / μA	真空度 / Pa	寿命 / h
发夹型热钨丝	30μm	3	100	1.33×10^{-2}	50
六硼化镧阴极	5～10μm	1	50	2.66×10^{-4}	100
场发射枪	5～10μm	0.3	50	1.33×10^{-4}	1000

扫描系统:扫描系统由信号发生器、扫描放大控制器、扫描线圈等组成,使电子束产生横向偏转,可采用横向静电场及横向磁场。扫描系统通过双偏转线圈控制上、下偏转线圈同时起作用时,电子束在样品表面做光栅扫描,x、y 向扫描位移相等,光栅为正方形;下偏转线圈不起作用时,末级聚光镜起二次偏转作用,电子束在样品表面摆动,做角光栅扫描。

信号探测放大系统:其作用是收集(探测)样品在入射电子作用下产生的各种物理信号并放大。常用闪烁计数器来检测二次电子、背散射电子等信号。

图像显示记录系统:其将信号检测放大系统收集的信号转变为能显示在阴极射线管荧光屏上的图像,以供观察记录。

真空系统:与透射电子显微镜相同,扫描电子显微镜的真空系统保证光学系统正常工作,保证灯丝寿命,防止样品污染。一般情况下应保持高于 10^{-4}mmHg 的真空度。

电源系统:由稳压稳流及相应的保护电路组成,为扫描电子显微镜各部分提供所需的电源。

3.6.2　扫描电子显微镜样品的制备

1. 对试样的要求

实验要求的试样可以是块状或粉末颗粒,真空中稳定。含有水分的试样应先烘干除去水分。表面受到污染的试样,要在不破坏试样表面结构的前提下进行适当清洗,然后烘干。新断开的断口或断面,一般不需要进行处理,以免破坏断口或表面的结构状态。有些试样的表面、断口需要进行适当的侵蚀才能暴露某些结构细节,在侵蚀后应将表面或断口清洗干净,然后烘干。对磁性试样要预先去磁,以免观察时电子束受到磁场的影响。试样大小要适合仪器专用样品座的尺寸。

2. 块状样品

对于块状导电材料,除了大小要适合仪器专用样品座的尺寸外,基本上不再进行其他制备要求,用导电胶把试样黏结在样品座上即可观察;非导电或导电性较差的材料,要先在材料表面形成一层导电膜,防止电荷积累影响图像质量及试样的热损伤。

3. 粉末试样

粉末样品需要黏结在样品座上。黏结的方法是先将导电胶或双面胶纸黏结在样品座上,再均匀地把粉末样撒在上面,用洗耳球吹去未粘住的粉末;也可以将粉末制备成悬浮液，滴在样品座上，待溶剂挥发，粉末就附着在样品座上，再镀上一层导电膜，即可上电镜观察。

4. 镀膜

镀膜的方法有两种，一是真空镀膜，另一种是离子溅射镀膜。

离子溅射镀膜与真空镀膜相比，其主要优点如下。

(1)装置结构简单，使用方便，溅射一次只需几分钟，而真空镀膜则要半个小时以上。

(2)消耗贵金属少，每次仅约几毫克。

(3)对同一种镀膜材料，离子溅射镀膜质量好，能形成颗粒更细、更致密、更均匀、附着力更强的膜。

3.6.3　扫描电子显微镜在材料研究中的应用

高能电子入射固体样品，与样品的原子和核外电子发生弹性或非弹性散射，这个过程可以激发各种物理信号。样品微区特征(如形貌、原子序数、化学成分、晶体结构或位向等)不同，则在电子束作用下产生的各种物理信号的强度也不同，这使得阴极射线管荧光屏上不同的区域会出现不同的亮度，从而获得具有一定衬度的图像。扫描电子显微镜常用的电子信号为背散射电子、二次电子、吸收电子、俄歇电子等。

扫描电子显微镜的图像解释理论有二次电子像衬度、背散射电子衬度。

扫描电子显微镜具有比光学显微镜和透射电子显微镜大得多的景深，所以可获得其他显微镜无法得到的组成相的三维立体形态像，为进一步分析组成相的形成机理及其三维立体形态特征提供了一种有效的方法。图 3-38 和图 3-39 分别为微栅上沉积的单壁纳米 C 管放大 100000 倍和螺旋形碳管放大 9157 倍后的图形。

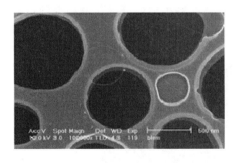
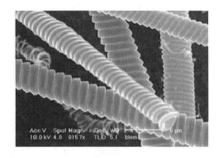

图 3-38　微栅上沉积的单壁纳米 C 管(100000×)　　　图 3-39　螺旋形碳管(9157×)

扫描电子显微镜的二次电子像主要反映试样表面的形貌特征。像的衬度是形貌衬度，对于表面有一定形貌的试样，其形貌可看成由许多不同倾斜程度的面构成的凸尖、台阶、凹坑等细节组成，这些细节的不同部位发射的二次电子数目不同，从而产生衬度。显然，凸尖或台阶边缘处，二次电子发射最多，在图像中亮度最高；倾斜度最小的平坦部位或凹谷发射的二次电子最少，在图像中最暗，形成的二次电子信号按形貌分布。二次电子像分辨率高，无明显阴影效应，场深大，是扫描电子显微镜的主要成像方式，特别适合粗糙表面及断口的形貌观察。图 3-40 和图 3-41 为扫描电子显微镜二次电子像的主要应用举例。

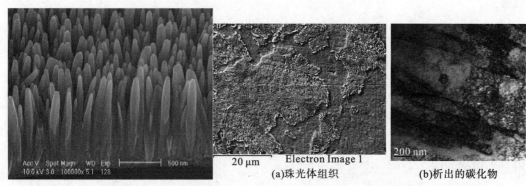

图 3-40　化学方法生长的 ZnO 纳米阵列
100000×倾斜 35°

(a)珠光体组织　　(b)析出的碳化物

图 3-41　金相表面的二次电子相

3.7　电子探针 X 射线显微分析

电子探针 X 射线显微分析仪(简称电子探针仪，EPA 或 EPMA)，是利用聚焦到很细且被加速到 5～30keV 的电子束，轰击用显微镜选定的待分析样品上的某"点"，根据高能电子与固体物质相互作用时所激发出的特征 X 射线波长和强度的不同，来确定分析区域中的化学成分。利用电子探针可以方便地分析 Be 到 U 之间的所有元素。电子探针 X 射线显微分析原理最早是由卡斯坦(Castaing)提出的，1949 年他用电子显微镜和 X 射线光谱仪组合成第一台实用的电子探针 X 射线显微分析仪，实现对固定点进行微区成分分析。1956 年克斯莱特(Cosslett)和邓卡姆(Dumcumb)运用扫描电子显微镜技术，实现了试样表面元素分布状态的观察，制成了扫描电子探针，不仅可进行固定点的分析，还可对试样表面某一微区进行扫描分析。1958～1960 年，上述两种类型的商品仪器相继问世。图 3-42 为扫描 X 射线电子探针分析仪。

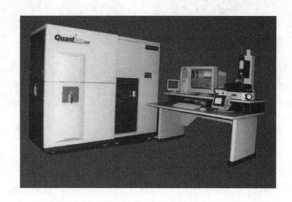

图 3-42　扫描 X 射线电子探针分析仪

电子探针 X 射线显微分析的特点如下。

(1)手段简化，分析速度快。

(2)成分分析所需样品量很少，且为无损分析方法。

(3)释谱简单且不受元素化合状态的影响。

3.7.1　电子探针仪的工作原理

电子探针仪除了 X 射线谱仪外，其他部分与扫描电子显微镜相似。

常用的 X 射线谱仪有两种。一种是利用特征 X 射线的波长不同来展谱的波谱仪；另一种是利用特征 X 射线的能量不同来展谱的能谱仪。

1. 波长分散谱仪的结构、工作原理

电子探针用波长分散谱仪(即波谱仪，WDS)有多种不同的结构，最常用的是全聚焦直进式波谱仪，其 X 射线的分光和探测系统由分光晶体、X 射线探测器和相应的机械传动装置组成。

波谱仪的工作原理主要是利用晶体对 X 射线的布拉格衍射原理。对于任意一个给定的入射角 θ，仅有一个确定的波长 λ 满足衍射条件。对于由多种元素组成的样品，则可激发出各个相应元素的特征 X 射线。被激发的特征 X 射线照射到连续转动的分光晶体上实现分光，即不同波长的 X 射线将在各自满足布拉格方程的 2θ 方向上被检测器接收，进而展示适当波长范围以内的全部 X 射线谱。图 3-43 为全聚焦原理图。

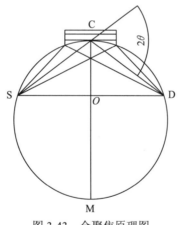

图 3-43　全聚焦原理图

2. 能谱仪的主要组成部分、工作原理及特点

能谱仪，即能量分析谱仪(energy dispersive spectrometer，EDS)，也称非色散能谱仪(NDS)，由探测器、前置放大器、脉冲信号处理单元、模数转换器、多道分析器、小型计算机及显示记录系统组成。其中关键部件为探测器，能谱仪使用的是锂漂移硅固态检测器，习惯表述为 Si(Li)检测器。

1)Si(Li)检测器的工作原理

X 射线光子进入探测器后被 Si 原子俘获并发射一个高能电子，产生电子—空穴对及相应的电荷量；电荷在电容上积分，形成代表 X 光子能量的信息(正比)。

2) Si(Li)检测器中 Li 的作用

Si 晶体中的微量杂质使电导率随其含量增加而迅速增大，成为 P 或 N 型半导体；为降低信号的直流本底噪声，预先在 370～420K 温度下施加电压扩散"渗入"离子半径很小的锂原子(即"漂移")，形成一定宽度的中性层，从而提高电阻。

3) 能谱仪的工作原理

由试样射出的各种能量 X 光子相继经 Be 窗射入 Si(Li)内，在活性区产生电子－空穴对。每产生一对电子－空穴对，就要消耗掉 X 光子 3.8eV 的能量。因此每一个能量为 E 的入射光子产生的电子－空穴对数目为 $N=E/3.8$。加在 Si(Li)上的偏压将电子－空穴对收集起来，每射入一个 X 光子，探测器输出一个微小的电荷脉冲，其高度正比于入射的 X 光子能量 E。电荷脉冲以时钟脉冲形式进入多道分析器。多道分析器有一个由许多存储单元组成的存储器。与 X 光子能量成正比的时钟脉冲数按大小分别进入不同的存储单元。每进一个时钟脉冲数，存储单元记录一个光子数，因此通道地址和光子能量成正比，通道记数为 X 光子数。最终得到以通道(能量)为横坐标，通道记数(强度)为纵坐标的能谱。

4) 能谱仪分析特点

优点：手段简化，分析速度快；成分分析所需样品量很少，且为无损分析方法；释谱简单且不受元素化合状态的影响；灵敏度高(探头近，未经晶体衍射，信号强度损失极少)；谱线重现性好(无运动部件，稳定性好)。

缺点：能量分辨率低(130eV)，峰背比低；工作条件要求严格；Si(Li)探头须保存在液氮冷却的低温状态，以防止 Li 浓度因扩散而变化。

3.7.2　电子探针仪的分析方法

电子探针仪分析有四种基本分析方法：定点定性分析、定点定量分析、线扫描分析和面扫描分析。

1. 定点定性分析

用显微镜或在荧光屏显示的图像上选定需要分析的点，使聚焦电子束照射在该点上，激发试样元素的特征 X 射线。利用 X 射线谱仪，将样品发射的 X 射线展成 X 射线谱，记录下样品所发射的特征谱线的波长，然后根据 X 射线波长表，判断这些特征谱线的归属，进而确定样品所含元素的种类。

2. 定点定量分析

在稳定电子束的照射下，由谱仪得到的 X 射线谱在扣除了背景计数率之后，各元素的同类特征谱线的强度值与它们的浓度相对应。定量分析时，记录下样品发射特征谱线的波长和强度，然后将样品发射的特征谱线强度(每种元素选最强的谱线)与标样(一般为纯元素标样)的同名谱线相比较，确定出该元素的含量。为获得元素含量的精确值，不仅要根据探测系统的特性对仪器进行修正，扣除连续 X 射线等引起的背景强度，还必须做一些消除影响 X 射线强度与成分之间比例关系的修正工作(称"基体修正")。常用的修正方法有"经验修正法"和"ZAF"修正法。

3. 线扫描分析

入射电子束在样品表面沿选定直线慢扫描,谱线仪处于探测某一元素特定 X 射线状态。显像管射线束的横向扫描与电子束在试样上的扫描同步,用谱仪检测某元素不同位置的特征 X 射线信号强度(计数率),进而获得该元素分布均匀性的信息,调制显像管的纵向位置可以得到反映该元素含量变化的特征 X 射线强度沿试样扫描曲线的分布。图 3-44 为线扫描分析应用举例。

4. 面扫描分析

聚焦电子束在试样表面作栅式面扫描,谱线仪处于能探测到某一元素特征 X 射线状态,用谱仪输出的信号脉冲调制同步扫描的显像管亮度,在荧光屏上得到由许多亮点组成的图像,这就是 X 射线扫描或元素面分布图像。根据图像上亮点的疏密和分布,可以确定该元素在试样中的分布。图 3-45 为 $ZnO-Bi_2O_3$ 陶瓷烧结表面的面成分分布分析。

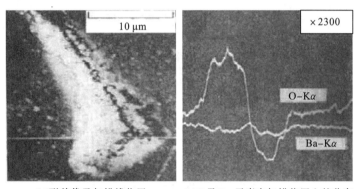

(a)形貌像及扫描线位置   (b)O 及 Ba 元素在扫描位置上的分布

图 3-44 BaF_2 晶界的线扫描分析

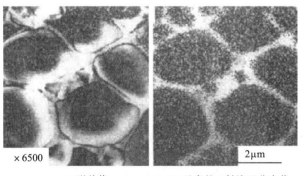

(a)形貌像   (b)Bi 元素的 X 射线面分布像

图 3-45 $ZnO-Bi_2O_3$ 陶瓷烧结表面的面成分分布分析

3.7.3　X射线光电子能谱分析方法

X射线光电子能谱(X-ray photoelectron spectroscopy，XPS)最初用于化学领域，又称为化学分析电子能谱(electron spectroscopy for chemical analysis，ESCA)。元素(及其化学状态)定性分析即以实测光电子谱图与标准谱图相对照，根据元素特征峰位置(及其化学位移)确定样品(固态样品表面)中存在哪些元素(及这些元素存在于何种化合物中)。定性分析原则上可以鉴定除氢、氦以外的所有元素。分析时首先通过对样品(在整个光电子能量范围)进行全扫描，以确定样品中存在的元素；然后再对所选择的谱峰进行窄扫描，以确定化学状态。

1. 基本原理

XPS的理论(图3-46)依据是Einstein的光电子发射公式：

$$h\nu = E_B + E_K \tag{3-32}$$

式中，ν为光子的频率；E_B是内层电子的轨道结合能；E_K是被入射光子所激发出的光电子动能。

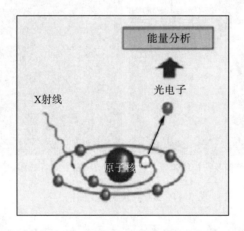

图3-46　XPS的理论

1)化学位移

由于原子所处的化学环境不同而引起的内层电子结合能的变化，在谱图上表现为谱峰的位移，这一现象称为化学位移。化学位移的分析、测定，是XPS分析中的一项主要内容，是判定原子化合态的重要依据。

化学位移理论的分析基础是结合能的计算。固体的热效应与表面荷电效应等引起电子结合能改变，进而导致光电子谱峰位移，称为物理位移。应用X射线光电子谱分析时应避免。图3-47为Al的2p电子能谱的化学位移。

化学位移具有如下的经验规律。

(1)同一周期内主族元素结合能位移随它们的化合价升高而线性增加；而过渡金属元素的化学位移随化合价的变化出现相反规律。

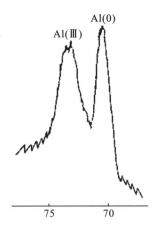

图 3-47　Al 的 2p 电子能谱的化学位移

(2)分子 M 中某原子 A 的内层电子结合能位移量同与它相结合的原子电负性之和有一定的线性关系。

(3)对少数系列化合物，由核磁共振波谱仪(nuclear magnetic resonance spectroscopy，NMR)和穆斯堡耳谱仪(Mössbauer spectroscopy)测得的各自的特征位移量同 XPS 测得的结合能位移量有一定的线性关系。

(4)XPS 的化学位移和宏观热力学参数之间有一定的联系。

2)伴峰与谱峰分裂

伴峰是能谱中出现的非光电子峰。导致伴峰的原因很多，如光电子运输过程中因非弹性散射而产生的能量损失峰，X 射线源的强伴线产生的伴峰，俄歇电子峰等。图 3-48 为 Mg 阳极 X 射线的 C_{1s} 主峰及伴峰。

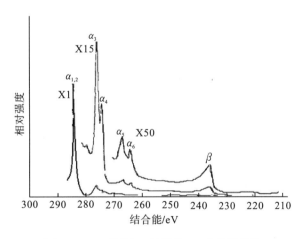

图 3-48　Mg 阳极 X 射线的 C_{1s} 主峰及伴峰

伴峰的种类有以下几种。

(1)光电子运输过程中因非弹性散射出现的能量损失峰。

(2)X 射线的强伴线(如 Mg 靶的 $K_{\alpha 3} K_{\alpha 4}$)产生的伴峰(能量略高)。

(3)俄歇电子峰。

谱峰分裂分为：多重分裂与自旋－轨道分裂。

多重分裂是在原子、分子或离子价(壳)层有未成对电子存在时，内层能级电离后发生能级分裂从而导致的光电子能谱分裂。

处于基态的闭壳层(不存在未成对电子的电子壳层)原子光电离后，生成的离子中必有一个未成对电子。若该电子角量子数大于 0，则必会产生自旋－轨道偶合，使未考虑该作用的能级分裂，导致光电子谱峰分裂。图 3-49 为氧原子 O_{1s} 的多重分裂。

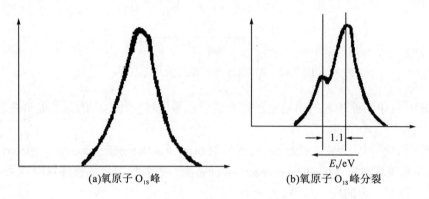

(a)氧原子 O_{1s} 峰   (b)氧原子 O_{1s} 峰分裂

图 3-49   氧原子 O_{1s} 多重分裂

二、XPS 仪构造

XPS 仪由 X 光源(激发源)、样品室、电子能量分析器和信息放大、记录(显示)系统等组成。图 3-50 为 XPS 仪构造简图。

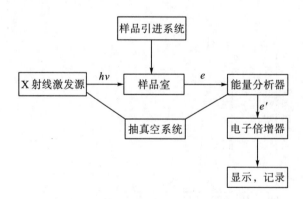

图 3-50   XPS 仪构造简图

X 射线源是用于产生具有一定能量的 X 射线的装置，目前一般以 Al/Mg 双阳极 X 射线源最为常见，发源能量范围为 0.1～10keV，常用 Mg 或 Al 的 $K_{\alpha1}$ 与 $K_{\alpha2}$ 的复合线。作为 X 射线光电子谱仪的激发源，希望其强度大、单色性好；一般没有 X 射线单色器时，用一很薄(1～2mm)的铝箔窗将样品和激发源分开，以防止 X 射线源中的散射电子进入样品室，同时可滤去相当部分的韧致辐射所形成的 X 射线本底。常用单色器去除 X 射线伴线产生的伴峰，减弱连续 X 射线造成的连续背底，从而提高分辨率。同时，将 X 射线用石英晶体的(1010)面沿 Bragg 反射方向衍射后便可使 X 射线单色化，也可以提高 X 射线的单色性和能量分辨率。表 3-5 给出了不同靶材的 X 射线源对比。

表 3-5　不同靶材的 X 射线源对比

X 射线	Mg 靶		Al 靶	
	能量/eV	相对强度	能量/eV	相对强度
K_{α_1}	1253.7	67.0	1486.7	67.0
$K_{\alpha2}$	1253.4	33.0	1486.3	33.0
K_{α}	1258.2	1.0	1492.3	1.0
$K_{\alpha3}$	1262.1	9.2	1496.3	7.8
$K_{\alpha4}$	1263.1	5.1	1498.2	3.3
$K_{\alpha5}$	1271.0	0.8	1506.5	0.42
$K_{\alpha6}$	1274.2	0.5	1510.1	0.28
K_{β}	1302.0	2.0	1557.0	2.0

除在一般的分析中人们所经常使用的 Al/Mg 双阳极 X 射线源外，为某些特殊的研究目的，还经常选用一些其他阳极材料作为激发源。

思 考 题

1. 简述入射电子束与固体中粒子相互作用的形式。

2. 电子束入射固体样品表面会激发哪些信号?它们有哪些特点和用途?

3. 说明影响光学显微镜和电磁透镜分辨率的关键因素是什么?如何提高电磁透镜的分辨率?

4. 电磁透镜有哪些像差，都是怎样产生的?

5. 简述透射电镜的构成及其工作原理；说明真空系统的作用。

6. 简述复型的定义，说明制备复型所用材料的要求。

7. 试比较分析碳一级复型、塑料一级复型、碳—塑料二级复型的优缺点。

8. 简述粉末样品及金属样品直接制备的方法。

9. 简述扫描电子显微镜的构成及其特点，试说明扫描电子显微镜样品的制备要求。

10. 说明电子探针仪波谱仪与能谱仪的特点及其定点定性分析的原理。电子探针仪如何与扫描电子显微镜配合进行组织结构与微区化学成分的同位分析?

11. 简述 XPS 分析的理论依据。

12. 什么是化学位移? 什么是伴峰? 试说明常见伴峰的种类。

主要参考文献

常铁军. 1999. 近代分析测试方法[M]. 哈尔滨：哈尔滨工业大学出版社.

陈梦谪. 1981. 金属物理研究方法[M]. 北京：冶金工业出版社.

陈世朴，王永瑞. 1982. 金属电子显微分析[M]. 北京：机械工业出版社.

杜廷发. 1994. 现代仪器分析(研究生教材)[M]. 北京：国防科技大学出版社.

杜学礼，潘子昂. 1986. 现代仪器分析丛书(扫描电子显微镜分析技术)[M]. 北京：化学工业出版社.

赫什，等. 1992. 晶体电子显微学[M]. 刘安生，等译. 北京：科学出版社.

洪班德，崔约贤. 1990. 材料电子显微分析实验技术[M]. 哈尔滨：哈尔滨工业大学出版社.

刘文西，黄孝瑛. 1989. 材料结构电子显微分析[M]. 天津：天津大学出版社.

陆家和，陈长彦. 1995. 现代分析技术[M]. 北京：清华大学出版社.

马如璋. 1997. 材料物理现代研究方法[M]. 北京：冶金工业出版社.

孟庆昌. 2002. 透射电子显微学[M]. 哈尔滨：哈尔滨工业大学出版社.

内山郁渡道融，纪本静雄. 1982. 电子探针 X 射线显微分析仪[M]. 刘济民，译. 北京：国防工业出版社.

漆璿，戎永华. 1992. X 射线衍射与电子显微分析[M]. 上海：上海交通大学出版社.

孙业英，陈南平. 1997. 光学显微分析[M]. 上海：东华大学出版社.

谈育煦. 1989. 金属电子显微分析[M]. 北京：机械工业出版社.

王乾铭，许乾慰. 2005. 材料研究方法[M]. 北京：科学出版社.

魏全金. 1990. 材料电子显微分析[M]. 北京：冶金工业出版社.

吴刚. 2002. 材料结构表征及应用[M]. 北京：化学工业出版社.

杨南如. 1993. 无机非金属材料测试方法[M]. 武汉：武汉理工大学出版社.

张清敏，徐濮. 1988. 扫描电子显微镜和 X 射线微区分析[M]. 天津：南开大学出版社.

周玉，武高辉. 1998. 材料分析测试技术——材料 X 射线衍射与电子显微分析[M]. 哈尔滨：哈尔滨工业大学出版社.

周志朝，等. 1993. 无机材料显微结构分析[M]. 杭州：浙江大学出版社.

左演声，陈文哲，梁伟. 2000. 材料现代分析方法[M]. 北京：北京工业大学出版社.

E. 利弗森. 1998. 材料科学与技术丛书(第 2A 卷)——材料的特征检测(第 1 部分)[M]. 北京：科学出版社.

Fultz B. 2002. Transmission Electron Microscopy And Diffractometry of Materials[M]. Berlin: Springer.

第 4 章 热 分 析

本章导读 物质在温度变化过程中，往往伴随着微观结构和宏观物理、化学等性质的变化，宏观上物理、化学性质的变化过程通常与物质的组成和微观结构相关联，特别是金属材料的热机械运动。通过测量和分析物质在加热和冷却过程中的物理、化学性质的变化，可以对物质进行定性、定量分析，以帮助我们进行物质的鉴定，为新材料的研究和开发提供热性能数据和结构信息。通过本章学习，要掌握热分析等基本概念、种类及其用途，熟悉热重分析、差热分析、差式扫描量热分析的原理及影响因素。

  热分析方法是利用热学原理对物质的物理性能或成分进行分析的总称。根据国际热分析协会(International Confederation for Thermal Analysis, ICTA)对热分析法的定义：热分析是在程序控制温度下，测量物质的物理性质随温度变化的一类技术。所谓"程序控制温度"是指用固定的速度加热或冷却，所谓"物理性质"则包括物质的质量、温度、热焓、尺寸、机械、声学、电学及磁学性质等。

  热分析的历史可追溯到 200 多年前。1780 年，英国的 Higgins 在研究石灰黏结剂的过程中第一次使用天平测量了实验受热时所产生的重量变化。1899 年，英国的 Roberts 和 Austen 采用两个热电偶反向连接，采用差热分析的方法直接记录了样品和参比物之间的温差随时间的变化规律。1915 年日本的本多光太郎提出了"热天平"概念并设计了世界上第一台热天平。二次世界大战以后，热分析技术得到了快速的发展，20 世纪 40 年代末商业化电子管式差热分析仪问世，20 世纪 60 年代又实现了微量化。1964 年，Wattson 和 ONeill 等提出了"差示扫描量热"的概念，进而发展成为差示扫描量热技术，使得热分析技术不断发展壮大。

  经过数十年的快速发展，热分析已经形成一类拥有多种检测手段的仪器分析方法，它可以用于检测物质因受热而引起的各种物理、化学变化，参与各学科领域中的热力学和动力学问题的研究，使其成为各学科领域的通用技术，并在各学科间占有特殊的重要地位。

4.1　热分析技术的分类

  热分析是在程序控制温度下，测量物质的物理性质随温度变化的一类技术。ICTA 根据所测定的物理性质，将所有的热分析技术划分为 9 类 17 种，如表 4-1 所示。这些热分析技术不仅能独立完成某一方面的定性、定量测定，而且还能与其他方法互相印证和补充，成为研究物质的物理性质、化学性质及其变化过程的重要手段。它在基础科学和应用科学的各个领域都有极其广泛的应用。

  差热分析、差示扫描量热法、热重分析和热机械分析是热分析的四大支柱，用于研究物质的晶型转变、熔化、升华、吸附等物理现象以及脱水、分解、氧化、还原等化学现象。热分析能快速提供被研究物质的热稳定性、热分解产物、热变化过程的焓变、各种类型的相变点、玻璃化温度、软化点、比热容、纯度、爆破温度等数据，还能为高聚物的表征及结构性能提供依据，是进行相平衡研究和化学动力学过程研究的常用手段。

表 4-1　热分析技术的分类

物理性质	分析技术名称	简称	物理性质	分析技术名称	简称
质量	热重法	TG	焓	差示扫描量热法	DSC
	等压质量变化测定		尺寸	热膨胀法	
	逸出气体检测	EGD	力学性质	热机械分析	TMA
	逸出气体分析	EGA		动态热机械分析	DMA
	放射热分析		声学性质	热发声法	
	热微粒分析			热声学法	
温度	加热曲线测定 差热分析	DTA	光学特性	热光学法	
			电学特性	热电法	
			磁学特性	热磁学法	

4.2　差　热　分　析

差热分析（differential thermal analysis，DTA）是在程序控制温度下测定物质和参比物（参比物，是在测量温度范围内不发生任何热效应的物质）之间的温度差和温度关系的一种技术。物质在加热或冷却过程中的某一特定温度下，往往会发生伴随吸热或放热效应的物理、化学变化，如晶型转变、沸腾、升华、蒸发、融化等物理变化，以及氧化还原、分解、脱水和离解等化学变化；另一些物理变化如玻璃化转变，虽无热效应发生但比热容等某些物理性质也会发生改变。此时物质的质量不一定改变，但是温度是必定会变化的。差热分析就是在物质这类性质基础上建立的一种技术。

4.2.1　差热分析原理

由物理学可知，具有不同自由电子束和逸出功的两种金属接触时会产生接触电动势。如图 4-1 所示，当金属丝 A 和金属丝 B 焊接后组成闭合回路，如果两焊点的温度 T_1 和 T_2 不同就会产生接触热电势，闭合回路有电流流动，检流计指针偏转。接触电动势的大小与 T_1、T_2 之差成正比。如把两根不同的金属丝 A 和金属丝 B 以一端相焊接（称为热端），置于需测温部位；另一端（称为冷端）处于冰水环境中，并以导线与检流计相连，此时所得的热电势近似与热端温度成正比，构成了用于测温的热电偶。如将两个反极性的热电偶串联起来，就构成了可用于测定两个热源之间温度差的温差热电偶。将温差热电偶的一个热端插在被测试样中，另一个热端插在待测温度区间不发生热效应的参比物中，试样和参比物同时升温，测定升温过程中两者温度差，就构成了差热分析的基本原理。

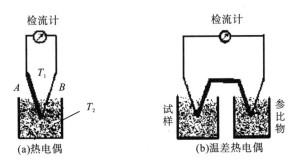

图 4-1　热电偶和温差热电偶

4.2.2　差热分析仪

　　差热分析仪一般由加热炉、试样容器、热电偶、温度控制系统及放大、记录系统等部分组成，其装置如图 4-2 所示。

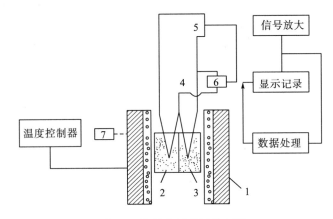

图 4-2　差热分析装置示意图

1-加热炉；2-试样；3-参比物；4-测温热电偶；5-温差热电偶；6-测温元件；7-温控元件

　　加热炉是加热试样的装置。作为差热分析用的电炉需满足以下要求：炉内应有一均匀的温度区，以使试样能均匀受热；程序控温下能以一定的速率均匀升(降)温，控制精度要高；电炉的热容量要小，以便于调节升温、降温速率；炉子的线圈应无感应现象，以防对热电偶产生电流干扰；炉子的体积要小、质量要轻，以便于操作和维修。

　　根据发热体的不同可将加热炉分为电热丝炉、红外加热炉和高频感应加热炉等。按炉膛的形式可分为箱式炉、球形炉和管状炉，其中管状炉使用最广泛。若按炉子放置的形式又分为直立和水平两种。作为炉管的材料和发热体的材料，应根据使用温度的不同进行选择，常用的有镍铬丝、铂丝、铂铑丝、钼丝、硅碳棒、钨丝等，使用温度范围上限从 900℃到 2000℃不等。

　　用于差热分析的试样通常是粉末状。一般将待测试样和参比物装入样品坩埚内后置于样品支架上。样品坩埚可用陶瓷质、石英玻璃质、刚玉质和钼、铂、钨等材料。作为样品支架的材料，在耐高温的条件下，以选择传导性能好的材料为宜。在使用温度不超过 1300℃时可采用金属镍或一般耐火材料作为样品支架，超过 1300℃时则用刚玉质材料为宜。

热电偶是差热分析中的关键元件。要求热电偶材料能产生较高的温差电动势并与温度呈线性关系，测温范围广，且在高温下不受氧化及腐蚀；电阻随温度变化要小，电导率要高，物理稳定性好，能长期使用；便于制造，机械强度高，价格便宜。

热电偶冷端的温度变化将影响测试结果，可采用一定的冷端补偿法或将其周围定在一个零点，如置于冰水混合物中，以保证准确地测温。

温度控制系统主要由加热器、冷却器、温控元件和程序温度控制器组成。由于程序温度控制器中的程序毫伏发生器发出的毫伏数和时间呈线性增大或减小的关系，可使炉子的温度按给定的程序均匀地升高或降低。升温速率要求在 $1\sim100℃\cdot min^{-1}$ 的范围内变化，常用的为 $1\sim20℃\cdot min^{-1}$。该系统要求能保证使炉温按给定的速率均匀地升温或降温。

信号放大系统的作用是将温差热电偶所产生的微弱温差电动势放大；增幅后输送到显示记录系统。

显示记录系统的作用是把信号放大系统所检测到的物理参数对温度作图。可采用电子电位差记录仪或电子平衡电桥记录仪、示波器、X-Y 函数记录仪以及照相式的记录方式等，以数字、曲线或其他形式直观地显示出来。该系统的作用是将所检测得到的物理参数对温度的曲线或数据作进一步的分析处理，直接计算出所需要的结果和数据由打印机输出。

在差热分析中温度的测定至关重要。由于各种 DTA 仪器的设计、所使用的机构材料和测温的方法各有差别，测量结果会相差很大。为此 ICTA 公布了一组温度标定物质，列于表 4-2 中，以它们的相变温度作为温度的标准，进行温度校正。

表 4-2 ICTA 推荐的温度标定物质

物质	转变相	平衡转变温度/℃	DTA 平衡值	
			外延起始温度/℃	峰温/℃
KNO_3	S-S	127.7	128	135
In（金属）	S-L	157	154	159
Sn（金属）	S-L	231.9	230	237
$KClO_4$	S-S	299.5	299	309
$AgSO_4$	S-S	430	424	433
SiO_2	S-S	573	571	574
K_2SO_4	S-S	583	582	588
K_2CrO_4	S-S	665	665	673
$BaCO_3$	S-S	810	808	819
$SrCO_3$	S-S	925	928	938

4.2.3 差热分析曲线及其影响因素

4.2.3.1 差热分析曲线

根据 ICTA 的规定，差热分析 DTA 是将试样和参比物置于同一环境中以一定的速率加热或冷却，将两者的温度差对时间或温度作记录的方法。从 DTA 获得的曲线试验数据是这样表示的：纵坐标代表温度差 ΔT ，吸热过程显示一个向下的峰，放热过程显示一个向上的峰，横坐标代表时间或温度，从左到右表示增加，如图 4-3 所示。

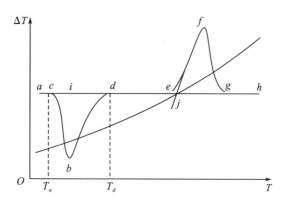

图 4-3　差热曲线形态特征

基线：指 DTA 曲线上 ΔT 近似等于 0 的区段，如图 4-3 中的 ac、de、gh。如果试样和此处的热容相差较大，则易导致基线倾斜。

峰：指 DTA 曲线上离开基线又回到基线的部分，包括放热峰和吸热峰，如图 4-3 中的 cbd、efg。

峰宽：指 DTA 曲线上偏离基线又返回基线两点的距离或温度距离，如图 4-3 中的 cd。

峰高：表示试样和参比物之间的最大温差，指峰顶至内插基线间的垂直距离，如图 4-3 中的 bi。

峰面积：指峰和内插基线之间所包围的面积。

外延始点：指起始边陡峭部分的切线与外延基线的交点，如图 4-3 中的 j 点。

在 DTA 曲线中，峰的出现是连续渐变的。由于在测试过程中试样表面的温度高于中心的温度，所以放热的过程由小变大，形成一条曲线。在 DTA 的 c 点，吸热反应主要在试样表面进行，但 c 点的温度并不代表反应开始的真正温度，而仅是仪器检测到的温度，这与仪器的灵敏度有关。

峰顶温度无严格的物理意义，一般来说峰顶温度并不代表反应的终止温度，反应的终止温度在 bd 线上的某一点。最大的反应速率也不发生在峰顶而是在峰顶之前。峰顶温度仅表示试样和参比物温差最大的一点，而该点的位置受试样条件的影响较大，所以峰顶温度一般不能作为鉴定物质的特征温度，仅在试样条件相同时作相对比较。

国际热分析协会 ICTA 对大量的试样测定结果表明，外延起始温度与其他实验测得的反应起始温度最为接近，因此 ICTA 决定用外延起始温度来表示反应的起始温度。

4.2.3.2　差热曲线的影响因素

差热分析是一种热动态技术，在测试过程中体系的温度不断变化，引起物质的热性能变化，因此许多因素都可影响 DTA 曲线的基线、峰形和温度。归纳起来，影响 DTA 曲线的主要因素有下列几方面。

仪器方面的因素：包括加热炉的形状和尺寸，坩埚材质、大小及形状，热电偶性能及其位置，显示、记录系统精度等。

试样方面的因素：包括试样的热容量、热导率，试样的纯度、结晶度或离子取代，试样的颗粒度、用量及装填密度，参比物等。

实验条件：包括加热速率、气氛和压力等。

1. 仪器方面因素

对于实验人员来说，仪器通常是固定的，一般只能在某方面，如坩埚或热电偶等方面做有限选择。但在分析不同仪器获得的实验结果或考虑仪器更新时，仪器因素不容忽视。

(1)炉子的结构和尺寸。炉子的均温区与炉子的结构和尺寸有关，而差热基线又与均温区的好坏有关，因此炉子的结构尺寸合理，均温区好，则差热基线直，检测性能也稳定。一般而言，炉子的炉膛直径越小，长度越长，均温区就越大，且均温区的温度梯度就越小。

(2)坩埚材料和形状。坩埚材料包括铝、不锈钢、铂金等金属材料和石英、氧化铝、氧化铍等非金属材料两类，其传热性能各不相同。金属材料坩埚的热传导性能好，基线偏离小，但是灵敏度低，峰谷较小。非金属材料坩埚的热传导较差，容易引起基线偏离，但灵敏度较高，较少的样品就可获得较大的差热峰谷。坩埚的直径大，高度小，试样容易反应，灵敏度高，峰形也尖锐。

(3)热电偶性能与位置。热电偶的性能会影响差热分析的结果。热电偶的接点位置、类型和大小等因素都会对差热曲线的峰形、峰面积及峰温等产生影响。此外，热电偶在试样中的位置不同，也会使热峰产生的温度和热峰面积有所改变。这是因为物料本身具有一定的厚度，因此表面的物料其物理化学过程进行得较早，而中心部分较迟，使试样出现温度梯度。试验表明，将热电偶热端置于坩埚内物料的中心可获得较大的热效应。因此，热电偶插入试样和参比物时，应具有相同的深度。

2. 试样方面因素

1)热容量和热导率

试样的热容量和热导率的变化会引起差热曲线的基线变化。一台性能良好的差热仪的基线应是一条水平线，但试样差热曲线的基线在热反应的前后往往不会停留在同一水平上。这是由于试样在热反应前后热容或热导率变化的缘故。反应前基线低于反应后基线，表明反应后热容减小；反应前基线高于反应后基线，表明反应后热容增大。反应前后热导率的变化也会引起基线类似的变化。

当试样在加热过程中热容和热导率都发生变化，而且加热速率较大，灵敏度较高的情况下，差热曲线的基线随温度的升高可能会有较大的偏离。

2)试样的颗粒度、用量及装填密度

粒度的影响较复杂，以采用小颗粒样品为宜，通常样品应磨细过筛并在坩埚中装填均匀。

试样用量多，热效应大，峰顶温度滞后，容易掩盖邻近小峰谷。特别是反应过程中有气体放出的热分解反应，试样的用量影响气体达到试样表面的速率。

试样的装填密度即试样的堆积方式，决定着等量试样体积的大小。在试样用量、颗粒度相同的情况下，装填密度不同也影响产物的扩散速度和试样的传热快慢，从而影响 DTA 曲线的形态。通常采用紧密填装方式。

3）试样的结晶度、纯度

Carthew 等研究了试样的结晶度对差热曲线的影响，发现结晶度不同的高岭土的吸热脱水峰面积，随样品结晶度的减小而减小；结晶度增大，峰形更尖锐。通常也不难看出，结晶良好的矿物，其结构水的脱出温度相应要高点，如结晶良好的高岭土 600℃脱出结构水，而结晶差的高岭土 560℃就可脱出结构水。

天然矿物都含有各种各样的杂质，含有杂质的矿物与纯矿物相比，其差热曲线形态、温度都可能不相同。

4）参比物

参比物是在一定温度下不发生分解、相变、破坏的物质，是在热分析过程中起着与被测物质相比较的标准物质。从差热曲线原理可以看出，只有当参比物和试样的热性质、质量、密度等完全相同时，才能在试样无任何类型能量变化的相应温度内保持温差为零，得到水平的基线，实际上这是不可能达到的。与试样一样，参比物的导热系数也受许多因素的影响，例如比热容、密度、粒度、温度和装填方式等，这些因素的变化均能引起差热曲线基线的偏移。因此，为了获得尽可能地与零线接近的基线，需要选择与试样导热系数尽可能相近的参比物。

要获得一条高质量的被测物质的差热曲线，必须选择与试样的热传导和热容尽可能接近的物质作参比物，有时为了使试样的导热性能与参比物相近，可在试样中添加适量的参比物使试样稀释；试样和参比物均应控制相同的粒度；装入坩埚的致密程度、热电偶插入深度也应一致。

3. 实验条件

1）升温速度

在差热分析中，升温速度的快慢对差热曲线的基线、峰形和温度都有明显的影响。升温越快，更多反应将发生在相同的时间间隔内，峰的高度、峰顶或温差将会变大，因此出现尖锐而狭窄的峰。同时，不同的升温速度还会明显影响峰顶温度。随着升温速度的提高，峰形变得尖而窄，形态拉长，峰温增高。升温速度降低时，峰谷宽、矮，形态扁平，峰温降低。升温速度不同还会影响相邻峰的分辨率，较低的升温速率使相邻峰容易分开，而升温速率太快容易使相邻峰谷合并。一般常用的升温速率为 1～10K/min。

2）炉内压力和气氛

压力对差热反应中体积变化很小的试样影响不大，而对于体积变化明显的试样则影响显著。在外界压力增大时，试样的热反应温度向高温方向移动；当外界压力降低或抽成真空时，热反应的温度向低温方向移动。

炉内气氛对碳酸盐、硫化物、硫酸盐等矿物加热过程中的行为有很大影响，某些矿物试样在不同的气氛控制下，会得到完全不同的差热分析曲线。试验表明，炉内气氛的气体与试样的热分解产物一致时，分解反应所产生的起始、终止和峰顶温度趋向增高。

进行气氛控制通常有两种形式。一种是静态气氛，一般为封闭系统，随着反应的进行，样品上空逐渐被分解的气体所包围，将导致反应速率减慢，反应温度向高温方向偏移。另一种是动态气氛，气氛流经试样和参比物，分解产物所产生的气体不断被动态气氛带走，只要控制好气体的流量就能获得重现性好的实验结果。

4.3　差示扫描量热法

差示扫描量热法（DSC）是在程序控制温度条件下，测量输入给样品与参比物的能量差随温度或时间变化的一种热分析方法。针对差热分析法只是间接以温差变化表达物质物理或化学变化过程中热量的变化（吸热和放热），且差热分析曲线影响因素很多，难以进行定量分析的问题，发展了差示扫描量热法。

4.3.1　差示扫描量热分析的原理

差示扫描量热法按测量方式的不同分为功率补偿式差示扫描量热法和热流式差示扫描量热法两种。

4.3.1.1　功率补偿式差示扫描量热法

功率补偿式差示扫描量热法是采用零点平衡原理。该类仪器包括外加热功率补偿差示扫描量热计和内加热功率补偿差示扫描量热计两种。

外加热功率补偿差示扫描量热计的主要特点是试样和参比物放在外加热炉内加热的同时，都附加独立的小加热器和传感器，即在试样和参比物容器中各装有一组补偿加热丝，其结构如图4-4所示。整个仪器由两个控制系统进行监控，其中一个控制温度，使试样和参比物在预定速率下升温或降温；另一个控制系统用于补偿试样和参比物之间所产生的温差，即当试样由于热反应而出现温差时，通过补偿控制系统使流入补偿加热丝的电流发生变化。例如，当试样吸热时，补偿系统流入试样一侧加热丝的电流增加；试样放热时，补偿系统流入参比物一侧加热丝的电流增大，直至试样和参比物二者热量平衡，差热消失。这就是零点平衡原理。这种DSC仪经常与DTA仪组装在一起，通过更换样品支架和增加功率补偿单元，达到既可作差热分析又可作差示扫描量热法分析的目的。

内加热功率补偿差示扫描量热计则无外加热炉，直接用两个小加热器进行加热，同时进行功率补偿。由于不使用大的加热炉，因此仪器的热惰性小、功率小、升降温速度很快。但这种仪器随着试样温度的增加，样品与周围环境之间的温度梯度越来越大，造成大量热量的流失，大大降低了仪器的检测灵敏度和精度。因此，这种DSC仪的使用温度较低。

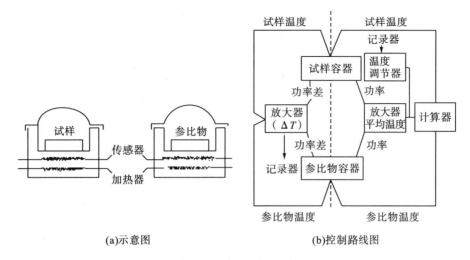

(a)示意图　　　　　　　　　　　　(b)控制路线图

图 4-4　功率补偿差示扫描量热仪示意图

4.3.1.2　热流式差示扫描量热法

　　热流式差示扫描量热法主要是通过测量加热过程中试样吸收或放出热量的流量来达到 DSC 分析的目的。该法包括热流式和热通量式，两者都采用差热分析的原理来进行量热分析。

　　热流式差示扫描量热仪的构造与差热分析仪相近，其结构如图 4-5 所示。它利用康铜电热片作试样和参比物支架底盘并兼作测温热电偶，该电热片与试样和参比物底盘下的镍铬丝和镍铝丝组成热电偶以检测差示热流。当加热器在程序控制单元控制下加热时，热量通过加热块对试样和参比物均匀加热。由于在高温时试样和周围环境的温差较大，热量的损失较大。因此在等速升温的同时，仪器自动改变差示放大系数，温度升高时，放大系数增大，以补偿因温度变化对试样热效应测量的影响。

　　热通量式差示扫描量热法的检测系统如图 4-6 所示。仪器的主要特点是检测器由许多热电偶串联成热电堆式的热流量计，两个热电偶计反向连接并分别安装在试样和参比物与炉体之间，如同温差热电偶一样检测试样和参比物之间的温差。由于热电偶堆中热电偶很多，热端均匀分布在试样和参比物容器壁上，检测信号大，检测的试样温度是试样各点温度的平均值，所以测量的 DSC 曲线重复性好，灵敏度和精确度都很高，常用于精密的热量测定。

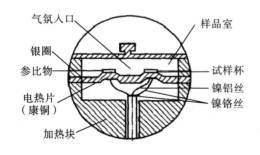

图 4-5　热流式差示扫描量热仪示意图

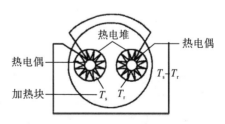

图 4-6　热通量式差示扫描量热仪示意图

T_s—试样温度；T_r—参比物温度

无论哪一种差示扫描量热法，随着试样温度的升高，试样与周围环境温度偏差越大，造成热量损失，都会使测量精度下降。因而差示扫描量热法的测温范围通常低于800℃。

4.3.2　差示扫描量热曲线

差示扫描量热曲线(DSC曲线)是在差示扫描量热测量中记录的以热流率dH/dt为纵坐标，以温度或时间为横坐标的关系曲线。与差热分析一样，它也是基于物质在加热过程中发生物理、化学变化的同时伴随有吸热、放热现象。因此，差示扫描量热曲线的形态外貌与差热曲线完全一样。

4.3.3　差示扫描量热法的影响因素

由于DTA和DSC都是以测量试样焓变为基础，而且两者在仪器原理和结构上有许多相同或相近之外，因此影响DTA的各种因素也会以相同或相近的规律对DSC产生影响。但是由于DSC试样用量少，试样内的温度梯度较小且气体的扩散阻力下降，对于补偿功率型DSC还有热阻力影响小的特点，因而某些因素对DSC的影响与对DTA的影响程度不同。

影响DSC的因素主要有样品、实验条件和仪器因素。样品因素主要是试样的性质、粒度及参比物的性质。有些试样如聚合物和液晶，其热历史对DSC曲线也有较大的影响。实验条件因素主要是升温速率，它影响DSC曲线的峰温和峰形。升温速率越大，一般峰温越高，峰面积越大，峰形越尖锐；但这种影响在很大程度上还与试样种类和受热转变的类型密切相关；升温速率对有些试样相变焓的测定值也有影响。实验条件因素还有炉内气氛类型和气体性质，气体性质不同，峰的起始温度和峰温甚至过程的焓变都会不同。此外，试样用量和稀释情况对DSC曲线也有影响。

4.3.4　差示扫描量热法的温度和能量校正

DSC是一种动态量热技术，在程序温度下，测量样品的热流率随温度变化的函数关系，常用来定量地测定熔点和热容。因此，对DSC仪器的校正有最重要的两项，一项为温度校正，一项为能量校正。

1. 温度校正与熔点测定

DSC温度坐标的精确程度是衡量仪器的一项重要指标。即使出厂时调试好的仪器，在重新更换样品支架，重新调整基线，改变环境气氛时，严格说来都应进行校正。校正温度最常用的方法是选用不同温度点测定一系列标准化合物的熔点。表4-3列出了几种标准物质的熔融转变温度。

表 4-3 常用标准物质熔融转变温度和能量

物质	铟(In)	锡(Sn)	铅(Pb)	锌(Zn)	硫酸钾(K$_2$SO$_4$)	铬酸钾(K$_2$CrO$_4$)
转变温度/℃	150.60	231.88	327.47	419.47	585.0±0.5	670.5±0.5
转变能量/(J/g)	28.46	60.47	23.01	108.39	33.27	33.68

纯物质的熔融是一个等温的一级转变过程,因此在转变过程中样品是不变的,起始转变温度不像峰温那样明显受样品量变化的影响。

2. 能量校正与热焓测定

当测量伴随某一转变或反应的总能量(焓变)时,需对整个 DSC 峰面积对应于时间进行积分:

$$\Delta H = \int \frac{dH}{dt} dt \tag{4-1}$$

但实际的 DSC 能量(热焓)测量包括仪器校正常数、灵敏度(量程)、记录仪扫描速率(纸速)及峰面积的测量等,通常用下式来计算反应或转变的焓变:

$$\Delta H = KAR / (Ws) \tag{4-2}$$

式中,ΔH 为试样转变的热焓,mJ/mg;W 为试样质量,mg;A 为试样焓变时扫描峰面积,mm^2;R 为设置热量量程,mJ/s;s 为记录仪走纸速度,mm/s;K 为仪器校正常数。

仪器校正常数 K 的测定常用已知熔融热容的高纯金属作为标准,最常用作校正标准的是铟。准确称量 5~10mg 试样,并选择适当的升温速率、灵敏度(量程)和记录仪纸速,测量出它的 DSC 曲线。可按下式求出仪器校正常数 K:

$$K = \Delta HWs / (AR) \tag{4-3}$$

由式(4-3)可知,仪器量程标度、纸速等如有误差,在上述校正中已并入校正系数 K 中,因此对于能量测量来说,这种校正精度已足够。但对那些要求直接涉及纵坐标位移的测量,如动力学研究和比热容测定,则还需对量程标度进行精确修正。

3. 量程校正

量程标度的准确度关系到纵坐标的准确度,在需要准确动力学数据和比热容数据的测量中极为重要。量程标度的精确度测定可用铟作标准进行校正,校正方法为:在铟的记录纸上划出一块大小合适的长方形面积,如取高度为记录纸的横向全分度的 3/10,即三大格,长度为半分钟走纸距离,再根据热量量程和纸速将长方形面积转化成铟的 ΔH,按 $K = \Delta HWs / (AR)$ 计算校正系数 K'。若量程标度已校正好,则 K' 与铟的文献计算的 K 应相等。若量程标度有误,则 K' 与按文献值计算的 K 不等,这时的实际量程标度应等于 $K / (K'R)$。

4.4 热重分析

4.4.1 热重分析基本原理

热重法(TG)是对试样的质量随以恒速进行的温度变化而发生的改变量，或在等温条件下质量随时间变化而发生的改变量进行测量的一种动态技术。在热分析技术中，热重法使用最为广泛，该研究一般在静止或流动的活性或惰性气体环境下进行。所含因素如试样的重量、状态、加热速度、湿度、环境条件都是可变的，在热重分析中这些因素的变化对测得的重量、温度曲线将产生显著影响，并可用来估计热敏元件与试样间的热滞后关系，因此在表示测定结果时，所有以上条件都应被标明，以便他人进行重复实验。热重法通常有两种类型：等温热重法——在恒温下测定物质质量变化与时间的关系；非等温热重法——在程序控温下测定物质质量变化与温度的关系。

热重法所用的仪器称为热重分析仪或热天平，其基本构造如图 4-7 所示，一般由精密天平和线性程序控温的加热炉组成。热天平是根据天平梁的倾斜与重量变化的关系进行测定，通常测定重量变化的方法有变位法和零位法两种。

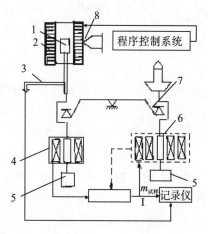

图 4-7　热天平结构图

1-试样支持器；2-炉子；3-测温热电偶；4-传感器(差动变压器)；5-平衡锤；6-阻尼及天平复位器；7-天平；8-阻尼信号

1. 变位法

变位法主要利用质量变化与天平梁倾斜的正比关系，当天平处于零位时，位移检测器输出的电信号为零；而当样品发生重量变化时，天平梁产生位移，此时检测器相应地输出电信号，该信号可通过放大后输入记录仪进行记录。

2. 零位法

当重量变化引起天平梁的倾斜，靠电磁作用力使天平梁恢复到原来的平衡位置时，所施加的力与重量变化成正比。当样品质量发生变化时，天平梁产生倾斜，此时位移检测器所输出的信号通过调节器向磁力补偿器中的线圈输入一个相应的电流,从而产生一个正比于质量变化的力,使天平梁复位到零位。输入线圈的电流可转换成电信号输入记录仪进行记录。

热重分析仪的天平具有很高的灵敏度(可达到 0.1μg)。天平灵敏度越高,所需试样用量越少,在 TG 曲线上重量变化的平台越清晰,分辨率越高。此外,加热速率的控制与质量变化有密切的关联,因此高灵敏度的热重分析仪更适用于较快的升温速度。

近年来,在热重分析仪的研制上取得了一定进展,除了在常压和真空条件下工作的热天平之外,还研制出高压热天平。在程序控制温度方面又设计出一种新的方法,它是由炉膛内和加热炉丝附近两根热电偶进行控制,可获得精确而灵敏的温度程序控制。

4.4.2　热重曲线

由热重法记录的质量变化对温度的关系曲线称热重曲线(TG 曲线),它表示过程的失重累积量,属积分型。从热重曲线可得到试样组成、热稳定性、热分解温度、热分解产物和热分解动力学等有关数据,同时还可获得试样质量变化率与温度或时间的关系曲线,即微商热重曲线(DTG 曲线)。微商热分析主要用于研究不同温度下试样质量的变化速率,此外它对确定分解的开始阶段温度和最大分解速率时的温度特别有用。尤其有竞争反应存在时,从 DTG 曲线上观察比从 TG 曲线上观察更清楚。

热重分析得到的是程序控制温度下物质质量与温度关系的曲线,即热重曲线(TG),横坐标为温度或时间,纵坐标为质量,也可用失重百分率等其他形式表示。

由于试样质量变化的实际过程不是在某一温度下发生变化而瞬间完成,因此热重曲线的形状不呈直角台阶状,而是形成带有过渡和倾斜区段的曲线。曲线的水平部分(即平台)表示质量是恒定的,曲线斜率发生变化的部分表示质量的变化。因此从热重曲线还可以求出微商热重曲线(DTG),热重分析仪若带有微分线路就可同时记录热重和微商热重曲线。

微商热重曲线的纵坐标为质量随时间的变化率 dW/dt,横坐标为温度或时间。TG 曲线在形貌上与 DTG 或 DSC 曲线相似,但 DTG 曲线表明的是质量变化速率,峰的起止点对应 TG 曲线台阶的起止点,峰的数目和 TG 曲线的台阶相等,峰位为失重(或增重)速率的最大值,即 $d^2W/dt^2=0$,它与 TG 曲线的拐点相对应;峰面积与失重量成正比。因此可从 DTG 的峰面积算出失重量。虽然微商热重曲线与热重曲线所能提供的信息相同,但微商热重曲线能清楚地反映出起始反应温度,达到最大反应速率的温度和反应终止温度,而且提高了分辨两个或多个相继发生的质量变化过程的能力。由于在某一温度下微商热重曲线的峰高直接等于该温度下的反应速率,因此,这些值可方便地用于化学反应动力学的计算。

4.4.3　热重曲线的影响因素

热重分析和差热分析一样,也是一种动态技术,其实验条件、仪器的结构与性能、试样本身的物理、化学性质以及热反应特点等多种因素都会对热重曲线产生明显的影响。来自仪器的影响因素主要有基线、试样支持器和测温热电偶等；来自试样的影响因素有质量、粒度、物理化学性质和装填方式等；来自实验条件的影响因素有升温速率、气氛和走纸速率等。下面就基线漂移、升温速率、炉内气氛、坩埚、热偶位置、试样等因素对热重曲线的影响做一简介。

1. 热重曲线的基线漂移

热重曲线的基线漂移是指试样没有变化而记录曲线却指示出有质量变化的现象，它造成失重或增重的假象。这种漂移主要与加热炉内气体的浮力效应和对流影响、Knudsen 力及温度与静电对天平结构作用等紧密相关。

由于气体密度随温度而变化，随着温度升高，试样周围的气体密度下降，气体对试样支持器及试样的浮力也在变小，于是出现表观增重现象。与浮力效应同时存在的还有对流影响，这是试样周围的气体受热变轻形成一股向上的热气流，这一气流的作用在天平上便引起试样的表观失重；如气体外逸受阻时，上升的气流将置换上部温度较低的气体，而下降的气流势必冲击支持器，引起表观增重。不同仪器、不同气氛和不同升温速率，气体的浮力与对流的总效应也不一样。

Knudsen 力是由热分子流或热滑流形式的热气流造成的。温度梯度、炉子位置、试样、气体种类、温度和压力的范围，对 Knudsen 力引起的表观质量变化都有影响。

温度对天平性能的影响也是非常大的。数百乃至上千摄氏度的高温直接对热天平部件加热，极易通过天平臂的热膨胀效应而引起天平零点的漂移，并影响传感器和复位器的零点与电器系统的性能，造成基线漂移。

当热天平采用石英之类的保护管时，加热时管壁吸附水急剧减少，表面导电性能变坏，致使电荷滞留于管筒现象，形成静电力干扰，将严重干扰热天平的正常工作，并在热重曲线上出现相应的异常现象。

此外，外界磁场的改变也会影响热天平复位器的复位力，从而影响热重曲线。

为了减小热重曲线的漂移，理想的方法是采用对称加热的方式，即在加热过程中热天平两臂的支承（或悬挂）系统处于非常接近的温度，使得两侧的浮力、对流、Knudsen 力及温度影响均可基本抵消。此外，采用水平式热天平不易引起对流及垂直 Knudsen 力，减小天平的支承杆、样品支承器及坩埚体积和迎风面积，在天平室和试样反应室之间增加热屏蔽装置，对天平室进行恒温控制等措施都可以减小基线的漂移。通过空白热重曲线的校正可减小来自仪器方面的影响。

2. 升温速率

升温速率对热重曲线有明显的影响。这是因为升温速率直接影响炉壁与试样、外层试样与内部试样间的传热和温度梯度。但一般来说，升温速率并不影响失重量。对于单步吸热反应，升温速率慢，起始分解温度和终止温度通常均向低温移动，且反应区间缩小，但失重百分数一般不改变。

如果试样在加热过程中产生中间产物，当其他条件固定，升温速率较慢时，通常容易形成与中间产物对应的平台，即稳定区。

3. 炉内气氛

炉内气氛对热重分析的影响与试样的反应类型、分解产物的性质和装填方式等许多因素有关。在热分析中最常见的反应类型之一是

$$A(s) \rightarrow B(s) + C(g) \tag{4-4}$$

这一类型的反应只在气体产物的分压低于分解压时才能发生，且气体产物增加，分解速率下降。

在静态气氛中，如果气氛是惰性的，则反应不受惰性气氛的影响，只与试样周围自身分解的气体产物的瞬时浓度有关。当气氛气体含有与产物相同的气体组分时，由于加入的气体产物会抑制反应的进行，因而将使分解温度升高。如：

$$CaCO_3(s) \rightarrow CaO(s) + CO_2(g) \tag{4-5}$$

其起始分解温度随气氛中 CO_2 分压的升高而增高。气氛中含有与产物相同的气体组分后，分解速率下降，反应时间延长。

静态气氛中，试样周围气体的对流、气体产物的逸出与扩散，也影响热重分析的结果。气体的逸出与扩散、试样量、试样颗粒、装填的紧密程度及坩埚的密闭程度等许多因素有关，使它们产生附加的影响。

在动态气氛中，惰性气体能把分解产物气体带走而使分解反应进行得较快，并使反应产物增加。当通入含有与产物相同的气氛时，将使起始分解温度升高并改变反应速率和产物量。所含产物气体的浓度越高，起始分解温度就越高，逆反应的速率也越大。随着逆反应速率的增加，试样完成分解的时间将延长。动态气氛的流速、气温以及是否稳定，对热重曲线也有影响。一般来说，大流速有利于传热和气体的逸出与扩散，这将使分解反应温度降低。

在热重法中还会遇到两类不可逆反应，见式(4-6)和式(4-7)。

$$A(s) \rightarrow B(s) + C(g) \tag{4-6}$$

$$A(s) + B(g) \rightarrow C(s) + D(g) \tag{4-7}$$

式(4-6)所示反应是一个不可逆过程，因此，无论是静态还是动态，惰性的还是含有产物气体 C 的气氛，对分解速率、反应方向和分解温度原则上均没有影响。而在式(4-7)所示反应中，气氛 B 是反应成分，所以它的浓度与反应速率和产物的量有直接关系。B(g)的种类不同，影响情况也不同。气氛 B 有时是为了研究需要加入的，有时则是作为一种气体杂质而存在。作为杂质存在时，无论与原始试样还是产物反应均使热重曲线复杂化。

提高气氛压力，无论是静态还是动态气氛，常使起始分解温度向高温区移动，使分解速率有所减慢，相应地反应区间增大。

4. 坩埚形式

热重分析所用的坩埚形式多种多样，其结构及几何形状都会影响热重分析的结果。一般有无盖浅盘式、深坩埚、多层板式坩埚、带密封盖的坩埚、带有球阀密封盖的坩埚、迷宫式坩埚等。

热重分析时气相产物的逸出必然要通过试样与外界空间的交界面，深而大的坩埚或者

试样充填过于紧密都会妨碍气相产物的外逸，因此反应受气体扩散速度的制约，结果使热重曲线向高温偏移。当试样量太多时，外层试样温度可能比试样中心温度高得多，尤其是升温速率较快时相差更大，因此会使反应区间增大。

当使用浅坩埚，尤其是多层板式坩埚时，试样受热均匀，试样与气氛之间有较大的接触面积，因此得到的热重分析结果比较准确。迷宫式坩埚由于气体外逸困难，热重曲线向高温侧偏移较严重。

浅盘式坩埚不适用于加热时发生爆裂或发泡外逸的试样，这种试样可用深的圆柱形或圆锥形坩埚，也可采用带盖坩埚。带有球阀密封盖的坩埚可将试样气氛与炉子气氛隔离，当坩埚内气体压力达到一定值时，气体可通过上面的小孔逸出。如果采用流动气氛，不宜采用迎风面很大的坩埚，以免流动气体作用于坩埚造成基线严重偏移。

5. 热电偶位置

热重分析中，热电偶的位置不与试样接触，试样的真实温度与测量温度之间存在着差别，另外升温和反应所产生的热效应往往使试样周围的温度分布紊乱，引起较大的温度测量误差。要获得准确的温度数据，需采用标准物质来校核热重分析仪的测量温度。通常利用一些高纯化合物的特征分解温度来标定，也可利用强磁性物质在居里点发生的表观失重来确定真实温度。表 4-4 列出了一些磁性材料的居里点温度。

表 4-4　一些磁性材料的居里点温度

磁性材料	镍铝合金	镍	派克合金	铁	Hisat
居里点温度/℃	163	354	596	780	1000

6. 试样因素

影响热重曲线的试样因素主要有试样量、试样粒度和热性质以及试样装填方式等。

试样量对热重曲线的影响不可忽略，它从两个方面来影响热重曲线。一方面试样的吸热或放热反应会引起试样温度发生偏差，用量越大，偏差越大。另一方面，试样用量对逸出气体扩散和传热梯度都有影响，用量大则不利于热扩散和热传递。一般用量少时热重曲线上反应热分解的中间过程的平台很明显，而试样用量多则中间过程模糊不清，因此要提高检测中间产物的灵敏度，应采用少量试样以获得较好的检测结果。

试样粒度对热传导和气体的扩散同样有较大的影响。试样粒度越细，反应速率越快，将导致热重曲线上的反应起始温度和终止温度降低，反应区间变窄。粗颗粒的试样反应较慢。如石棉细粉在 50～850℃连续失重，600～700℃热反应进行得较快，而粗颗粒的石棉在 600℃才开始快速分解，分解起始温度和终止温度都比较高。

试样的填装方式对热重曲线有影响。一般来说，装填越紧密，试样颗粒间接触就越好，也就越利于热传导，但不利于气氛气体向试样内的扩散或分解的气体产物的扩散和逸出。通常试样装填得薄而均匀，可得到重复性较好的实验结果。

试样的反应热、导热性和比热容对热重曲线也有影响，而且彼此还互相联系。放热反应总是使试样温度升高，而吸热反应总是使试样温度降低。前者使试样温度高于炉温，后者使试样温度低于炉温。试样温度和炉温间的差别，取决于热效应的类型和大小、导热能力以及比热容。由于未反应试样只有在达到一定的临界反应温度后才能进行反应，因此温度无疑将影响试样的反应。例如，吸热反应易使反应温度区扩展，且表观反应温度总比理论反应温度高。

此外，试样的热反应性、热历史、前处理、杂质、气体产物性质、生成速率及质量，固体试样对气体产物有无吸附作用等也会对热重曲线产生影响。

4.5　热膨胀和热机械分析

4.5.1　热膨胀分析法

物质在温度变化过程中会在一定方向上发生尺寸(长度或体积)膨胀或收缩。大多数物质会热胀冷缩，个别物质则相反。热膨胀分析法(thermodilatometry)就是在程序控制温度下，测量物质在可忽略负荷下的尺寸随温度变化的一种技术。通过热膨胀分析仪可以测定物质的线膨胀系数和体膨胀系数。

线膨胀系数 α 为温度升高 1℃时，试样沿某一方向的相对伸长(或收缩)量，即

$$\alpha = \Delta l / (l_0 \Delta T) \tag{4-8}$$

式中，l_0 为试样原始长度，mm；Δl 为试样在温度差为 ΔT 的情况下长度的变化量。

如长度随温度升高而增长，则 α 为正值；如果长度随温度升高而收缩，则 α 为负值。α 值在不同的温度区内可能发生变化。例如物质在发生相转变时，α 值即发生变化。

体膨胀系数 γ 为温度升高 1℃时试样体积膨胀(或收缩)的相对量，即

$$\gamma = \Delta V / (V_0 \Delta T) \tag{4-9}$$

式中，V_0 为试样原始体积；ΔV 为试样在温度差为 ΔT 的情况下的体积变化量。

4.5.2　静态热机械分析法

静态热机械分析法(thermomechanic analysis，TMA)是指在程序控温条件下，分析物质承受拉、压、弯、剪、针入等力的作用下所发生的形变与温度的函数关系。试样通过施加某种形式的载荷，随着升温时间的延长不断测量试样的变形，以次变形对温度作图即可得到各种温度形变曲线。这种热分析方法对高聚物而言特别重要。

拉伸(收缩)热变形实验是在程序控温条件下，对试样施加一定的拉(压)力并测定试样的形变。这种实验可以观察许多高聚物由于结构的不同而表现出的不同行为。

压缩式温度形变曲线是一种比较常用的静态热机械性质测定方法。它是在圆柱式试样上施加一定的压缩载荷。随着温度的升高不断测量试样的形变。压缩式温度形变曲线可以反映出结晶、非晶线性、交联等各种结构的高聚物的不同行为。

弯曲式温度形变测定或称热畸变温度测定是在工业上常用的测定方法。在矩形样品条的中心处施加一定的负荷，在加热过程中用三点弯曲法测定试样的形变。

针入式软化温度测定是研究软质高聚物和油脂物质的一种重要方法。维卡测定法常

用来测定高聚物的软化温度，它是用截面为 $1mm^2$ 的圆柱平头针在 1000g 载荷的压力下，在一定升温速度下刺入试样表面，并以针头刺入试样 1mm 时的温度值定义为软化温度。对于相对分子质量较低的线型高聚物而言，针入是由于试样在 T_g 温度以上发生黏性流动而引起的。由于针头深入试样 1mm，材料必须相当软才行，因此维卡式软化温度测量结果比其他方法的测定值高得多，而且这种方法不适用于软化温度较宽的高聚物(如乙基纤维素等)。

4.5.3　动态热机械分析

动态热机械分析(dynamic thermomechanic analysis，DMA)是在程序控制下，测量物质在振荡负荷下的动态模量或阻尼随温度变化的一种技术。高聚物是一种黏弹性物质，因此在交变力的作用下其弹性部分及黏性部分均有各自的反应，而这种反应又随温度的变化而变化。高聚物的动态力学行为能模拟实际使用的情况，而且对玻璃化转变、结晶、交联、相分离以及分子链各层次的运动都十分敏感，所以它是研究高聚物分子运动行为极有用的方法。

如果施加在试样上的交变应力为 σ，则产生应变力 ε。由于高聚物黏弹性的关系，其应变将滞后于应力，σ、ε 分别可以用下式表示：

$$\varepsilon = \varepsilon_0 \exp(i\omega t) \tag{4-10}$$

$$\sigma = \sigma_0 \exp[i(\omega t + \delta)] \tag{4-11}$$

式中，ε_0、σ_0 分别为最大振幅的应变和应力；ω 为交变力的角频率；δ 为滞后相位角。

i=1 时，复数模量为

$$E^* = \sigma / \varepsilon = \sigma_0 \exp(i\delta) / \varepsilon_0 = \sigma_0 (\cos\delta + i\sin\delta) / \varepsilon_0 = E' + iE'' \tag{4-12}$$

式中，$E' = \sigma_0 \cos\delta / \varepsilon_0$，为实数模量，即模量的储能部分；$E'' = \sigma_0 \sin\delta / \varepsilon_0$，表示与应变相差 $\pi/2$ 的虚数模量，是能量的损耗部分。

另外还有用内耗因子 Q^{-1} 或损失角正切力 $\tan\delta$ 来表示损耗，即

$$Q^{-1} = \tan\delta = E'' / E' \tag{4-13}$$

1. 扭转分析及扭辫分析

扭转分析是利用扭摆原理构成的一种简单的动态热机械分析方法，它是一种自由振动，其频率一般为 $10^{-1}\sim10Hz$。试样的一端被固定夹具夹住，而另一端与一惯性体(杆或圆盘)相连，当将此惯性体连同试样扭转一定角度并突然松开时，此惯性体将作固定周期的衰减运动。这是由于高聚物的黏性产生的力学内耗，逐步把振动的能量转变为热能而消耗所致。

扭辫分析从扭转分析演变而来。在扭辫分析中，不直接扭转试样，而是扭转涂有试样的扭辫。这里的扭辫实际上是一种载体，它是用玻璃纤维或其他惰性纤维编织成的辫子，并以此为基底，把高聚物试样的溶液或熔体涂覆在辫子上，阴干或加热烘干后进行实验。由于扭辫分析法的试样用量少(100mg 以下)，并可以用液态、固态各种高聚物试样，而且灵敏度很高，所以应用较广。

2. 强迫共振法——振簧法

强迫共振法有很多形式，如振簧法、悬臂法等，其中振簧法因试样用量较少且操作方便，应用较多。该法将纤维状或片状试样的一端夹持在一特定的电磁换能器上，并由一个正弦波音频振荡电源使电磁换能器产生振动。驱动振动的音频信号源的频率可以连续调节，此振动将带动试样发生同频率振动。振动幅度可以用低倍显微镜观察，也可用电容拾振器来检测。所得结果经计算可以得到各种动态力学参数。

3. 强迫非共振法——黏弹谱仪

动态黏弹性分析是在程序控制温度下测量物质模量随温度变化的一种技术。这种分析方法的分辨率虽然不及扭辫分析高，但重复性好，能直接测出绝对模量，是目前最好的动态热机械分析测定法。

黏弹谱仪属于强迫非共振型动态热机械分析，其温度和频率是两个独立可变的参数，因此它可得到不同频率下的 DMA 曲线，同时也可以得到不同温度下的频率与动态力学参数的谱图。如图 4-8，试样 5 在夹具间用伺服电机 10 预先施加一个拉应力，这是为了使试样在振动时永远处于受拉的状态。同时随着温度升高，试样发生膨胀时还要不断用伺服电机调节预应力以保持原设定值。振动源是由电磁振动头 1 提供，它由可调低频音频发生器通过功率放大器来驱动，这样即可按音频发生器的频率强迫试样受拉振动。在振动头与样品夹具之间串联一个应力测定计，另一个夹具则与位移计并联以测量应变。这样应力和应变的正弦电信号分别通过各自的电路和数字显示器给出试样应力和应变的最大振幅 σ_0 和 ε_0，同时还通过另一个电路比较应力、应变两个正信号的相位差 δ_0；这样由 σ_0 和 ε_0 可以通过前式 (4-12) 计算出复数模量 E^* 和 E'、E''，同时也可以得到 $\tan\delta$。由于在程序控

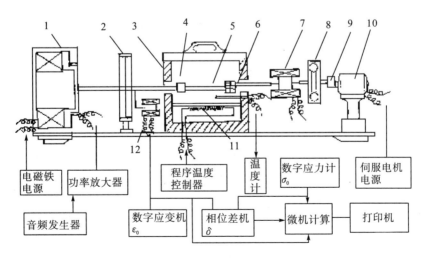

图 4-8　黏弹谱仪示意图

1-电磁振动头；2-支持簧；3-控温箱；4-夹头；5-试样；6-热电偶；

7-测力差动变压器；8-测力臂；9-齿轮；10-直流伺服电机；11-电热丝；12-测应变差动变压器

制温度过程中，需记录三个数据，作图时数据计算比较烦琐，所以现代的黏弹谱仪均配有微型计算机系统实时计算并给出 E'、E'' 和 $\tan\delta$ 三根曲线的温度谱。

4.6　热分析技术的应用及发展趋势

4.6.1　差热分析及差示扫描量热分析法的应用

差热分析(DTA)曲线以温差为纵坐标，以时间或温度为横坐标。差示扫描量热分析(DSC)曲线则以热流量为纵坐标，以时间或温度为横坐标。DTA 曲线和 DSC 曲线的共同特点是峰在温度或时间轴上的相应位置、形状和数目等信息与物质的性质有关，因此可用来定性地表征和鉴定物质。而峰面积与反应焓有关，所以可用来定量地估计参与反应的物质的量或测定热化学参数。尤其是 DSC 分析不仅可以定量地测定物质的熔化热、转化热和反应热，而且还可以用来计算物质的纯度和杂质质量。

利用 DTA 曲线或 DSC 曲线来研究物质的变化，首先要对曲线上的每一个放热峰或吸热峰的产生原因进行分析。每一个矿物都有自己特定的 DTA(DSC)曲线，它像"指纹"一样表征该物质的特征。复杂的矿物往往具有比较复杂的 DTA(DSC)曲线，但在进行分析时只要结合试样的来源，考虑影响 DTA(DSC)曲线形态的因素，与可能存在的每个物质的 DTA(DSC)曲线进行对比，就能够解释 DTA(DSC)曲线中峰谷产生的原因。

1. 含水矿物的脱水

几乎所有的矿物都有脱水现象，脱水时会产生吸热效应，在 DTA(DSC)曲线上表现为吸热峰。物质中的水按存在状态可以分为吸附水、结晶水和结构水。DTA(DSC)曲线的吸热峰温度和形状因水的存在形态和量而各不相同。

普通吸附水的脱水温度一般为 100～110℃。存在于层状硅酸盐结构中的层间水或胶体矿物中的胶体水多数要在 200～300℃ 以内脱出，个别要在 400℃ 以内脱出。在架状硅酸盐结构中的水则要在 400℃ 左右才大量脱出。结晶水在不同结构的矿物中结合强度不同，其脱水温度也不同。结构水是矿物中结合最牢的水，脱水温度较高，一般要在 450℃ 以上才能脱出。

2. 矿物分解放出的气体

碳酸盐、硫酸盐、硝酸盐、硫化物等物质在加热过程中，由于分解放出 CO_2、NO_2、SO_2 等气体而产生吸热效应。不同结构的矿物，因其分解温度和 DTA 曲线的形态不同，因此可用差热分析法对这类矿物进行区分、鉴定。

3. 氧化反应

试样或分解产物中含有变价元素，当加热到一定温度时会发生由低价元素变成高价元素的氧化反应，同时放出热量，在 DTA 曲线上表现为放热峰。如 FeO、Co、Ni 等低价元素化合物在高温下均会发生氧化反应而放热。C 和 CO 的氧化反应在 DTA 曲线上有大而明显的放热峰。

4. 非晶态物质转变为晶态物质

非晶态物质在加热过程中伴随着析晶，或不同物质在加热过程中相互化合成新物质时均会放出热量，如高岭土加热到 1000℃ 左右会产生 $\gamma\text{-}Al_2O_3$ 析晶，钙镁铝硅玻璃加热到 1100℃ 以上会析晶，而水泥生料加热到 1300℃ 以上会相互化合形成水泥熟料矿物而呈现出各种不同的放热峰。

5. 晶型转变

有些矿物在加热过程中会发生晶体结构变化，并伴随热效应现象。通常在加热过程中晶体由低温变体向高温变体转化，如低温型石英体加热到 573℃ 时会转化成高温型石英，在加热过程中矿物由非平衡态晶体转变为平衡态晶体，产生热效应。

此外，固体物质的熔化、升华，液体的气化、玻璃化转变等在加热过程中都会产生吸热，在 DTA 曲线上表现为吸热峰。

4.6.2　DTA 和 DSC 分析在成分和物性分析中的应用

1. 成分分析

每种物质在加热过程中都有自己独特的 DTA 和 DSC 曲线，根据这些曲线可以把该物质从多种物质的混合物中定性地识别出来。

目前国内外的科学工作者已先后收集了多种物质的大量 DTA 曲线，并编制成册及索引。我国的地质工作者也在实践的基础上，收编了 950 种矿物的 2600 余条 DTA 曲线，为未知矿物的成分定性分析提供了方便。

在进行矿物成分定性分析时，应注意以下几点。

(1) 加热过程中混合物中的单一物质之间不能有任何化学反应和变化。

(2) 加热过程中物质的热效应不能过于简单，否则不易识别。

(3) 在试验温度区不允许个别物质形成固溶体，影响定性分析结果。

(4) 试验条件必须严格控制，最好在同一台仪器上进行以便比较。

(5) 不适合无定形物质的成分定性分析。

2. 定量分析

DSC 分析技术在试样发生热效应时及时进行能量的补偿，保持试样与参比物之间温度始终相同，无温差、无热传递，最大限度地减少热损失，因此在热量的定量分析方面有着极大的应用前景。

DTA 分析法在大多数情况下只作定性分析，但在分析微量样品时，尤其是以热电堆式差热电偶作检测器时也可进行半定量或定量分析。为了提高 DTA 定量分析的精度，克服测试条件变化对定量分析精度的影响，在测试时可采用内标法进行标定。

由于同一 DTA 曲线上的两种物质的峰面积比与含量有关，因此可在未知物中加入已知反应热量的物质作为内标物来测定未知物的热量变化及含量。由于该法的峰面积是在同一曲线上读取的，不受测试条件的影响，因此可以提高定量分析的精度。

3. 纯度测定

在化学分析中，纯度分析是很重要的一项内容。DSC 法在纯度分析中具有快速、精确、试样用量少及能测定物质的绝对纯度等优点，近年来已广泛应用于无机物、有机物和药物的纯度分析。

DSC 法测定纯度是根据熔点或凝点下降来确定杂质总含量。基本原理是以 Van't Hoff 方程为依据，熔点降低与杂质含量的关系可由下式表示：

$$T_s = T_0 - \frac{RT_0^2 x}{\Delta H_f} \frac{1}{F} \tag{4-14}$$

式中，T_s 为样品瞬时的温度，K；T_0 为纯样品的熔点，K；R 为气体摩尔气体常量；ΔH_f 为样品熔融热；x 为杂质物质的量；F 为总样品在 T_s 熔化的分数。

由上式(4-14)可知，T_s 是 $1/F$ 的函数。T_s 可以从 DSC 曲线中测得，$1/F$ 是曲线达到 T_s 的部分面积除以总面积的倒数。以 T_s 对 $1/F$ 作图为一条直线，斜率为 $RT_0^2 x / \Delta H_f$，截距为 T_0。ΔH_f 可从积分峰面积求得。所以，由直线的斜率可求出杂质含量 x。

应用上式(4-14)测定物质的纯度，需要修正两个参数。

(1)样品的瞬间熔融热要用标准物质(如铟)来校正，以弥补没有被检测到的熔化。

(2)样品瞬时温度 T_s 的测量，应先把在相同条件下测得的标样(如铟)峰前沿斜率切线，平移通过样品曲线上需读取温度的那点，外推与实际基线相交，则交点对应的温度即为 T_s 对应的温度。

4. 比热容测定

比热容是物质的一个重要物理常数。利用 DSC 法测量比热容是一种新发展起来的仪器分析方法。在 DSC 法中，热流速率正比于样品的瞬时比热容：

$$dH / dt = mC_p dT / dt \tag{4-15}$$

式中，dH/dt 为热流速率，J / s；m 为样品质量，g；C_p 为比热容，$J / (g \cdot ℃)$；dT/dt 为程序升温速率，$℃/ s$。

为了解决 dT/dt 的校正工作，可采用已知比热容的标准物质如蓝宝石作为标准，对测定进行校正。采用 DSC 法测定物质比热容时，精度可到 0.3%，与热量计的测量接近，但试样用量要小 4 个数量级。

4.6.3 DTA 和 DSC 分析在无机材料中的应用

热分析在材料学，包括无机材料和高分子材料中也有相当广泛的应用。在无机材料上的应用主要是指在硅酸盐材料和金属材料上的应用。

硅酸盐材料通常是指水泥、玻璃、陶瓷、耐火材料和建筑材料等，其中最常见的是硅酸盐水泥和玻璃。

硅酸盐水泥与水混合发生反应后，会凝固硬化，经一定时间能达到应有的最高机械强度。一般 DTA 在硅酸盐水泥上的应用如下。

(1) 焙烧前的原料分析，如确定原料中所含碳酸钙和碳酸镁的含量。

(2) 研究精细研磨的原料逐渐加热到 1500℃ 形成水泥熟料的物理化学过程。

(3) 研究水泥凝固后不同时间内水合化合物的组成及生成速率。

(4) 研究促进剂和阻滞剂对水泥凝固特性的影响。

玻璃是一种远程无序结构的固体材料，随着温度的升高可逐渐成为流体。在对玻璃的研究中，热分析主要应用于以下方面。

(1) 研究玻璃形成的化学反应和过程。

(2) 测定玻璃的玻璃转变温度和熔融行为。

(3) 研究高温下玻璃组分的挥发。

(4) 研究玻璃的结晶过程和测定晶体生长活化能。

(5) 制作相图。

(6) 研究玻璃工艺中遇到的技术问题。

(7) 微晶玻璃的研究。

玻璃化转变是一种类似于二级转变的转变，它与具有相变的诸如结晶、熔融类的一级转变不同，其临界温度是自由焓的一阶导数连续，但二阶导数不连续。由于玻璃在转变温度 T_g 处比热容会产生一个跳跃式的增大，因此在 DTA 曲线上会表现为吸热峰。玻璃析晶时则会释放能量，因此会在 DTA 曲线上表现出一个强大的放热峰。在玻璃发生分相时，DTA 曲线上可见两个吸热峰，对应于两相玻璃的 T_g 温度。因而 DTA 曲线可用于检验玻璃是否分相，还可根据吸热峰的面积估计两相的相对含量。

微晶玻璃是通过控制晶化得到的多晶材料，在强度、耐温度急变性和耐腐蚀性等方面较原始玻璃都有大幅度提高。微晶玻璃在晶化过程中会释放出大量的结晶潜热，产生明显的热效应，因而 DTA 分析在微晶玻璃研究中具有重要的作用。微晶玻璃的制备过程分核化和晶化两个阶段，一般核化温度取接近 T_g 温度而低于膨胀软化点的温度范围，而晶化温度则取放热峰的上升点至峰顶温度范围。

在金属与合金材料上，DTA 和 DSC 分析主要的应用领域如下。

(1) 研究金属或合金的相变，用以测定熔点(或凝固点)，制作合金的相图以及测定相变热等。

(2) 研究合金的析出过程，用于低温时效现象的解释。

(3) 研究过冷的亚稳态非晶金属的形成及其稳定性。

(4) 研究磁学性质(居里温度)的变化。

(5) 研究化学反应性，如化学热处理条件，金属或合金的氧化及抗腐蚀性等。

(6) 测定比热容。

4.6.4　DTA 和 DSC 分析在高分子材料中的应用

DTA 和 DSC 法在高分子材料方面的应用发展极为迅速，目前已成为高聚物材料的常规测试和基本研究手段。

1. 物性测定

可用 DTA 和 DSC 技术测定的高聚物物性有：玻璃化转变温度、熔融温度、结晶转变温度、结晶度、结晶速率、添加剂含量、热化学数据(如比热容、融化热、分解热、蒸发热、结晶热、溶解热、吸附与分解吸热、反应热等)以及相对分子质量等。

2. 高聚物玻璃化转变温度 T_g 的测定

高聚物的 T_g 温度是一个非常重要的物性数据，在玻璃化转变时高聚物由于热容的改变而导致 DTA 和 DSC 曲线基线的平移，有时在高聚物玻璃化转变的热谱图上，会出现类似一级转变的小峰，常称为反常比热容峰。

3. 高聚物结晶行为的研究

DTA 和 DSC 法可用来测定高聚物的结晶速度、结晶度以及结晶熔点和熔融热等，与X 射线衍射、电子显微镜等配合可作为研究高聚物结晶行为的有力工具。

用 DSC 法测定高聚物的结晶温度和熔点可以为其加工工艺、热处理条件等提供有用的资料。最典型的例子是运用 DSC 法测定结果，确定聚酯薄膜的加工条件。聚酯熔融后在冷却时不能迅速结晶，因此经快速淬火处理，可以得到几乎无定形的材料。淬火冷却后的聚酯在升温时，无规的分子构型又可变为高度规则的结晶排列，因此会出现冷结晶的放热峰。

4. 热固性树脂固化过程的研究

用 DSC 法测定热固性树脂的固化过程有不少优点。例如，试样用量少，而测量精度较高(其相对误差在 10%之内)，适用于各种固化体系。从测定中可以得到固化反应的起始温度、峰值温度和终止温度，还可以得到单位重量的反应热以及固化后树脂的玻璃化转变温度。这些数据对于树脂加工条件的确定，评价固化剂的配方(包括促进剂)都很有意义。

4.6.5 热重分析的应用

热重分析的应用非常广泛，凡是在加热过程中有质量变化的物质都可以应用。它可用于研究无机和有机化合物的热分解，不同温度及气氛中金属的抗腐蚀性，固态状态的变化，矿物的冶炼和焙烧，液体的蒸发和蒸馏，煤和石油及木材的热解、挥发灰分的含量测定，蒸发和升华速率的测定，吸水和脱水，聚合物的氧化降解，汽化热测定，催化剂和添加剂评定，化合物组分的定性和定量分析，老化和寿命评定，反应动力学研究等领域，其特点是定量性强。

1. 热重分析在无机材料中的应用

热重分析在无机材料领域中有着广泛的应用。它可以用于研究含水矿物的结构及热反应过程，测定强磁性物质的居里点温度，测定计算分解反应级数和活化能等。热重分析在玻璃、陶瓷和水泥材料的研究方面也有较好的应用价值。在玻璃工艺和结构的研究中，热重分析可用来研究高温下玻璃组分的挥发，验证伴有失重现象的玻璃化学反应等。在水泥化学研究中，热重分析可用于研究水合硅酸钙的水合作用动力学过程，它可以精确地测定加热过程中水合硅酸钙中游离氢氧化钙和碳酸钙的含量变化。在采用热重分析结合逸气分析研究硬化混凝土中的水含量时，可以发现在 500℃以下发生脱水反应，而在 700℃以上发生的则是脱碳过程。

物质的热重曲线的每一个平台都代表了该物质的质量，它能精确地分析出二元或三元混合物各组分的含量。

2. 热重分析在高分子材料中的应用

在高分子材料研究中，热重分析可用于测定高聚物材料中的添加剂含量和水分含量，鉴定和分析混合共聚的高聚物，研究高聚物裂解反应动力学，测定活化能，估算高聚物化学老化寿命和评价老化性能等。

4.6.6　热膨胀分析的应用

热膨胀法在材料研究中具有重要意义，研究和掌握陶瓷材料的各种原料的热膨胀特征对确定陶瓷材料合理的配方和烧成至关重要。玻璃化转变温度是控制材料质量的重要参数。玻璃化转变通常伴随膨胀系数变大，因此可以通过测定膨胀系数的变化过程来确定玻璃化转变温度。

4.6.7　热机械分析的应用

热机械分析在高分子材料中的应用发展极为迅速，目前已成为高分子材料测试与研究的一种重要手段。它可以用来测定高聚物的 T_g 温度，研究高聚物的松弛运动、固化过程，分析增塑剂含量，表征高聚物合金组分的相容性等。

用 TMA 法测定 T_g 温度是一种最简单的方法。一般采用压缩式温度—形变曲线，以基线和转折线的切线的交点来确定 T_g 值。

扭摆法、扭辫法、振簧法以及黏弹谱仪等方法均可用来测定 T_g 值，其中扭摆法和振簧法设备比较简单，可以用得到的温度和动态力学参数谱来确定 T_g 值。

高聚物的宏观物性是分子松弛运动的反映。几种热机械分析方法都可用来研究高聚物的分子松弛运动，特别是在玻璃化转变温度以下的各种机械运动，例如曲柄运动、侧基或侧链运动以及杂原子的杂链高聚物中杂原子部分的运动等。

所谓曲柄运动是指高聚物主链上包括三个(或四个)以上的亚甲基($-CH_2-$)基团，能形成曲柄状沿一个轴做旋转运动，这将在 DMA 谱上 −120℃附近出现一个内耗峰，一般称之为 γ 松弛。

4.6.8　热分析技术的发展趋势

热分析虽然已有百年的发展历程，但随着科学技术的发展，尤其是热分析在材料领域中的广泛应用，热分析技术展现出新的生机和活力，热分析仪器小型化和高性能化是今后发展的普遍趋势。如日本理学的热流式 DSC，体积只相当于原产品体积的三分之一，不仅简便经济，提高了升降温和气体切换速率，而且提高了仪器的灵敏度和精度。美国 PE 公司新型产品 PYR II DSC，仪器整体设计将电子仓和加热仓分开，大大提高了仪器的稳定性，还采用了热保护、空气屏蔽和深冷等技术，获得了卓越的基线再现性，显著改善仪器的低温性能，并且量热精度由原来的 1μW 提高到 0.2μW。梅特勒—托利多仪器公司新近推出的 DSC 821c 分析仪，采用独特的 14 点金/金钯热电偶堆传感器，具有高抗腐蚀性及容易更换的优点，独有的时滞校正功能，经校正后结晶等起始温度不因升温速度变化而改变。目前 TG 和 DTA 的使用温度范围广，可从-160℃到3000℃，测温精度达 0.1℃，天平灵敏度可达 0.1μg。

　　热分析仪器发展的另一个趋势是将不同仪器的特长和功能相结合，实现联用分析，扩大分析范围。近年来，除已有 TG、DTA、DSC 联用外，热分析还能与质谱(MS)、傅里叶变换红外(FTIR)、X 射线衍射仪等联用。

　　热分析仪器发展的再一个趋势是许多公司相继推出带有机械手的自动热分析测量系统，并配有相应的软件包；能检测多达 60 个样品，还能自动设定测量条件和存储测试结果。目前许多公司还采用 Windows 操作平台，配备多功能软件包，软件功能不断丰富与改进，使仪器操作更简便，结果更精确，重复性与工作效率更高。

思　考　题

1. 简述差热分析的原理，并画出 DTA 装置示意图。
2. 为何用外延始点作为 DTA 曲线的反应起始温度？
3. 热分析用的参比物性能有何要求？
4. 影响差热分析的仪器、试样、操作因素是什么？
5. 为何 DTA 仅能进行定性和半定量分析？DSC 是如何实现定量分析的？
6. 阐述 DSC 技术的原理和特点。
7. 简述 DTA、DSC 分析样品要求和结果分析方法。
8. 简述热重分析的特点和影响因素。
9. 举例说明热重分析技术在玻璃和微晶玻璃材料研究中的应用。
10. 简述热分析技术在材料研究中的应用。

主要参考文献

蔡正千. 1993. 热分析[M]. 北京：高等教育出版社.

陈镜弘，李传儒. 1985. 热分析及其应用[M]. 北京：科学出版社.

杜廷发. 1994. 现代仪器分析(研究生教材)[M]. 北京：国防科技大学出版社.

刘振海. 1991. 热分析导论[M]. 北京：化学工业出版社.

陆家和，陈长彦. 1995. 现代分析技术[M]. 北京：清华大学出版社.

神户博太郎. 1982. 热分析[M]. 北京：化学工业出版社.

宋鸿恩. 1985. 热天平[M]. 北京：计量出版社.

王乾铭，许乾慰. 2005. 材料研究方法[M]. 北京：科学出版社.

吴刚. 2002. 材料结构表征及应用[M]. 北京：化学工业出版社.

于伯龄，姜胶东. 1990. 实用热分析[M]. 北京：纺织工业出版社.

张仲礼，黄兆铭，李选培，等. 1984. 热学式分析仪器[M]. 北京：机械工业出版社.

左演声，陈文哲，梁伟. 2000. 材料现代分析方法[M]. 北京：北京工业大学出版社.

ＭＩ波普，ＭＤ尤德. 1982. 差热分析 DTA 技术及其应用指导[M]. 北京：北京师范大学出版社.

附　　录

附录 1　本书相关缩写词的中英文全称对照

AAS	atomic absorption spectrometry	原子吸收光谱
AES	atomic emission spectrometry	原子发射光谱
AES	Auger electron spectroscopy	俄歇电子谱
AFM	atomic force microscope	原子力显微镜
AFS	atomic fluorescence spectrometry	原子荧光光谱
AP-FIM	atomprobe-field emission microscope	原子探针-场离子显微镜
CL	cathodoluminescence	阴极荧光
DMA	dynamic mechanical analysis	动态热机械法
DSC	differential scanning calorimetry	差示扫描量热法
DTA	differential thermal analysis	差热分析
EAES	electron AES	电子引发俄歇能谱
EDS	energy dispersive spectroscopy	能量色散谱(能谱)
ED-XFS	energy dispersive XFS	X 射线荧光能谱
EELS	electron energy loss spectroscopy	电子能量损失谱
EPMA	electron probe microanalysis	电子探针显微分析
ESCA	electron spectroscopy for chemical analysis	化学分析电子谱(XPS)
ESD	electron stimulated desorption	电子受激解吸/脱附
FEM	field emission microscope	场发射显微镜
FIM	field ion microscope	场离子显微镜
FS	fluorescence spectrometry	(分子)荧光光谱
GC	gas chromatography	色相色谱法
HEED	high energy electron diffraction	高能电子衍射
INS	ion neutralization spectroscopy	离子中和谱
IR	infrared absorption spectrum	红外分子吸收光谱
ISS	ion scattering spectroscopy	离子散射谱
LC	liquid chromatography	液相色谱法
LEED	low energy electron diffraction	低能电子衍射
MS	mass spectroscopy	质谱
NMR	nuclear magnetic resonance spectroscopy	核磁共振波谱
PS	Photo electron spectroscopy	光电子谱
RHEED	reflection high energy electron diffraction	反射式高能电子衍射
SAM	scanning Auger microprobe	扫描俄歇探针

SEAM	scanning acoustic microscope	扫描电子声学显微镜
SEM	scanning electron microscope	扫描电子显微镜
SIMS	secondary ion mass spectroscopy	二次离子质谱
STM	scanning tunneling microscope	扫描隧道显微镜
STS	scanning tunneling spectrum	扫描隧道谱
TA	thermal analysis	热分析
TEM	transmission electron microscope	透射电子显微镜
TG	thermogravimetry	热重法
TMA	themomechanical anayisi	热机械分析法
TOF-SIMS	time-of-flight SIMS	飞行时间二次离子质谱
UPS	ultraviolet photoelectron spectroscopy	紫外光电子能谱
UV、VIS	ultraviolet& visible absorption spectrum	紫外、可见(分子)吸收光谱
WDS	wave dispersive spectroscopy	波长色散谱(波谱)
WD-XFS	wave dispersive XFS	X 射线荧光波谱
XAES	X-ray AES	X 射线引发俄歇能谱
XD	X-ray diffraction	X 射线衍射
XPS	X-ray photo electron spectroscopy	X 射线光电子能谱
XFS	X-ray fluorescence spectrometry	X 射线荧光谱
XRF	X-ray fluorescence	X 射线荧光

附录 2　常用物理量及其数值

物理量	数值
电子电荷 e	$1.602 \times 10^{19} \mathrm{C}(4.80 \times 10^{-10} \mathrm{esu})$
电子静止质量 m	$9.10904 \times 10^{-28} \mathrm{g} = 9.109 \times 10^{-31} \mathrm{kg}$
中子静止质量 m	$1.675 \times 10^{-27} \mathrm{kg}$
质子静止质量 m	$1.673 \times 10^{-27} \mathrm{kg}$
原子质量单位 (amu)(单位相对原子质量的原子质量 $1/N_\mathrm{A}$)	$1.66042 \times 10^{-24} \mathrm{g} = 1.660 \times 10^{-27} \mathrm{kg}$
真空中光速 c	$2.997925 \times 10^{10} \mathrm{cm \cdot s^{-1}} = 2.998 \times 10^{8} \mathrm{m \cdot s^{-1}}$
普朗克常量 h	$6.626 \times 10^{-34} \mathrm{J \cdot s}$
玻尔兹曼常量 K	$1.380 \times 10^{-23} \mathrm{J \cdot K^{-1}}$
阿伏伽德罗常量 N_A	$6.023 \times 10^{23} \mathrm{mol^{-1}}$
通气气体常数 $R (= kN_\mathrm{A})$	$8.314 \times 10^{3} \mathrm{J \cdot K^{-1}}$
真空介电常数 ε_0	$8.854 \times 10^{-12} \mathrm{F \cdot m^{-1}}$
真空磁导率 μ_0	$1.257 \times 10^{-6} \mathrm{H \cdot m^{-1}}$

附录 3　元素的物理性质

化学符号	元素	原子序数	相对原子质量	熔点/℃	沸点/℃	点阵类型	空间群	结构类型**	点阵参数					常数所适用的温度/℃
									a/Å	b/Å	c/Å	晶轴间夹角(α)	原子间距/Å	
Ag	银	47	107.868	960.80	2 210	面心立方	O_h^5	A1	4.0856	-	-	-	2.888	20
Al	铝	13	26.98	666	2 450	面心立方	O_h^5	A1	4.0491	-	-	-	2.862	20
As	砷	33	74.92	817	613(升华)	菱形	$D_3^π$	A7	4.159	-	-	53° 49'	2.51	20
Au	金	79	196.97	1 063.0±0.0	2 970	面心立方*	O_h^5	A1	1.078 3	-	-	-	2.884	20
B	硼	5	10.81	2 030(约)	-	正交	*	-	17.89	8.95	10.15	-	-	-20
Ba	钡	56	137.34	714	1640	体心立方	O_h^9	A2	5.025	-	-	-	4.35	20
Be	铍(a)	4	9.012	1 277	2770	六角	D_{6h}^4	A3	2.858	-	3.548 2	-	2.225	20
Bi	铋	83	208.98	271.3	1 560	菱形	D_{8h}^5	A7	4.745 7	-	-	57° 14.2'	3.111	20
C	碳(石墨)	6	12.01	3 727	4 830	六角	D_{6h}^4	A9	2.414	-	6.7014	-	1.42	20
Ca	钙(a)	20	40.08	838	1 440	面心立方	D_h^5	A1	5.582	-	-	-	3.94	20
Cd	镉	48	112.40	320.9	765	六角*	D_{6h}^4	A3	2.9787	-	5.617	-	2.979	20
Ce	铈	58	140.12	804	3 470	面心立方*	D_h^5	A1	5.16	-	-	-	3.64	室温
Co	钴(a)	27	58.93	1 495±1	2 900	六角	D_{6h}^4	A3	2.5071	-	4.068 6	-	2.496 7	20
Cr	铬	24	51.996	1 875	2 665	体心立方	D_h^9	A2	2.884 5	-	-	-	2.498	-173
Cs	铯	55	132.91	28.7	690	体心立方	D_h^9	A2	6.06	-	-	-	5.25	20
Cu	铜	29	63.54	1 083.0±0.1	2 595	面心立方*	D_h^5	A1	3.6153	-	-	-	2.556	20
Fe	铁(a)	26	55.85	1 536.5±1	3 000±150	正交	D_h^9	A2	2.866 4	-	-	-	2.482 4	-
Ga	镓	31	69.72	29.78	2 237	面心立方	D_h^{18}	A11	3.526	4.520	7.660	-	2.442	20
Ge	锗	32	72.59	937.4±1.5	2 830	六角	D_h^7	A4	5.658	-	-	-	2.450	20
H	氢	1	1.008 0	-259.19	-252.7	六角	-	-	3.76	-	-	-	-	-271

续表

化学符号	元素	原子序数	相对原子质量	熔点/℃	沸点/℃	点阵类型	空间群	结构类型**	点阵参数 a/Å	b/Å	c/Å	晶轴间夹角(α)	原子间距/Å	常数所适用的温度/℃
Hf	铪	72	178.49	2 222±30	5 400	菱形	D_{6h}^4	A3	3.188 3	-	6.13	-	3.15	20
Hg	汞	80	200.59	-38.36	357	正交	D_{3d}^5	A11	3.005	-	5.042 2	-	3.005	-46
I	碘	53	126.90	113.7	183	体心立方	V_h^{18}	A14	4.787	-	-	70° 31.7′	2.71	20
In	铟	49	114.82	156.2	2 000	体心立方*	D_{4h}^{17}	A6	4.594	7.266	9.793	-	3.25	20
Ir	铱	77	192.2	2 454±3	5 300	六角*	D_h^5	A1	3.838 9	-	4.951	-	2.714	20
K	钾	19	39.102	63.7	760	体心立方	D_h^9	A2	5.334	-	-	-	4.624	20
La	镧(a)	57	138.90	920	3 470	六角	D_{6h}^4	A3	3.762	-	-	-	3.74	20
Li	锂	3	6.941	180.54	1 330	正交	D_h^9	A2	3.508 9	-	6.075	-	3.039	20
Mg	镁	12	24.305	650±2	1 107±10	体心立方*	D_{6h}^4	A3	3.208 8	-	-	-	3.196	25
Mn	锰(a)	25	54.938	1 245	2 150	正交	T_d^3	A12	8.912	-	5.209 5	-	2.24	20
Mo	钼	42	95.94	2 610	5 560	体心立方*	D_h^5	A2	3.146 6	-	-	-	2.725	20
N	氮(a)	7	14.007	-209.97	-195.8	立方	T^6	-	5.67	-	3.45	-	1.06	-252
Na	钠	11	22.990	97.82	892	体心立方	D_h^9	A2	4.290 6	-	-	-	3.715	20
Nb	铌	41	92.91	2 468±10	4 927	体心立方*	D_h^9	A2	3.300 7	-	-	-	2.859	20
Nd	钕(a)	60	144.24	1 019	3 180	六角*	D_{6h}^4	A3	3.657	-	5.880	-	5.902	20
Ni	镍	28	58.71	1 453	2 730	面心立方*	O_h^5	A1	3.523 8	-	-	-	2.491	20
O	氧(a)	8	15.999 4	-218.83	-183.0	正交	-	-	5.51	3.83	-	-	-	-252
Os	锇	76	190.2	2 700±200	5 550	六角*	D_{6h}^4	A3	2.734 1	-	4.319 7	-	2.675	26
P	磷(黑)	15	30.974	44.25	111.65	正交	V_h^{18}	A16	3.32	4.39	10.52	-	2.17	室温
Pb	铅	82	207.2	327.425 8	1 725	面心立方	O_h^5	A1	4.979 5	-	-	-	3.499	20
Pd	钯	46	106.4	1 552	3 980	面心立方*	O_h^5	A1	3.890 2	-	-	-	2.750	20
Pr	镨(a)	59	140.91	919	3 020	六角*	D_{6h}^4	A3	3.669	-	5.920	-	3.640	20
Pt	铂	78	195.09	1 769	4 530	面心立方*	O_h^5	A1	3.923 7	-	-	-	2.775	20

续表

化学符号	元素	原子序数	相对原子质量	熔点/℃	沸点/℃	点阵类型	空间群	结构类型**	点阵参数				原子间距/Å	常数所适用的温度/℃
									a/Å	b/Å	c/Å	晶轴间夹角(α)		
Rb	铷	37	85.468	38.9	688	体心立方	O_h^9	A2	5.63	–	–	–	4.88	–173
Re	铼	75	186.2	3 180±20	5 900	六角	D_{6h}^4	A3	3.760 9	–	4.458 3	–	2.740	20
Rh	铑（β）	45	102.91	1 966±3	4 500	面心立方*	O_h^5	A1	3.803 4	–	–	–	2.689	20
Ru	钌（a）	44	101.07	2 500±100	4 900	六角*	D_{6h}^4	A3	2.703 8	–	4.281 6	–	2.649	20
S	硫（a,黄）	16	32.06	119.0±0.5	444.6	正交	V_{8h}^4	A17	10.50	12.95	24.60	–	2.12	20
Sb	锑	51	121.75	630.5±0.1	1 380	菱形*	D_{8d}^5	A7	4.506 4	–	–	57° 6.5′	2.903	20
Se	硒（灰）	34	78.96	217	685±1	六角	D_{8d}^4	A8	4.361 0	–	4.959 4	–	2.30	20
Si	硅	14	28.09	1 410	2 680	面心立方*	O_h^7	A4	5.428 2	–	–	–	2.351	20
Sn	锡（β,白）	50	118.69	231.912±0.000	2 270	四方	D_{4h}^{19}	A5	5.831 1	–	3.181 7	–	3.022	20
Sr	锶	38	87.62	768	1 380	面心立方	O_h^5	A1	6.087	–	–	–	4.31	20
Ta	钽	73	180.95	2 996±50	5 425±100	体心立方	O_h^9	A2	3.302 6	–	–	–	2.860	20
Te	碲	52	127.60	449.5±0.3	989.8±3.80	六角	D_{3d}^4	A8	4.457 0	–	5.929 0	–	2.571	20
Th	钍	90	232.04	1 750	3 850±350	面心立方*	D_h^5	A1	5.088	–	–	–	3.60	20
Ti	钛（a）	22	47.90	1 668±10	3 260	六角*	D_{6h}^4	A3	2.950 3	–	4.683 1	–	2.89	25
Tl	铊（a）	81	204.37	303	1 450	六角*	D_{6h}^4	A3	3.456 4	–	5.531	–	3.407	室温
U	铀（a）	92	238.02	1 132.3±0.8	3 818	正交	V_{2h}^{17}	A20	2.858	5.877	4.955	–	2.77	20
V	钒	23	50.94	1 900±25	3 400	体心立方*	O_h^9	A2	3.039	–	–	–	2.632	20
W	钨（a）	74	183.85	3 410	5 930	体心立方	O_h^9	A2	3.164 8	–	–	–	2.739	20
Zn	锌	30	65.37	419.505 50 0	906	六角*	D_{6h}^4	A3	2.664 9	–	4.947 0	–	2.664.8	20
Zr	锆	40	91.22	1 852	3 580	六角	D_{6h}^4	A3	3.231 2	–	5.147 7	–	317	25

注：*指最普通的类型，此处还有（或可能有）其他类型存在。

**采用"结构报告"（"Strukturbenricht" Akademische Verlag.Leipxzig）所规定的结构类型符号。

附录 4 K 系标识谱线的波长、吸收限和激发电压

元素	原子序数	λ_{K_α} (平均)/Å	$\lambda_{K_{\alpha_2}}$ /Å	$\lambda_{K_{\alpha_1}}$ /Å	λ_{K_β} /Å	λ_K 吸收限/Å	K 激发电压/kV
Na	11		11.909	22.909	11.617		1.07
Mg	12		9.888 9	9.888 9	9.558	9.511 7	1.30
Al	13		8.339 16	8.336 69	7.981	7.951 1	1.55
Si	14		7.127 73	7.125 28	6.768 1	6.744 6	1.83
P	15		6.154 9	6.154 9	5.803 8	5.78 6	2.14
S	16		5.374 71	5.371 96	5.031 69	5.018 2	2.46
Cl	17		4.730 56	4.727 60	4.403 1	4.396 9	2.82
Ar	18		4.194 56	4.191 62	-	3.870 7	-
K	19		3.744 62	3.741 22	3.453 8	3.436 45	3.59
Ca	20		3.361 59	3.358 25	3.089 6	3.070 16	4.00
Sc	21		3.034 52	3.031 14	2.779 5	2.757 3	4.49
Ti	22		2.750 07	2.748 41	2.513 81	2.497 30	4.95
V	23		2.752 29	2.503 48	2.284 34	2.269 02	5.45
Cr	24	2.290 92	2.293 51	2.289 62	2.084 80	2.070 12	5.98
Mn	25		2.105 68	2.101 75	1.910 15	1.896 36	6.54
Fe	26	1.937 28	1.939 91	1.935 97	1.756 53	1.743 34	7.10
Co	27	1.792 21	1.792 78	1.788 92	1.620 75	1.608 11	7.71
Ni	28		1.661 69	1.657 84	1.500 10	1.488 02	8.29
Cu	29	1.541 78	1.544 33	1.540 51	1.392 17	1.380 43	8.86
Zn	30		1.439 94	1.435 11	1.295 22	1.283 29	9.65
Ga	31		1.343 94	1.340 03	1.207 84	1.195 67	10.4
Ge	32		1.257 97	1.254 01	1.128 89	1.116 52	11.1
As	33		1.179 81	1.175 81	1.057 26	1.044 97	11.9
Se	34		1.108 75	1.104 71	0.992 12	0.979 77	12.7
Br	35		1.043 76	1.039 69	0.932 73	0.919 94	13.5
Kr	36		0.984 1	0.980 1	0.878 45	0.865 46	-
Rb	37		0.929 63	0.925 51	0.828 63	0.815 49	15.2
Sr	38		0.879 38	0.875 214	0.782 88	0.769 69	16.1
Y	39		0.833 00	0.828 79	0.740 68	0.727 62	17.0
Zr	40		0.790 10	0.785 88	0.701 695	0.688 77	18.0
Nb	41		0.750 40	0.746 15	0.665 72	0.652 91	19.0
Mo	42	0.710 69	0.713 543	0.709 26	0.632 253	0.619 77	20.0
Tc	43		0.676	0.673	0.602	−	−
Ru	44		0.647 36	0.643 04	0.572 46	0.560 47	22.1
Rh	45		0.617 610	0.613 245	0.545 59	0.533 78	23.2
Pb	46		0.589 801	0.585 415	0.520 52	0.509 15	24.4
Ag	48		0.563 775	0.559 363	0.497 01	0.485 82	25.5

元素	原子序数	λ_{K_α} (平均)/Å	$\lambda_{K_{\alpha_2}}$ /Å	$\lambda_{K_{\alpha_1}}$ /Å	λ_{K_β} /Å	λ_K 吸收限/Å	K 激发电压/kV
Cd	48		0.539 41	0.534 98	0.475 078	0.464 09	26.7
In	49		0.516 52	0.512 09	0.454 514	0.443 87	27.9
Sn	50		0.495 02	0.490 56	0.435 216	0.424 68	29.1
Sb	51		0.474 79	0.470 322	0.417 060	0.406 63	30.4
Te	52		0.455 751	0.451 263	0.399 972	0.389 72	31.8
I	53		0.437 805	0.433 293	0.383 884	0.373 79	33.2
Xe	54		0.420 43	0.415 96	0.368 46	1.358 49	-
Cs	55		0.404 812	0.400 268	0.354 347	0.344 733	35.9
Ba	56		0.389 646	0.385 089	0.340 789	0.331 37	37.4
La	57		0.375 279	0.370 709	0.327 959	0.318 42	38.7
Ce	58		0.361 665	0.357 075	0.315 792	0.306 47	40.3
Pr	59		0.348 728	0.344 122	0.304 238	0.295 16	41.9
Nd	60		0.356 487	0.331 822	0.293 274	0.284 51	43.6
Pm	61		0.324 9	0.327 09	0.282 09	–	–
Sm	62		0.313 65	0.308 95	0.276 05	0.264 62	46.8
Eu	63		0.303 26	0.298 50	0.263 60	0.255 51	48.6
Gd	64		0.293 20	0.288 40	0.254 45	0.246 80	50.3
Tb	65		0.283 43	0.278 76	0.246 01	0.238 40	52.0
Dy	66		0.274 30	0.269 57	0.237 58	0.230 46	53.8
Ho	67		0.265 52	0.260 83	–	0.222 90	55./8
Er	68		0.257 16	0.252 48	0.222 60	0.215 65	57.5
Tu	69		0.249 11	0.244 36	0.215 30	0.208 9	59.5
Yb	70		0.241 47	0.236 76	0.208 76	0.202 23	61.4
Lu	71		0.234 05	0.229 28	0.202 12	0.195 83	63.4
Hf	72		0.229 99	0.222 18	0.195 54	0.189 81	65.4
Ta	73		0.220 290	0.215 484	0.190 076	0.183 93	67.4
W	74		0.213 813	0.209 92	0.184 363	0.178 37	69.3
Re	75		0.207 598	0.202 778	0.178 870	0.173 11	–
Os	76		0.201 626	0.196 783	0.173 607	0.168 0	73.8
Ir	77		0.195 889	0.191 0.33	0.168 533	0.162 86	76.0
Pt	78		0.190 372	0.185 504	0.166 64	0.158 16	78.1
Au	79		0.185 064	0.180 185	0.158 971	0.153 44	80.5
Hg	80		–	–	–	0.149 23	82.9
Tl	81		0.175 028	0.170 131	0.150 133	0.144 70	85.2
Pb	82		0.170 285	0.165 364	0.145 980	0.140 77	87.6
Bi	83		0.165 704	0.160 777	0.141 941	0.137 06	90.1
Th	90		0.137 820	0.132 806	0.117 389	0.112 93	108.0
U	92		0.13 962	0.125 940	0.111 386	0.106 8	115.0

附录5　元素的质量吸收系数(μ_{m})

元素	原子序数	Ag K$_\alpha$ λ=0.5608Å	Mo K$_\alpha$ λ=0.7107Å	Cu K$_\alpha$ λ=1.542 Å	Ni K$_\alpha$ λ=1.689Å	Co K$_\alpha$ λ=1.790Å	Fe K$_\alpha$ λ=1.937Å	Cr K$_\alpha$ λ=2.291Å
H	1	0.370	0.38	0.46	0.47	0.48	0.49	0.55
He	2	0.16	0.18	0.3	0.43	0.52	0.64	0.86
Li	3	0.187	0.22	0.68	0.87	1.13	1.48	2.11
Be	4	0.22	0.30	1.35	1.80	2.42	3.24	4.74
B	5	0.30	0.45	3.06	3.79	4.67	5.80	9.37
C	6	0.42	0.70	5.50	6.76	8.50	10.7	17.9
N	7	0.60	1.10	8.51	10.7	12.6	17.3	27.7
O	8	0.80	1.50	12.7	16.2	20.2	25.2	40.1
F	9	1.0	1.93	17.5	21.5	36.6	33.0	51.6
Ne	10	1.41	2.67	24.6	30.2	37.2	46.0	72.7
Na	11	1.75	3.36	30.9	37.9	46.2	56.9	92.5
Mg	12	2.27	4.38	40.6	47.9	60.0	75.7	120
Al	13	2.74	5.30	48.7	58.4	73.4	92.8	149
Si	14	3.44	6.70	60.3	75.8	94.1	116	192
P	15	4.20	7.98	7.98	90.5	113	141	223
S	16	5.15	10.3	10.3	112	139	175	273
Cl	17	5.86	11.62	11.62	126	158	199	308
Ar	18	6.40	12.55	12.55	141	174	217	341
K	19	8.05	16.7	16.7	179	218	269	425
Ca	20	9.66	19.8	19.8	210	257	317	508
Sc	21	10.5	21.1	21.1	222	273	338	545
Ti	22	11.8	23.7	23.7	247	3304	377	603
V	23	13.3	26.5	26.5	275	339	422	77.3
Cr	24	15.7	30.4	34.4	316	392	490	89.9
Mn	25	17.4	33.5	33.5	348	431	63.5	99.4
Fe	26	19.9	38.3	38.3	397	59.5	72.8	115
Co	27	21.8	41.6	41.6	54.4	65.9	80.6	126
Ni	28	25.0	47.4	47.4	61.0	75.1	93.1	145
Cu	29	26.4	49.7	49.7	65.0	79.8	98.8	154
Zn	30	28.2	54.8	54.8	72.1	88.5	109	169
Ga	31	30.8	57.3	57.3	76.9	94.3	116	179
Ge	32	33.5	63.4	63.4	84.2	104	128	196
As	33	36.5	69.5	69.5	93.8	115	142	218
Se	34	38.5	74.0	74.0	101	125	152	235
Br	35	42.3	82.2	82.2	112	137	169	264
Kr	36	45.0	88.1	88.1	122	148	182	285
Pb	37	48.2	94.4	94.4	133	161	197	309

元素	原子序数	Ag K$_\alpha$ λ=0.5608Å	Mo K$_\alpha$ λ=0.7107Å	Cu K$_\alpha$ λ=1.542 Å	Ni K$_\alpha$ λ=1.689Å	Co K$_\alpha$ λ=1.790Å	Fe K$_\alpha$ λ=1.937Å	Cr K$_\alpha$ λ=2.291Å
Sr	38	52.1	101.1	101.1	145	176	214	334
Y	39	55.5	109.9	109.9	158	192	235	360
Zr	40	61.1	17.2	17.2	173	211	260	391
Nb	41	65.8	18.7	18.7	183	225	279	415
Mo	42	70.7	20.2	20.2	197	242	299	439
Ru	44	79.9	23.4	13.4	221	272	337	488
Rh	45	13.1	25.3	25.3	240	293	361	522
Pd	46	13.8	26.7	26.7	254	308	376	545
Ag	47	14.8	28.6	28.6	276	332	402	585
Cd	48	15.5	29.9	29.9	289	352	417	608
In	49	16.5	31.8	31.8	307	366	444	648
Sn	50	17.4	33.3	33.3	322	382	457	681
Sb	51	18.6	35.3	35.3	342	404	482	727
Te	52	19.1	36.1	36.1	347	410	488	742
I	53	20.9	39.2	39.2	375	442	527	808
Xe	54	22.1	41.3	41.3	392	463	552	852
Cs	55	23.6	43.3	43.3	410	486	579	844
Ba	56	24.5	45.2	45.2	423	501	599	819
La	57	26.0	47.9	47.9	444	–	632	218
Ce	58	28.4	52.0	52.0	476	549	636	235
Pr	59	29.4	54.5	54.5	493	–	624	251
Nd	60	30.5	57.0	47.0	510	–	651	263
Sm	62	33.1	62.3	62.3	519	–	183	298
Eu	63	35.0	65.9	461	498	–	193	306
Gd	64	35.8	68.0	470	509	–	199	316
Tb	65	37.5	71.7	435	140	–	211	333
Dy	66	39.1	95.0	462	146	–	220	345
Ho	67	41.3	79.3	128	153	–	232	361
Er	68	42.6	82.0	133	159	–	242	370
Tu	39	44.8	86.3	139	168	–	257	387
Yb	70	46.1	88.7	144	174	–	265	396
Lu	71	48.4	93.2	151	184	–	281	414
Hf	72	50.6	96.9	157	191	–	291	426
Ta	73	52.2	100.7	164	200	246	305	440
W	74	54.6	105.4	171	209	258	320	456
Os	76	58.6	112.9	186	226	278	346	480
Ir	77	61.2	117.9	194	237	292	362	498
Pt	78	64.2	123	205	248	304	376	518

元素	原子序数	Ag K$_\alpha$ λ=0.5608Å	Mo K$_\alpha$ λ=0.7107Å	Cu K$_\alpha$ λ=1.542 Å	Ni K$_\alpha$ λ=1.689Å	Co K$_\alpha$ λ=1.790Å	Fe K$_\alpha$ λ=1.937Å	Cr K$_\alpha$ λ=2.291Å
Au	79	66.7	128	214	260	317	390	537
Hg	80	59.3	132	223	272	330	404	552
Tl	81	71.7	136	231	282	341	416	568
Pb	82	74.4	141	241	294	354	429	586
Bi	83	78.1	145	253	310	372	448	585
Rn	86	84.7	159	278	341	–	476	612
Ra	88	91.1	172	304	371	433	509	657
Th	90	97.0	143	327	399	460	536	708
U	92	104.2	153	352	423	488	566	755

附录6 原子散射因子（f）

附表 6-1 轻原子及离子的散射因子

$\dfrac{\sin\theta}{\lambda}\times10^{-8}$ (λ/Å) 原子或离子	0.0	0.1	0.2	0.3	0.4	0.5	0.6	0.7	0.8	0.9	1.0	1.1	方法*
H	1.0	0.81	0.48	0.25	0.13	0.07	0.04	0.03	0.02	0.01	0.00	0.00	
He	2.0	1.88	1.46	1.05	0.75	0.52	0.35	0.24	0.18	0.14	0.11	0.09	H
Li$^+$	2.0	1.96	1.8	1.5	1.3	1.0	0.8	0.6	0.5	0.4	0.3	0.3	H
Li	3.0	2.2	1.8	1.5	1.3	1.0	0.8	0.6	0.5	0.4	0.3	0.3	H
Be^{2+}	2.0	2.0	1.9	1.7	1.6	1.4	1.2	1.0	0.9	0.7	0.6	0.5	I
Be	4.0	2.9	1.9	1.7	1.6	1.4	1.2	1.0	0.9	0.7	0.6	0.5	I
B^{3+}	2.0	1.99	1.9	1.8	1.7	1.6	1.4	1.3	1.2	1.0	0.9	0.7	I
B	5.0	3.5	2.4	1.9	1.7	1.5	1.4	1.2	1.2	1.0	0.9	0.7	I
C	6.0	4.6	3.0	2.2	1.9	1.7	1.6	1.4	1.3	1.16	1.0	0.9	I
N^{5+}	2.0	2.0	2.0	1.9	1.9	1.8	1.7	1.6	1.5	1.4	1.3	1.16	I
N^{3+}	4.0	3.7	3.0	2.4	2.0	1.8	1.66	1.56	1.49	1.3	1.28	1.17	I
N	7.0	5.8	4.2	3.0	2.3	1.9	1.65	1.54	1.49	1.39	1.29	1.17	I
O	8.0	7.1	5.3	3.9	2.9	2.2	1.8	1.6	1.5	1.4	1.35	1.26	H
O^{2-}	10.0	8.0	5.5	3.8	2.7	2.1	1.8	1.5	1.5	1.4	1.35	1.26	H 和 I
F	9.0	7.8	6.2	4.45	3.35	2.65	2.15	1.9	1.7	1.6	1.55	1.35	H
F$^-$	10.0	8.7	6.7	4.8	3.5	2.8	2.2	1.9	1.7	1.55	1.5	1.35	H
Ne	10.0	9.3	7.5	5.8	4.4	3.4	2.65	2.2	1.9	1.65	1.55	1.5	I
Na$^+$	10.0	9.5	8.2	6.7	5.25	4.05	3.2	2.65	2.25	1.95	1.75	1.6	H
Na	11.0	9.65	8.2	6.7	5.25	4.05	3.2	2.65	2.25	1.95	1.75	1.6	H

续表

$\dfrac{\sin\theta}{\lambda}\times10^{-8}$ (λ/Å) 原子或离子	0.0	0.1	0.2	0.3	0.4	0.5	0.6	0.7	0.8	0.9	1.0	1.1	方法*
Mg^{2+}	10.0	9.75	8.6	7.25	5.95	4.8	3.85	3.15	2.55	2.2	2.0	1.8	I
Mg	12.0	10.5	8.6	7.25	5.95	4.8	3.85	3.15	2.55	2.2	2.0	1.8	I
Al^{3+}	10.0	9.7	8.9	7.8	6.65	5.5	4.45	3.65	3.1	2.65	2.3	2.0	H
Al	13.0	11.0	8.95	7.75	6.6	5.5	4.5	3.7	3.1	2.65	2.3	2.0	H 和 I
Si^{4+}	10.0	9.75	9.15	8.25	7.15	6.05	5.05	4.2	3.4	2.95	2.6	2.3	H
Si	14.0	11.35	9.4	8.2	7.15	6.1	5.1	4.2	3.4	2.95	2.6	2.3	H 和 I
P^{5+}	14.0	9.8	9.25	8.45	7.5	6.55	5.65	4.8	4.05	3.4	3.0	2.6	I
P	15.0	12.4	10.0	8.45	7.45	6.5	5.65	4.8	4.05	3.4	3.0	2.6	I
P^{3-}	18.0	12.7	9.8	8.45	7.45	6.5	6.65	4.85	4.05	3.4	3.0	2.6	I
S^{6+}	10.0	9.85	9.4	8.7	7.85	6.85	6.05	5.25	4.5	3.9	3.35	2.9	I
S	16.0	13.6	10.7	8.95	7.85	6.85	6.0	5.25	4.5	3.9	3.35	2.9	I
S^{2-}	18.0	14.3	10.7	8.9	7.85	6.85	6.0	5.25	4.5	3.9	3.35	2.9	I
Cl	17.0	14.6	11.3	9.25	8.05	7.25	6.5	5.75	5.05	4.4	3.85	3.35	H 和 I
Cl^-	18.0	15.2	11.5	9.3	8.05	7.25	6.5	5.75	5.05	4.4	3.85	3.35	H
Ar	18.0	15.9	12.6	10.4	8.7	7.8	7.0	6.2	5.4	4.7	4.1	3.6	I
K^+	18.0	16.5	13.3	10.8	8.85	7.75	7.05	6.44	5.9	5.3	4.8	4.2	H
Ca^{2+}	18.0	16.8	14.0	11.5	9.3	8.1	7.35	6.7	6.2	5.7	5.1	4.6	H
Sc^{3+}	18.0	16.7	14.0	11.4	9.4	8.3	7.6	6.9	6.4	5.8	5.35	4.85	I
Ti^{4+}	18.0	17.0	14.4	11.9	9.9	8.5	7.85	7.3	6.7	6.15	5.65	5.05	I
Rb^+	36.0	33.6	28.7	24.6	21.	18.9	16.7	14.6	12.8	11.2	9.9	8.9	H

注：*字母 H 表示用哈特利 (Hartree) 方法所获得的数值；I 表示根据较轻及较重原子哈特利数值内插法所得的数值。

附表 6-2　重原子的散射因子*

$\dfrac{\sin\theta}{\lambda}\times10^{-8}$ (λ/Å) 原子或离子	0.0	0.1	0.2	0.3	0.4	0.5	0.6	0.7	0.8	0.9	1.0	1.1	1.2
K	19	16.5	13.3	10.8	9.2	7.9	6.7	5.9	5.2	4.6	4.2	3.7	3.3
Ca	20	17.5	14.1	11.4	97	8.4	7.3	6.3	5.6	4.9	4.5	4.0	3.6
Sc	21	18.4	14.9	12.1	10.3	8.9	7.7	6.7	5.9	5.3	4.7	4.3	3.9
Ti	22	19.3	15.7	12.8	10.9	9.5	8.2	7.2	6.3	5.6	5.0	4.6	4.2
V	23	20.2	16.6	13.5	11.5	10.1	8.7	7.6	6.7	5.9	5.3	4.9	4.4
Cr	24	21.1	17.4	14.2	12.1	10.6	9.2	8.0	7.1	6.3	5.7	5.1	4.6

原子或离子	$\dfrac{\sin\theta}{\lambda}\times10^{-8}$ $(\lambda/\text{Å})$	0.0	0.1	0.2	0.3	0.4	0.5	0.6	0.7	0.8	0.9	1.0	1.1	1.2
Mn	25	22.1	18.2	14.	12.7	11.1	9.7	8.4	7.5	6.6	6.0	5.4	4.9	
Fe	26	23.1	18.9	15.6	13.3	11.6	10.2	8.9	7.9	7.0	6.3	5.7	5.2	
Co	27	24.1	19.8	16.4	14.0	12.1	10.7	9.3	8.3	7.3	6.7	6.0	5.5	
Ni	28	25.0	20.7	17.2	14.6	12.7	11.2	9.8	8.7	7.7	7.0	6.3	5.8	
Cu	29	25.9	21.6	17.9	15.2	13.3	11.7	10.2	9.1	8.1	7.3	6.6	6.0	
Zn	30	26.8	22.4	18.6	15.8	13.9	12.2	10.7	9.6	8.5	7.6	6.9	6.3	
Ga	31	27.8	23.3	19.3	16.5	14.5	12.7	11.2	10.0	8.9	7.9	7.3	6.7	
Ge	32	28.8	24.1	20.0	17.1	15.0	13.2	11.6	10.4	9.3	8.3	7.6	7.0	
As	33	29.7	25.0	20.8	17.7	15.6	13.8	12.1	10.8	9.7	8.7	7.9	7.3	
Se	34	30.6	25.8	21.5	18.3	16.1	14.3	12.6	11.2	10.0	9.0	8.2	7.5	
Br	35	31.6	26.6	22.3	18.9	16.7	14.8	13.1	11.7	10.4	9.4	8.6	7.8	
Kr	36	32.5	27.4	23.0	19.5	17.3	15.3	13.6	12.1	10.8	9.8	8.9	8.1	
Rb	37	33.5	28.2	23.8	20.2	17.9	15.	14.1	12.5	11.2	10.2	9.2	8.4	
Sr	38	34.4	29.0	24.5	20.8	18.4	16.4	14.6	12.9	11.6	10.5	9.5	8.7	
Y	39	35.4	29.9	25.3	21.5	19.0	17.0	15.1	13.4	12.0	10.9	9.9	9.0	
Zr	40	36.3	30.8	26.0	22.1	19.7	17.5	15.6	13.8	12.4	11.2	10.2	9.3	
Nb	41	37.3	31.7	26.8	22.8	20.2	18.1	16.0	14.3	12.8	11.6	10.6	9.7	
Mo	42	38.2	32.6	27.6	23.5	20.8	18.6	16.5	14.8	13.2	12.0	10.9	10.0	
Tc	43	39.1	33.4	28.3	24.1	21.3	19.1	17.0	15.2	13.6	12.3	11.3	10.3	
Ru	44	40.0	34.3	29.1	24.7	21.9	19.6	17.5	15.6	14.1	12.7	11.6	10.6	
Rh	45	41.0	35.1	29.9	25.4	22.5	20.2	18.0	16.1	14.5	13.1	12.0	11.0	
Pd	46	41.	36.0	30.7	26.2	23.1	20.8	18.5	16.6	14.9	13.6	12.3	11.3	
Ag	47	42.8	36.9	31.5	26.9	23.8	21.3	19.0	17.1	15.3	14.0	12.7	11.7	
Cd	48	43.7	37.7	32.2	27.5	24.4	21.8	19.6	17.6	15.7	14.3	13.0	12.0	
In	49	44.7	38.6	33.0	28.1	25.0	22.4	20.1	18.0	16.2	14.7	13.4	12.3	
Sn	50	45.7	39.5	33.8	28.7	25.6	22.	20.6	18.5	16.6	15.1	13.7	12.7	
Sb	51	46.7	40.4	34.6	29.5	26.3	23.5	21.1	19.0	17.0	15.5	14.1	13.0	
Te	52	47.7	41.3	35.4	30.3	26.9	24.0	21.7	19.5	17.5	16.0	14.5	13.3	
I	53	48.6	42.1	36.1	31.0	27.5	24.6	22.2	20.0	17.9	16.4	14.8	13.6	
Xe	54	493.6	43.0	36.8	31.6	28.0	25.2	22.7	20.4	18.4	16.7	15.2	13.9	
Cs	55	50.7	43.8	37.6	32.4	28.7	25.8	23.2	20.8	18.8	17.0	15.6	14.5	
Ba	56	51.7	44.7	38.4	33.1	29.3	26.4	23.7	21.3	19.2	17.4	16.0	14.7	
La	57	52.6	45.6	39.3	33.8	29.8	26.9	24.3	21.9	19.7	17.9	16.4	15.0	
Ce	58	53.6	46.5	40.1	34.5	30.4	27.4	24.8	22.4	20.2	18.4	16.6	15.3	

续表

$\dfrac{\sin\theta}{\lambda}\times10^{-8}$ (λ/Å) 原子或离子	0.0	0.1	0.2	0.3	0.4	0.5	0.6	0.7	0.8	0.9	1.0	1.1	1.2
Pr	59	54.5	47.4	4.09	35.2	31.1	28.0	25.4	22.9	20.6	18.8	17.1	15.7
Nd	60	55.4	48.3	41.6	35.9	31.8	28.6	25.	23.4	21.1	19.2	17.5	16.1
Pm	51	56.4	49.1	42.4	36.6	32.4	29.2	26.4	23.9	21.5	19.6	17.9	16.4
Sm	62	57.3	50.0	43.2	37.3	32.9	29.8	26.9	24.4	22.0	20.0	13.8	16.8
Eu	63	58.3	50.9	44.0	38.1	33.5	30.4	27.5	24.9	22.4	20.4	18.7	17.1
Gd	64	59.3	51.7	44.8	38.8	34.1	31.0	28.1	25.4	22.9	20.8	19.1	17.5
Tb	65	60.2	2.6	45.7	39.6	34.7	31.6	28.6	25.9	23.4	21.2	19.5	17.9
Dy	66	61.1	53.6	46.5	40.4	35.4	32.2	29.2	26.3	23.9	21.6	19.9	18.3
Ho	67	62.1	54.5	47.3	41.1	36.1	32.7	29.7	26.8	24.3	22.0	20.3	18.6
Er	68	63.0	55.3	48.1	41.7	36.7	33.3	30.2	27.3	24.7	22.4	20.7	18.9
Tu	69	64.0	56.2	48.9	42.4	37.4	33.9	30.8	27.9	25.2	22.9	21.0	19.3
Yb	70	64.9	57.0	4937	43.2	38.0	34.4	31.3	28.4	25.7	23.3	21.4	19.7
Lu	71	65.9	57.8	50.4	43.9	38.7	35.0	31.8	28.9	26.2	23.8	21.8	20.0
Hf	72	66.8	58.6	51.2	44.5	39.3	35.6	32.3	29.3	26.7	24.2	22.3	20.4
Ta	73	67.8	59.5	52.0	45.3	39.9	36.2	32.9	29.8	27.1	24.7	22.6	20.9
W	74	68.8	60.4	52.8	46.1	40.5	36.8	33.5	30.4	27.6	25.2	23.0	21.3
Re	75	69.8	61.3	5.36	46.8	41.1	37.4	34.0	30.9	28.1	25.6	23.4	21.6
Cs	76	70.8	62.2	54.4	47.5	41.7	38.0	34.6	31.4	28.6	23.9	23.9	22.0
Ir	77	71.7	63.1	55.3	48.2	42.4	38.6	35.1	32.0	29.0	24.3	24.3	22.3
Pt	78	72.6	64.0	56.2	48.9	43.1	39.2	35.6	32.5	29.5	24.7	24.7	22.7
Au	79	73.6	65.0	57.0	49.7	43.8	39.8	36.2	33.1	30.0	25.1	25.1	23.1
Hg	80	74.6	65.9	57.9	50.5	44.4	40.5	36.8	33.6	30.6	25.6	25.6	23.6
Tl	81	75.5	66.7	58.7	51.2	45.0	41.1	37.4	34.1	31.1	26.0	26.0	24.1
Pb	82	76.5	67.5	59.5	51.9	45.7	41.6	37.9	34.6	31.5	26.4	26.4	24.5
Bi	83	77.5	68.4	60.4	52.7	46.4	42.2	38.5	35.1	32.0	26.8	26.8	24.8
Po	84	78.4	69.4	61.3	53.5	47.1	42.8	39.1	35.6	32.6	27.2	27.2	25.2
At	85	79.5	70.3	62.1	54.2	47.7	43.4	39.6	36.2	33.1	27.6	27.6	25.6
Rn	86	80.3	71.3	63.0	55.1	48.4	44.0	40.2	36.8	33.5	28.0	28.0	26.0
Fr	87	81.3	72.2	63.8	55.8	49.1	44.5	40.7	37.2	34.0	28.4	28.4	26.4
Ra	88	82.2	73.2	64.6	56.5	49.8	45.1	41.3	37.8	34.6	28.8	28.8	26.7
Ac	89	83.2	74.1	65.5	57.3	50.4	45.8	41.8	38.3	35.1	29.2	29.2	27.1
Th	90	84.1	75.1	66.3	58.1	51.1	46.5	42.4	38.8	35.5	29.6	29.6	27.5
Pa	91	85.1	76.0	67.1	58.8	51.7	47.1	43.0	39.3	36.0	30.1	30.1	27.
U	92	86.0	76.9	67.9	59.6	52.4	47.7	43.5	39.8	35.6	30.6	30.6	28.3

附录 7　原子散射因子校正值(Δf)

元素	λ / λ_K										
	0.7	0.8	0.9	0.95	1.005	1.05	1.1	1.2	1.4	1.8	∞
Ti	0.18	0.67	1.75	2.78	5.83	3.38	2.77	2.26	1.88	1.62	1.37
V	0.18	0.67	1.73	2.76	5.78	3.35	2.75	2.24	1.86	1.60	1.36
Cr	0.18	0.66	1.71	2.73	5.73	3.32	2.72	2.22	1.84	1.58	1.34
Mn	0.18	0.66	1.71	2.72	5.71	3.31	2.71	2.21	183	1.58	1.34
Fe	0.17	0.65	1.70	2.71	5.69	3.30	2.70	2.21	1.83	1.58	1.33
Co	0.17	0.65	1.69	2.69	5.66	3.28	2.69	2.19	1.82	1.57	1.33
Ni	0.17	0.64	1.68	2.68	5.63	3.26	2.67	2.18	1.81	1.56	1.32
Cu	0.17	0.64	1.67	2.66	5.60	3.24	2.66	2.17	1.80	1.55	1.31
Zn	0.16	0.64	1.67	2.65	5.58	3.23	2.65	2.16	1.79	1.54	1.30
Ge	0.16	0.63	1.65	2.63	5.53	3.20	2.62	2.14	1.77	1.53	1.29
Sr	0.15	0.62	1.62	2.56	5.41	3.13	2.56	2.10	1.73	1.49	1.26
Zr	0.15	0.61	1.60	2.55	5.37	3.11	2.55	2.08	1.72	1.48	1.25
Nb	0.15	0.61	1.59	2.53	5.34	3.10	2.53	2.07	1.71	1.47	1.24
Mo	0.15	0.60	1.58	2.52	5.32	30.08	2.53	2.06	1.70	1.47	1.24
W	0.15	0.54	1.45	2.42	4.94	2.85	2.33	1.90	1.57	1.36	1.15

附录 8　滤波片选用表

阳极类型	阳极物质及其原子序数	滤波物质及其原子序数	滤波片的厚度		K_β谱线的穿透度 $I/I_0(K_\beta)$
			mg/cm²	μm	
轻阳极(软 X 射线)	V(23)	Ti(22)	4.8	10.7	5.6%
	Cr(24)	V(23)	5.3	8.9	5.9%
	Mn(25)	Cr(24)	5.8	8.0	5.9%
	Fe(26)	Mn(25)	6.4	8.9	9.1%
	Co(27)	Fe(26)	6.9	8.8	8.3%
	Ni(28)	Co(27)	7.5	8.4	8%
	Cu(29)	Ni(28)	8.3	9.3	9.5%
重阳极(硬 X 射线)	Mo(42)	Zr(40)	23.6	37	14%
		Nb(41)	21.8	26	15%
	Rh(45)	Ru(44)	26.4	21	16.5%
	Pd(46)	Ru(44)	30.4	24	15%
		Rh(45)	28.4	23	16.5%
	Ag(47)	Rh(45)	31.0	25	15%
		Pd(46)	29.5	25	16.5%

注：1. 表中所列滤波片的厚度，可使 K_α 谱线的穿透度或透射因数[即 $I/I_0(K_\alpha)$]达 66%；至于 K_β 谱线的穿透度则如表中所示。

2. 将滤波片的厚度加倍时可以滤掉更多的 K_β 谱线，但这时 K_α 谱线的穿透度为 44%。

3. 滤波片亦可用上述滤波物质的化合物组成。此时其厚度虽有变化，但应保持单位面积上所含的滤波物质的质量与表中所列的数量相等。

附录 9   各种点阵的结构因子 (F^2_{HKL})

点阵类型	简单点阵	底心点阵	体心立方点阵	面心立方点阵	密排六方点阵
结构因数 (F^2_{HKL})	f^2	$H+K$=偶数时，$4f^2$ $H+K$=奇数时，0	$H+K+L$=偶数时，$4f^2$ $H+K+L$=奇数时，0	H、K、L 为同性数时，$16f^2$ H、K、L 为异性数时，0	$H+2K=3n$（n 为整数），L=奇数时，0 $H+2K=3n$，L=偶数时，$4f^2$ $H+2K=3n+1$，L=奇数时，$3f^2$ $H+2K=3n+1$，L=奇数时，f^2

附录 10   德拜-瓦洛因子 $\left(\mathrm{e}^{-B\sin^2\theta/\lambda^2}=\mathrm{e}^{-M}\right)$

$\dfrac{\sin\theta}{\lambda}\times10^{-8}$ / $B\times10^{16}$	0.0	0.1	0.2	0.3	0.4	0.5	0.6	0.7	0.8	0.9	1.0	1.1	1.2
0.0	1.000	1.000	1.000	1.000	1.000	1.000	1.000	1.000	1.000	1.000	1.000	1.000	1.000
0.1	1.000	0.999	0.996	0.991	0.984	0.975	0.964	0.952	0.938	0.923	0.905	0.880	0.866
0.2	1.000	0.998	0.992	0.982	0.968	0.951	0.931	0.906	0.880	0.850	0.819	0.785	0.750
0.3	1.000	0.997	0.988	0.973	0.953	0.928	0.898	0.863	0.826	0.784	0.741	0.695	0.649
0.4	1.000	0.996	0.984	0.964	0.938	0.905	0.866	0.821	0.774	0.724	0.670	0.616	0.562
0.5	1.000	0.995	0.980	0.955	0.924	0.882	0.834	0.782	0.726	0.667	0.607	0.548	0.487
0.6	1.000	0.994	0.976	0.947	0.909	0.860	0.804	0.745	0.681	0.615	0.549	0.484	0.421
0.7	1.000	0.993	0.972	0.939	0.894	0.839	0.776	0.710	0.639	0.567	0.497	0.429	0.365
0.8	1.000	0.992	0.968	0.931	0.880	0.818	0.750	0.676	0.599	0.523	0.449	0.380	0.314
0.9	1.000	0.991	0.964	0.923	0.866	0.798	0.724	0.644	0.561	0.482	0.406	0.336	0.273
1.0	1.000	0.990	0.960	0.915	0.852	0.779	0.698	0.613	0.527	0.445	0.368	0.298	0.236
1.1	1.000	0.989	0.957	0.907	0.839	0.759	0.672	0.584	0.494	0.410	0.333	0.264	0.205
1.2	1.000	0.988	0.953	0.898	0.826	0.740	0.649	0.556	0.464	0.378	0.301	0.234	0.178
1.3	1.000	0.987	0.950	0.890	0.813	0.722	0.626	0.529	0.435	0.349	0.273	0.207	0.154
1.4	1.000	0.986	0.946	0.882	0.800	0.704	0.604	0.503	0.408	0.322	0.247	0.184	0.133
1.5	1.000	0.985	0.942	0.874	0.787	0.687	0.582	0.479	0.383	0.297	0.223	0.167	0.116
1.6	1.000	0.984	0.938	0866	0.774	0.670	0.562	0.458	0.359	0.274	0.202	0.144	0.100
1.7	1.000	0.983	0.935	0.858	0.762	0.654	0.543	0.436	0.337	0.252	0.183	0.128	0.086
1.8	1.000	0.982	0.931	0.850	0.750	0.638	0.523	0.414	0.316	0.233	0.165	0.113	0.075
1.9	1.000	0.981	0.927	0.842	0.739	0.622	0.505	0.394	0.296	0.215	0.149	0.100	0.065
2.0	1.000	0.980	0.924	0.834	0.727	0.607	0.487	0.375	0.278	0.198	0.135	0.089	0.056